传感器技术及应用

主　编　李东晶
副主编　聂　兵　路荣亮　周伟伟　董建民
主　审　魏召刚

北京理工大学出版社
BEIJING INSTITUTE OF TECHNOLOGY PRESS

内 容 简 介

本书是以工程项目为教学主线，将知识点和技能点融于各个项目之中。各个项目按照知识点与技能要求循序渐进编排，对知识点做了较为紧密的整合，内容深入浅出、通俗易懂。

全书共分 7 个项目。项目一传感器技术的认识与实践，介绍了传感器的作用与定义、组成与分类，传感器技术的基础知识，传感器的基本特性，测量的基本概念和误差理论等；项目二至项目五从传感器的工作原理出发，分别介绍了电阻式、电感式、电涡流式、电容式、霍尔式、压电式、光电式、光纤式等各类传感器的工作原理、结构、性能、测量电路及应用以及各自典型传感器应用；项目六介绍了热电偶、热电阻传感器的相关知识及其应用；项目七介绍了流量传感器等内容。本书配套有国家职业教育电力系统自动化技术专业教学资源库相关资源。

本书可作为高职院校电类、自动化类、仪器仪表类、机电类等专业的教材，也可供其他相关专业如计算机、数控、机械、汽车、楼宇等专业的师生和工程技术人员参考。

图书在版编目（CIP）数据

传感器技术及应用／李东晶主编. —北京：北京理工大学出版社，2020.6
ISBN 978 - 7 - 5682 - 8568 - 1

Ⅰ. ①传… Ⅱ. ①李… Ⅲ. ①传感器 Ⅳ. ①TP212

中国版本图书馆 CIP 数据核字（2020）第 098448 号

出版发行／北京理工大学出版社有限责任公司

社　　址／北京市海淀区中关村南大街 5 号

邮　　编／100081

电　　话／（010）68914775（总编室）
　　　　　　（010）82562903（教材售后服务热线）
　　　　　　（010）68948351（其他图书服务热线）

网　　址／http：//www. bitpress. com. cn

经　　销／全国各地新华书店

印　　刷／三河市天利华印刷装订有限公司

开　　本／787 毫米 ×1092 毫米　1/16

印　　张／16.75　　　　　　　　　　　　　　　　责任编辑／陈莉华

字　　数／322 千字　　　　　　　　　　　　　　　文案编辑／陈莉华

版　　次／2020 年 6 月第 1 版　2020 年 6 月第 1 次印刷　责任校对／周瑞红

定　　价／68.00 元　　　　　　　　　　　　　　　责任印制／施胜娟

本书数字资源获取说明

方法一

用微信等手机软件"扫一扫"功能，扫描本书中二维码，直接观看相关知识点视频。

方法二

Step1： 扫描下方二维码，下载安装"微知库"APP。

Step2： 打开"微知库"APP，点击页面中的"电力系统自动化技术"专业。

Step3： 点击"课程中心"选择相应课程。

Step4： 点击"报名"图标，随后图标会变成"学习"，点击"学习"即可使用"微知库"APP进行学习。

安卓客户端

IOS 客户端

前　言

本书是根据国家职业教育电力系统自动化技术专业教学资源库及高职院校优质校建设项目工厂智能控制专业群课程体系构建与核心课程建设需要编写的，体现了"淡化理论，够用为度，培养技能，重在运用"的指导思想，培养具有"创造性、实用性"的适应社会需求的人才。针对高职高专学生的理论基础相对薄弱，在校理论学习时间相对较少的特点，本书压缩了大量的理论推导，重点放在实用技术的掌握和运用上。在编写过程中结合各位教师多年的教学经验，并参阅大量有关文献资料，精选内容，突出技术的实用性，加强了项目实训及应用案例的介绍。本书在编写过程中注重项目教学的特点，既符合教育教学的规律，又满足企业的岗位需求。

全书共7个项目。每个项目分为项目场景、需求分析、方案设计、相关知识和技能、任务描述、任务分析、知识准备、任务实施、任务总结、项目评价、拓展提高、练习与思考等部分。

"需求分析"中提出实施的具体项目、项目实施的原理和项目特点以及通过本项目的学习所达到的要求；"知识准备"中对项目实施所用到的相关知识进行详细的介绍，为项目的实施打下理论基础；"任务实施"是利用相关知识和项目要求进行设计、安装和调试；"拓展提高"则是对本项目所涉及的知识进行延伸，介绍与项目知识相关的其他方面的应用以及当今最新的发展和应用；"任务总结"和"练习与思考"供同学们复习、巩固。

在内容编写方面，注重难点分散、循序渐进；在文字叙述方面，注重言简意赅、重点突出；在实例选取方面，注意选用最新传感器及检测系统，实用性强、针对性强。本书以传感器的应用为目的，给出了较多的应用实例。

本书由山东工业职业学院李东晶担任主编，山东工业职业学院聂兵、路荣亮、周伟伟、董建民担任副主编。其中，李东晶编写了项目一、项目六、项目七；聂兵编写了项目二；周伟伟编写了项目三；路荣亮编写了项目四；董建民编写了项目五。山东工业职业学院魏召刚教授主审了全书，并提出了很多宝贵的修改意见，在此表示诚挚的感谢！同时感谢北京和利时有限公司和杭州浙大中控有限公司的参与和支持。全书由李东晶统稿。

由于编者水平有限，书中难免存在错误和不妥之处，敬请广大读者批评指正。

编　者

目　录

传感器技术的认识与实践

项目场景

检测是指在各类生产、科研、实验及服务等各个领域，为及时获得被测、被控对象的有关信息而实时或非实时地对一些参量进行定性检查和定量测量。

对工业生产而言，采用各种先进的检测技术对生产全过程进行检查、监测，对确保安全生产，保证产品质量，提高产品合格率，降低能源和原材料消耗，提高企业的劳动生产率和经济效益是必不可少的。在工程实践中经常碰到这样的情况：某个新研制的检测（仪器）系统在实验室调试时测得的精度已达到甚至超过设计指标，可一旦安装到环境比较恶劣、干扰严重的工作现场，其实测精度却往往大大低于实验室测得的水平，甚至出现严重超差和无法正常运行的情况。因此，设计人员需要根据现场测量获得的数据，结合该检测系统本身的静、动态特性，检测系统与被测对象的现场安装、连接情况及现场存在的各种噪声情况等进行综合分析，找出影响和造成检测系统实际精度下降的种种原因，然后对症下药，采取相应改进措施，直至该检测系统的实际测量精度和其他性能指标全部达到设计要求，这就是通常所说的现场调试过程。只有现场调试过程完成后，该检测系统才能投入正常运行。可见，"检测"通常是指在生产、实验等现场，利用某种合适的检测仪器或综合测试系统对被测对象的某些重要工艺参数（如温度、压力、流量、物位等）进行在线、连续的测量。

传感器用于非电量的检测，检测的目的不仅是为了获得信息或数据，在一定程度上讲更是为了生产和研究的需要。因此，检测系统的终端设备应该包括各种指示、显示和记录仪表以及可能的各种控制用的伺服机构或元件。

测量精度（高、低）从概念上与测量误差（小、大）相对应，目前误差理论已发展成为一门专门学科，涉及内容很多。为适应读者的不同需要和便于后面各项目的介绍，下面对测量的定义和过程，测量方法的分类及其特点，测量误差产生的原因、表示方法、性质及处理方法，测量数据的处理及测量结果的评价做一简单介绍，并引入自动检测系统的概念和传感器定义及其相关参数。

需求分析

在现代工业生产中，为了检查、监督和控制某个生产过程或运动对象，使它们处于所选工况最佳状态，就必须掌握描述它们特性的各种参数，这就首先要测量这些参数的大小、方向、变化速度等。以传感器为核心的检测系统就像神经和感官一样，源源不断地向人类提供宏观与微观世界的种种信息，成为人们认识自然、改造自然的有力工具。

"没有传感器就没有现代科学技术"的观点已为全世界所公认。检测技术作为信息科学的一个重要分支，与计算机技术、自动控制技术和通信技术等一起构成了信息技术的完整学科。为了学好检测技术，首先要了解检测技术的基本知识。

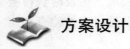 ## 方案设计

针对项目需求，设计的内容主要包含：传感器的基本概念、组成，分类、作用及其相关参数，测量的定义和过程，测量方法的分类及其特点，测量误差产生的原因、表示方法、性质及处理方法等。本项目设置了：任务一传感器的认识；任务二测量误差与数据处理。通过本项目的学习，了解传感器的基本知识，并掌握测量及误差的基本概念及其处理方法。

 ## 相关知识和技能

【知识目标】
（1）了解检测技术在人们生活、生产、科研等方面的重要性。
（2）了解测量的概念。
（3）掌握测量误差的特点。
（4）了解传感器的作用和分类。
（5）掌握自动检测系统的结构及其组成。
（6）了解自动检测技术的发展趋势。

【技能目标】
（1）掌握误差的表达方式。
（2）能正确选择仪表进行测量。
（3）了解测量数据的分析和处理方法。
（4）熟悉传感器的基本性能指标。

任务一　传感器的认识

【任务描述】
通过本任务的学习，学生应达到的教学目标如下。

【知识目标】
(1) 熟悉传感器的定义及组成。
(2) 熟悉传感器的特性。

【技能目标】
(1) 掌握作图法求取传感器的灵敏度。
(2) 掌握作图法求取传感器的线性度。

【任务分析】

传感器是人类五官的延伸,又称为电五官。它已广泛应用于工业自动化、航天技术、军事领域、机器人开发、环境检测、医疗卫生、家电行业等各学科和工程领域。据有关资料统计,大型发电机组需要 3 000 台传感器及配套仪表,大型石油化工厂需要 6 000 台,一个钢铁厂需要 20 000 台,一个电站需要 5 000 台,"阿波罗"宇宙飞船用了 1 218 个传感器,运载火箭部分用了 2 077 个传感器,一辆现代化汽车装备的传感器也有几十种。

传感器技术是现代科技的前沿技术,是现代信息技术的三大支柱之一。传感器技术的水平高低是衡量一个国家科技发展水平的主要标志之一。

【知识准备】

检测(Detection)技术就是利用各种物理效应,选择合适的方法与装置,将生产、科研、生活中的有关信息通过检查与测量的方法赋予定性或定量结果的过程。能够自动完成整个检测处理过程的技术称为自动检测与转换技术。

一、 传感器的定义及其组成

《传感器通用术语》(GB 7665—2005)对传感器的定义:能感受被测量并按照一定的规律转换成可用输出信号的器件或装置。它获取的信息可以为各种物理量、化学量和生物量,而转换后的信息也可以有各种形式。目前传感器转换后的信号大多为电信号,因而从狭义上讲,传感器是把外界输入的非电信号转换成电信号的装置。一般也称传感器为变换器、换能器和探测器,其输出的电信号被陆续输送给后续配套的测量电路及终端装置,以便进行电信号的调理、分析、记录或显示等。

传感器通常由直接响应于被测量的敏感元件和产生可用信号输出的转换元件以及相应的转换电路组成,其组成框图如图 1-1 所示。

图 1-1 传感器组成框图

敏感元件是传感器中直接感受被测量,并转换成与被测量有确定关系、更易于转换的非电量。图 1-2 中的弹簧管就属于敏感元件。当被测压力 p 增大时,弹簧管拉直。通过齿条带动齿轮转动,从而带动电位器的电刷产生角位移。

被测量通过敏感元件转换后,再经转换元件转换成电参量。图 1-2 中的电位器就属于转换元件，它通过机械传动结构将角位移转换成电阻的变化。

测量转换电路的作用是将转换元件输出的电参量转换成易于处理的电压、电流或频率。在图 1 – 2 中，当电位器的两端加上电源后，电位器就组成分压比电路，它的输出量是与压力成一定关系的电压 U_o。电位器式压力传感器原理框图如图 1 – 3 所示。

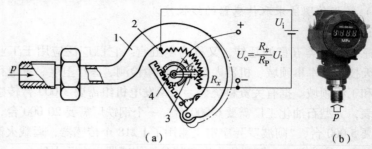

（a）   （b）

图 1 – 2 电位器式压力传感器

（a）原理示意图；（b）外形图

1—弹簧管（敏感元件）；2—电位器（转换元件、测量转换电路）；

3—电刷；4—传动机构（齿轮 – 齿条）

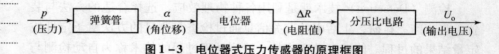

图 1 – 3 电位器式压力传感器的原理框图

二、 传感器的分类

传感器的种类名目繁多，分类不尽相同。常用的分类方法有以下几个。

（1）按被测量分类，可分为位移、力、力矩、转速、振动、加速度、温度、压力、流量、流速等传感器。

（2）按测量原理分类，可分为电阻、电容、电感、光栅、热电偶、超声波、激光、红外、光导纤维等传感器。

（3）按传感器输出信号的性质分类，可分为输出为开关量（"1"和"0"或"开"和"关"）的开关型传感器、输出为模拟量的模拟型传感器、输出为脉冲或代码的数字型传感器。

三、 传感器的基本特性

传感器的特性一般是指输入输出特性，有静态与动态之分。传感器动态特性的研究方法与控制理论中介绍的相似，故不再重复。下面仅介绍其静态特性的一些指标。

1. 灵敏度

灵敏度（Sensitivity）是指传感器在稳态下输出量的变化值与相应的被测量的变化值之比，用 K 表示，即

$$K = \frac{\mathrm{d}y}{\mathrm{d}x} \approx \frac{\Delta y}{\Delta x} \tag{1 – 1}$$

式中　x——输入量；

　　　　y——输出量。

对线性传感器而言，灵敏度为一常数；对非线性传感器而言，灵敏度随输入量的变化而变化。从传感器输出曲线看，曲线越陡，灵敏度越高。可以通过作该曲线切线的方法（作图法）求得曲线上任一点的灵敏度。用作图法求取传感器的灵敏度如图 1-4 所示。从切线的斜率可以看出，x_2 点的灵敏度比 x_1 点高。

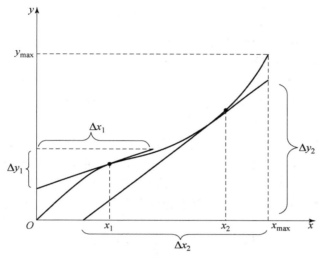

图 1-4　用作图法求传感器的灵敏度

2. 分辨力

分辨力（Resolution）是指传感器能检出被测信号的最小变化量，是有量纲的数。当被测量的变化小于分辨力时，传感器对输入量的变化无任何反应。对数字仪表而言，如果没有其他附加说明，一般可以认为该表的最后一位所表示的数值就是它的分辨力。一般情况下，不能把仪表的分辨力当作仪表的最大绝对误差。例如，数字式温度计的分辨力为 0.1 ℃，若该仪表的准确度为 1.0 级，则最大绝对误差将达到 ±2.0 ℃，比分辨力大得多。

仪表或传感器中还经常用到"分辨率"的概念。将分辨力除以仪表的满量程就是仪表的分辨率，分辨率常以百分比或几分之一表示，是量纲为 1 的数。

3. 线性度

人们总是希望传感器的输入与输出的关系成正比，即线性关系。这样可使显示仪表的刻度均匀，在整个测量范围内具有相同的灵敏度，并且不必采用线性化措施。但大多数传感器的输入输出特性总是具有不同程度的非线性，可以用下列多项式代数方程表示，即

$$y = a_0 + a_1 x + a_2 x^2 + a_3 x^3 + \cdots + a_n^n \tag{1-2}$$

式中　y——输出量；

x——输入量；

a_0——零点输出；

a_1——理论灵敏度；

a_2、a_3、$\cdots$、a_n——非线性项系数。

线性度（Linearity）是指传感器实际特性曲线与拟合直线（有时也称理论直线）之间的最大偏差与传感器满量程范围内的输出之百分比，它可用下式表示，且多取其正值

$$\gamma_L = \frac{\Delta_{\text{Lmax}}}{y_{\max} - y_{\min}} \times 100\% \qquad (1-3)$$

式中 Δ_{Lmax}——最大非线性误差；

　　　$y_{\max}$——量程最大值；

　　　$y_{\min}$——量程最小值。

求取拟合直线的方法有很多种，对于不同的拟合直线，得到的非线性误差也不同。可以将传感器输出起始点与满量程点连接起来的直线作为拟合直线，这条直线也称为端基理论直线，按上述方法得出的线性度称为端基线性度，作图方法如图1-5所示。设计者和使用者总是希望非线性误差越小越好，即希望仪表的静态特性接近于直线，这是因为线性仪表的刻度是均匀的，容易标定，不容易引起读数误差。

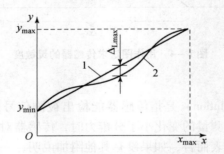

图1-5 端基线性度作图方法
1—端基拟合直线 $y = Kx + b$；2—实际特性曲线

4. 迟滞

迟滞（Hysteresis）（又称为回差或变差）是指传感器正向特性和反向特性的不一致程度。可用式（1-4）表示，即

$$\gamma_H = \frac{\Delta_{\text{Hmax}}}{y_{\max} - y_{\min}} \times 100\% \qquad (1-4)$$

式中 Δ_{Hmax}——最大迟滞偏差；

　　　$y_{\max}$——量程最大值；

　　　$y_{\min}$——量程最小值。

迟滞会引起重复性和分辨力变差，导致测量盲区，故一般希望迟滞越小越好。

产生迟滞现象的原因：传感器敏感元件材料的弹性滞后、运动部件摩擦、传动机构的间隙、紧固件松动等。

5. 稳定性

稳定性（Regulation）包含稳定度（Stability）和环境影响量（Influence Quantity）两个方面。稳定度指的是仪表在所有条件都恒定不变的情况下，在规定的时间内能维持其示值不变的能力。稳定度一般以仪表的示值变化量和时间的长短之比来表示。例如，某仪表输出电压值在 8 h 内的最大变化量为 1.2 mV，则表示为 1.2 mV/（8 h）。

实际应用中的稳定度调整方法：在测量前，可以将输入端短路，通过重新调零来克服。

灵敏度漂移将使仪表的输入输出曲线的斜率产生变化。

方法：将标准信号，如由"能隙稳压二极管"产生的 2.500 V 电压，经确定的衰减器之后施加到仪表的输入端，测出受环境影响前后输出信号的比例系数，将其作为乘法修正系数。

例如，某放大器的输入为 $0 \sim 10$ mV，$K = 1\,000$ 倍，满度输出为 10 V。在野外工作现场，发现温度升高后数据漂移严重，请调整之。

解：（1）将输入端短路，发现放大器的输出为 0.38 V，调整"调零电位器"，使之为零。

（2）将 10.00 mV 的标准信号施加于输入端，调整"调满度电位器"，使之为 10.00 V。

即：根据线性仪表的 $y = a_0 + a_1 x$ 设计方程，使 $a_0 = 0$，a_1 恢复设计值。

四、 传感器目前的发展现状与趋势

传感器技术作为信息技术的三大基础之一，是当前各发达国家竞相发展的高新技术，是进入 21 世纪以来优先发展的十大顶尖技术之一。传感器技术所涉及的知识领域非常广泛，其研究和发展也越来越多地和其他学科技术的发展紧密联系。下面介绍传感器技术的发展现状，综述近几年世界高端前沿的 MEMS 传感器技术的主要研究状况，并通过简述当前我国传感器的发展状况，展望现代传感器技术的发展和应用前景。

1. 国际发展现状

美国早在 20 世纪 80 年代就认为世界已进入了传感器时代，成立了国家技术小组（BTG），帮助政府组织和领导各大公司与国家企事业部门的传感器技术开发工作，美国国家长期安全和经济繁荣至关重要的 22 项技术中有 6 项与传感器信息处理技术直接相关。日本把开发和利用传感器技术作为国家重点发展六大核心技术之一。日本科学技术厅制定的 20 世纪 90 年代重点科研项目中有 70 个重点课题，其中有 18 项与传感器技术密切相关。传感器与通信、计算机被称为现代信息系统的三大支柱。因其技术含量高、渗透能力强以及市场前景广阔等特点，引起了世界各国的广泛重视。

传感器在资源探测、海洋、环境监测、安全保卫、医疗诊断、家用电器、农业现代化等领域都有广泛应用。在军事方面，美国已为 F - 22 战机装备了新型的多谱传感器，实现了全被动式搜索与跟踪，可在诸如有雾、烟或雨等各种恶劣天气情况下使用，不仅可以全天候作战，还提高了隐身能力。英国在航天飞机上使用的传感器有 100 多种，总数达到 4 000 多个，用于监测航天器的信息，验证设计的正确性，并可以在遇到问题时作出诊断。日本则在"雷达 4 号"卫星上安装了传感器，可全天候对地面目标进行拍摄。

在世界范围内传感器增长速度最快的是汽车市场，还有通信市场。汽车电子控制系统水平的高低关键在于采用传感器数量的多少，目前一台普通家用轿车安装几十到上百个传感器，豪华轿车传感器数量可达 200 多。我国是汽车生产大国，年产汽车一千多万辆，但是汽车用的传感器几乎被国外垄断。

2. 传感器发展趋势

随着我们对事物的进一步认识以及科技的不断发展，传感器技术大体上也经历了 3 个时代。

第一代是结构型传感器，它利用结构参量变化来感受和转换信号。例如，电阻应变式传感器，它是利用金属材料发生弹性形变时电阻的变化来转换成电信号的。

第二代传感器是 20 世纪 70 年代开始发展起来的固体传感器，这种传感器由半导体、电介质、磁性材料等固体元件构成，是利用材料某些特性制成的，如利用热电效应、霍尔效应、光敏效应，分别制成热电偶传感器、霍尔传感器、光敏传感器等。20 世纪 70 年代后期，随着集成技术、分子合成技术、微电子技术及计算机技术的发展，出现了集成传感器。集成传感器包括两种类型，即传感器本身的集成化和传感器与后续电路的集成化，如电荷耦合器件（CCD）、集成温度传感器 AD590、集成霍尔传感器 UG3501 等。这类传感器主要具有成本低、可靠性高、性能好、接口灵活等特点。集成传感器发展非常迅速，现已占传感器市场的 2/3 左右，它正向着低价格、多功能和系列化方向发展。

第三代传感器是 20 世纪 80 年代发展起来的智能传感器。智能传感器是指其对外界信息具有一定检测、自诊断、数据处理及自适应能力，是微型计算机技术与检测技术相结合的产物。20 世纪 80 年代智能化测量主要以微处理器为核心，把传感器信号调节电路、微计算机、存储器及接口集成到一块芯片上，使传感器具有一定的人工智能。20 世纪 90 年代智能化测量技术有了进一步的提高，在传感器一级水平实现智能化，使其具有自诊断功能、记忆功能、多参量测量功能以及联网通信功能等。

新技术的层出不穷，让传感器的发展呈现出新的特点。传感器与 MEMS（微机电系统）的结合，已成为当前传感器领域关注的新趋势。

目前美国相关机构已经开发出名为"智能灰尘"的 MEMS 传感器。这种传感器的大小只有 1.5 mm^3，质量只有 5 mg，但是却装有激光通信、

CPU、电池等组件，以及速度、加速度、温度等多个传感器。以往做这样一个系统，尺寸会非常大，智能灰尘尺寸如此之小，却可以自带电源、通信，并可以进行信号处理，可见传感器技术进步速度之快。MEMS 传感器目前已在多个领域有所应用。比如，很多人使用的 iPhone 手机中就装有陀螺仪、麦克风、电子快门等多个 MEMS 传感器；耐克公司推出的一款"智能鞋垫"也内置了 MEMS 传感器，可以记录用户运动的数据，并与手机连接将数据上传。此外，MEMS 传感器在医疗领域也发挥着重要的作用。比如患者在测量眼压时可能因过于紧张，导致眼压很难测准的情况。而利用 MEMS 传感器技术，将眼压计内嵌到隐形眼镜中，这样就可以更方便地对患者进行监测，测量出来的数据也更为准确。

除了与 MEMS 结合外，传感器还与仿生信息学结合，并产生了诸多新的应用。法国已研制出模仿人类眼睛的视觉晶片，可以模仿人类眼睛的能力，分辨不同颜色，并观测动作。奔腾处理器每秒能处理数百万项指令，这种视觉晶片每秒能处理大约两百亿项指令。这种仿生视觉晶片将会引起感测与成像的革命，并在国防领域得到广泛的应用。

3. 我国传感器发展状况

我国早在 20 世纪 60 年代开始涉足传感器制造业，"八五"期间，我国将传感器技术列为国家重点科技攻关项目，建成了"传感器技术国家重点实验室""国家传感器工程中心"等研究开发基地。而且 MEMS 等研究项目列入了国家高新技术发展重点。目前，传感器产业已被国内外公认为具有发展前途的高技术产业，它以技术含量高、经济效益好、渗透力强、市场前景广等特点为世人所瞩目。我国工业现代化进程和电子信息产业以每年 20% 以上的速度高速增长，带动传感器市场快速上升。我国手机产量突破 7.5 亿，手机市场增长给传感器市场带来新机遇，该领域占传感器市场的 1/4。我国是家电生产大国，2009 年总产量达到 3 亿多台，占传感器市场的 1/5。传感器在医疗环保专业设备中应用高速增长，占市场份额的 15% 左右。

与此同时，我国在传感器发展方面的问题也日益突出。我国虽然传感器企业众多，但大都面向中低端领域，技术基础薄弱，研究水平不高。许多企业都是引用国外的芯片加工，自主研发的产品较少，自主创新能力薄弱，在高端领域几乎没有市场份额。此外，科研院所在传感器技术的研究方面已与国际接轨，但产业化瓶颈迟迟未能突破。目前我国从事传感器技术研发的主要是高校、中国科学院和相关部委的研究机构，企业的技术实力较弱，很多是与国外合作，或是进行二次封装。而在发达国家，传感器的研发和产业化更多由企业来主导。那么，我国的传感器产业该如何突破当前的发展瓶颈？

近年来，我国也不断提高对传感器产业的重视，并出台了一系列政策推进其发展。2011 年 7 月出台的《中国电子元件"十二五"规划》指出，"十二五"期间将投资 5 000 亿元，主要集中在新型电子元件的研发和产业化领域。而在 2012 年 2 月由工信部等四部委联合印发的《加快推进传感器及智能化仪表产业发展行动计划》中，还制定了具体的产业发展目标，并给出了 2013—2025 年的发展路线图。

根据国家规划，未来将在传感器领域建立超百亿元的创新产业集群，以及产值超过 10 亿元的行业龙头和产值超过 5 000 万元的小而精的企业。

上述目标的实现应该从两方面入手：一是要走产业化的道路；二是要采取整体解决方案的模式。

在传感器技术的产业化方面，除了需要成熟的市场和产品以及充足的资本和人才外，志在长远的经营理念也是传感器产业化成功的基础。传感器研发和推广的周期比较长，想短期见到效果往往比较难。比如汉威，从创业到上市共走过了 10 年的历程，整体解决方案的模式，是经汉威实践后的一条行之有效的路径。传感器虽然是关键器件，技术含量很高，但需要依存于其他系统和具体应用，其本身很难形成很大的产值和规模。因此，他建议从核心元器件入手，向下游产业链进行延伸，并为客户提供整体的解决方案。通过这种整体解决方案的模式，能够得到第一手的用户体验信息，并根据这些信息对传感器进行完善和改进。同时，由于末端应用的利润比较高，企业可以把在末端应用赚来的钱投入到前端的核心技术研发上，这样研发也有了后续的力量。

4. 传感器未来的发展方向

当前技术水平下的传感器系统正向着微小型化、智能化、多功能化和网络化的方向发展。今后，随着 CAD 技术、MEMS 技术、信息理论及数据分析算法的继续向前发展，未来的传感器系统必将变得更加微型化、综合化、多功能化、智能化和系统化。在各种新兴科学技术呈辐射状广泛渗透的当今社会，作为现代科学"耳目"的传感器系统，作为人们快速获取、分析和利用有效信息的基础，必将进一步得到社会各界的普遍关注。我国也加大了研发新型传感器的力度。

【任务实施】

（1）学生归纳总结传感器的定义、组成及其基本特性。

（2）线上学习并举出生活中传感器的应用及工业中常用传感器的例子。

【任务总结】

在信息社会的一切活动领域中，检测是科学地认识各种现象的基础性方法和手段。现代化的检测手段在很大程度上决定了生产、科学技术的发展水平，而科学技术的发展又为检测技术提供了新的理论基础和制造工艺，同时又对检测技术提出了更高的要求。检测技术是所有科学技术的基础，是自动化技术的支柱之一，而传感器是检测必备的工具。

现代信息技术包括计算机技术、通信技术和传感器技术等，计算机相当于人的大脑，通信相当于人的神经，而传感器则相当于人的感觉器官。如果没有各种精确可靠的传感器去检测原始数据并提供真实的信息，即使是性能非常优越的计算机，也无法发挥其应有的作用。

任务二　测量误差与数据处理

【任务描述】

通过本任务的学习，学生应达到的教学目标如下。

【知识目标】

（1）掌握测量的定义。

（2）掌握真值、测量值的概念及精度等级定义。

（3）了解测量方法的分类。

（4）掌握误差的分类。

（5）掌握测量误差和数据处理。

【技能目标】

（1）能正确选择仪表的精度等级。

（2）知道各类误差处理的方法。

【任务分析】

测量是检测技术的主要组成部分，测量得到的是定量的结果。现代社会要求测量必须达到更高的精确度、更小的误差、更快的速度、更高的可靠性，本任务主要介绍测量的基本概念、精度等级、测量方法、误差分类、测量结果的数据统计处理。

【知识准备】

本任务主要介绍测量的基本概念、精度等级、测量方法、误差分类、测量结果的数据统计处理。

一、测量

测量是人们用以获得数据信息的过程，是定量观察、分析、研究事物发展过程时必需的重要方式。因此，测量就是借助专用技术工具将研究对象的被测变量与同性质的标准量进行比较并确定出测量结果准确程度的过程，该过程的数学描述为

$$X = X_m V \tag{1-5}$$

式中　X——被测量；

X_m——标准量（基准单位）；

V——被测量所包含的基准单位数。

显然，基准单位确定后，被测量 X 在数值上约等于对比时包含的基准单位数 V。例如，用精度为 0.5%，量程为 0～500 mm 的直尺以 mm 为基准单位测量容器中液位的高度，得到 $X = 350$ mm，则表示液位 X 的高度约为 350 mm，相应的误差不超过 25 mm。以上表明，测量过程包含 3 层含义：确定基准单位；将被测量与基准单位进行比较；估计测量结果的误差。测量仪表就是比较过程中使用的专门技术工具。实际上，大多数被测对象中的被测量是无法直接借助通常的测量仪表进行比较的，这时必须将被测量进行变换，将其转换成有确定函数关系且可以比较的另一个物理

量，这就是信号的检测。例如，温度的测量，利用水银热胀冷缩的原理制成的水银温度计，将温度的变化转换为水银柱高度的变化，同时将温度基准单位用刻度表示出来，这样水银柱高度对应的刻度就是包含基准单位的个数，即测量出的当时温度。因此，检测是一个更广泛的测量概念，它包括信息转换、确定基准单位和对比3个基本内容。

二、 测量方法

测量方法是测量被测量的方法。从不同的角度出发，有不同的分类方法，按测量结果精确度可分为工程测量和精密测量；按测量条件可分为等精度测量和不等精度测量；按被测对象在测量过程中所处的状态可分为静态测量和动态测量；按测量敏感元件是否与被测介质接触可分为接触式测量和非接触式测量；根据测量的手段不同可分为直接测量和间接测量；按测量原理可分为偏差法、零位法、微差法等。

（一） 按比较方式分类

1. 直接测量

直接测量是指用事先标定好的测量仪表对某被测量直接进行比较，从而得到测量结果的过程，如弹簧秤、游标卡尺等。

2. 间接测量

间接测量是指由多个仪表（或称环节）所组成的一个测量系统。它包含被测量的测量、变换、传输、显示、记录和数据处理等过程。这种测量方法在工程中应用广泛。例如，用电子皮带秤测量煤的输送量，可通过荷重传感器测出检测点处有效称量段 L_0 上煤的重量 W，通过测速传感器测出检测点处煤的传送速度 u，经信息处理单元对 W/L_0 及 u 进行合成处理后送入显示单元显示瞬时输送量，送入比例积算器显示输送总量。

一般来说，间接测量比直接测量要复杂些。但随着计算机的应用，仪表功能加强，间接测量方法的应用也正在扩大，测量过程中的数据处理完全可以由计算机快速而准确地完成，使间接测量方法变得比较直观而简单。

（二） 按测量原理分类

1. 偏差法

用测量仪表的指针相对于刻度初始点的位移（偏差）来直接表示被测量的大小。指针式仪表是最常用的一种类型。图1-6所示为弹簧秤原理。在用此种方法测量的仪表中，分度是预先用标准仪器标定的，如弹簧秤用砝码标定。这种方法的优点是：直观、简便；相应的仪表结构比较简单。缺点是精度较低、量程窄。

2. 零位法

零位法是将被测量与标准量进行比较，二者的差值为零时，标准量的读数就是被测量的大小。这就要有一灵敏度很高的指零机构。例如，天平称重及电位差计测量电动势就是利用这个原理，如图 1-7 所示。

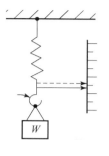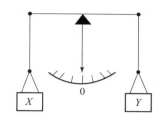

图 1-6　弹簧秤　　　　　　　　图 1-7　天平

零位法具有很高的测量精度，但响应慢，测量时间长，不能测量快速变化的信号。

3. 微差法

微差法是将偏差法和零位法组合起来的一种测量方法。测量过程中将被测量的大部分用标准信号去平衡，而剩余部分采用偏差法测量。

微差法的特点：准确度高，不需要微进程的可变标准量，测量速度快，指零机构用一个有刻度可指示偏差量的指示机构代替。

利用不平衡电桥测量电阻的变化量，是检测仪表中使用最多的微差法测量的典型例子。桥路中被测电阻的基本部分（静态电阻）使电桥处于平衡状态，而变化的电阻将使电桥失去平衡产生相应的输出电压。这样，桥路输出电压的变化只反映电阻的变化，被测电阻将是基本部分及输出电压决定的电阻变化部分之和。

这种方法可以使测量精度大大提高。这是因为电阻的主要部分采用了零位法测量，具有很高的测量精度，尽管偏差法测量剩余部分时造成了一定的误差，但这部分误差相对于整个被测量而言是非常微小的。

例如，$R_X = 101\ \Omega$，基本部分是 $100\ \Omega$，变化部分是 $1\ \Omega$，如果变化部分用偏差法测量的误差是 1%，则为 $\pm 0.01\ \Omega$，相对于 $101\ \Omega$ 的整个电阻而言，相对误差约为 0.01%，如果再考虑基本部分用零位法测量时的相对误差是 0.01%，总的相对误差将为 $0.02\ \Omega$。可见，微差法测量过程比绝对用零位法测量时简便、迅速（因零位法测量时需要用标准量反复地与被测量相平衡），所以它在工程测量中得到大量应用。

三、　测量系统的概念

在《通用计量术语及定义》（JJF 1001—1998）中对测量系统的定义：组装起来以进行特定测量的全套测量仪器和其他设备。测量系统可能是仅有一只测量仪表的简单测量系统，也可能是一套复杂的、包括多只仪表、高度自动化的测量系统。

测量系统可按显示件及计算机应用情况分为模拟量测量系统、数字量显示测量系统、微机型多参数采集显示系统及数据采集系统等。

对于组成测量系统的仪表，也可简单地按被测参数的名称分为压力仪表、温度仪表、流量仪表、料位仪表、成分分析仪表等。

四、 测量误差与仪表精确度等级

（一） 真实值与测量值

1. 真实值

真实值是指某一被测量在一定条件下客观存在的量值。由于测量误差的普遍存在，若想通过测量得到某些被测量的真实值是不可能的。通过测量得到的只能是真实值的近似值。但在实际工作中可把下面 3 种量值看作真实值。

（1）真值。

真值也称为理论值、理论真值或定义值，即根据一定的理论，在严格的条件下，按定义确定的数值。在实际测量中这种值是测不到的，但这种值又确实存在。

根据误差理论可把真值定义为在排除系统误差的条件下，经过等精度多次重复测量，当测量次数 n 趋近无穷大时，所测得值的算术平均值就是被测量的真值。

在实际进行测量的过程中，绝对排除系统误差是不可能的。另外，进行测量的次数也总是有限的。所以，尽管理论上能把真值定义出来，但通过实际测量是得不到的。在实际测量中得到的测量值只能是随着科学技术的发展逐渐接近真值。

（2）指定值。

指定值又称为约定真值、相对真值或代替真值。由于被测量的真值不能通过测量得到，所以指定值就是由国际计量大会确定的、得到国际上公认的各种基准或标准的指示值。指定值还应具有足够的稳定性和复现性，它是人为约定的量值。因此，指定值会随着科学技术的发展不断得到完善和修正。

（3）实际值。

由于指定值的获得比较困难，而在实际测量中对测量结果的精度要求又不是那么高，因此，在满足实际需要的前提下，相对于实际测量所要求的精度，其测量误差可以忽略的测量结果，即被称为实际值（或传递值）。

2. 测量值

测量值包括通过各种实验测量所得到的量值，其来源多是测量仪器或各种测量装置的读数和指示值。由于测量过程中普遍存在的测量误差，所以，测量值都是被测量真值的近似值。对一般的测量，可直接把测量值作为测量结果表示出来。对于精密测量，则应根据数据处理和误差理论及有关知识对测量值进行加工处理，以充分利用所具备的测量条件，得出比较精确且合理的测量结果。

常用的把测量值作为测量结果的表示方法如下。

（1）单次测量值。

若对测量结果的精度要求不高或有足够的把握，且经过一次测量所得到的测得值能够满足对测量结果的精度要求时，就可用单次测量值来近似表示被测量的真值。

（2）算术平均值。

在单次测量不能满足实际所需测量精度要求的情况下，为了充分利用现有测量设备或仪器，就必须经过多次测量，在等精度测量条件下取得多个测量值，并用这些测量值来估计被测量的真实值。

在对测量数据进行处理时，应用较普遍的是用所有测量值的算术平均值来代替被测量真值，即

$$\bar{x} = \frac{1}{n} \sum_{i=1}^{n} x_i = \frac{1}{n} (x_1 + x_2 + \cdots + x_n) \qquad (1-6)$$

（二）测量误差

测量误差是指测量值和真实值之间存在的差值。在实际测量过程中，测量误差必然存在，这可以由环境中各种各样的干扰、所选仪表的精度等级、测量手段、测量技术水平等多种因素所致。

1. 绝对误差

被测量的测量值 X 与真实值 X_0 之间的差值，称为示值的绝对误差 ΔX，即

$$\Delta X = X - X_0 \qquad (1-7)$$

绝对误差直接说明了仪表测量值偏离真实值的大小。对同一个真实值来说，测量产生的绝对误差小即说明测量结果比较准确。但绝对误差不能作为不同量程的同类仪表和不同类型仪表之间测量质量好坏的比较尺度，且不同量纲的绝对误差无法比较。

2. 相对误差

为了更准确地描述测量结果的可信程度，通常把绝对误差与被测量的真实值（或测量值）作一比较，这就引入了相对误差的概念。相对误差比绝对误差更能说明测量值的准确程度。

（1）实际相对误差。

实际相对误差是指被测变量的绝对误差 ΔX 与真实值的比值，用百分数表示为

$$\delta_0 = \frac{\Delta X}{X_0} \times 100\% \qquad (1-8)$$

（2）示值相对误差。

示值相对误差也叫标称相对误差，是指被测量的绝对误差与测量值的比值，用百分数表示为

$$\delta_X = \frac{\Delta X}{X} \times 100\% \qquad\qquad (1-9)$$

（3）引用相对误差。

引用相对误差也叫作相对百分误差，是指被测变量的绝对误差与仪表量程比值的百分数，可表示为

$$\delta_M = \frac{\Delta X}{X_{max} - X_{min}} \times 100\% = \frac{\Delta X}{M} \times 100\% \qquad (1-10)$$

式中　　X_{max}——仪表标尺上限刻度值；

　　　　X_{min}——仪表标尺下限刻度值；

　　　　M——仪表量程。

在实际应用中，通常采用最大引用相对误差来描述测量的准确程度，可表示为

$$\delta_{Mmax} = \frac{\Delta X_{max}}{X_{max} - X_{min}} \times 100\% = \frac{\Delta X_{max}}{M} \times 100\% \qquad (1-11)$$

式中　　ΔX_{max}——测量范围内的最大绝对误差。

（三）仪表精确度等级

仪表的精确度等级也称为精度等级或精度，是用来描述仪表测量结果准确程度的综合性指标。精确度的高低主要由系统误差和随机误差的大小决定，因此精度包含准确度和精密度两个方面的内容。准确度表示测量结果中系统误差大小的程度，而精密度表示测量结果中随机误差大小的程度。测量的精度反映系统误差和随机误差的综合情况，精度高说明系统误差和随机误差都小，测量过程既精密又准确。

仪表的精确度等级采用最大引用相对误差去掉百分号（%）后的值表示。为了方便仪表的生产及使用，我国国家标准规定了工业仪表的精度等级为0.1、0.2、0.5、1.0、1.5、2.5和4.0等。

由此可见，仪表精度的高低不仅与测量范围内产生的绝对误差的大小有关，还与该仪表的量程有关。在选择仪表时必须同时考虑绝对误差和量程两个因素。

五、测量误差性质及来源

（一）测量误差性质及分类

对不同性质的测量误差应采取不同的误差处理方法。按测量误差的产生原因及性质不同，可将测量误差分为系统误差、随机误差和粗大误差。

1. 系统误差

系统误差是指在重复性条件下对同一被测量进行无限多次测量，所得结果的平均值与被测量的真值之差。系统误差具有确定的变化规律。系统误差产生的原因主要有测量方法、测量工具、测量环境及测量人员等几个方面所致。

系统误差是测量中的主要误差，系统误差的大小是评定测量准确度高低的标志，系统误差越大，准确度越低；反之，则准确度越高。实际中，不能靠多次测量取平均值的办法来消除它，而是要针对系统误差的来源，采取必要的技术措施来消除或减小系统误差。

2. 随机误差

随机误差是指测量结果与在重复条件下对同一被测量进行无限多次测量所得结果的平均值之差。造成随机误差产生的原因主要是环境中的噪声、电磁干扰、电源突变等偶然原因。

一般而言，在同一条件下进行多次测量的随机误差服从统计规律分布，这样，随着测量次数的增多，随机误差的代数和逐渐减小，当测量次数为无限多时，误差的算术平均值即为零，测量的平均值即可代替真值。通常可通过重复多次测量的办法来减小随机误差的影响。

3. 粗大误差

粗大误差是指明显超出规定条件下预期的误差。这种误差一经发现应立即剔除，以免导致错误的结论。

在实际工作中，系统误差主要靠一定的技术措施和必要的修正手段来削弱；随机误差要靠多次重复测量取平均值的办法来消除或削弱；粗大误差则应剔除不用。但这里应注意，以上 3 种测量误差的划分有一定的相对性，不是绝对严格的，在一定条件下它们还可以相互转换。

（二）　测量误差的来源

1. 测量过程中产生的误差

在测量过程中会产生误差，这是误差的主要来源，一般有以下原因。

（1）测量方法。这是由于所采用的测量原理或测量方法本身所产生的测量误差，如对被测量对象的有关知识研究不够、受客观条件及技术水平的限制、所采用测量原理本身的近似性、接触测量方法破坏了被测量对象的原有状况、用静态测量方法解决动态对象测量问题等。

（2）装置（或仪器）误差。这是指由于所用测量设备或仪器本身固有的各种因素的影响而产生的误差。

（3）环境误差。这是指因周围环境对测量的影响而产生的测量误差，这些环境因素存在于测量系统之外，但对测量系统直接或间接地发生作用，也就产生了测量误差。

（4）主观误差。主观误差也称为人员误差，是由进行测量的操作人员素质条件所引起的误差。其中如测量人员感觉器官的分辨能力、反应滞后及操作技术水平等因素引起的观测误差是难以避免的，而由于测量人员的粗心大意造成的读值、记录和计算错误以及操作失误等所造成的测量误差则应尽量避免。

在具体测量过程中，以上各种因素对测量结果的影响程度会有所不同，有时某一因素造成的测量误差也可小到能被忽略的程度，但是总的测量误差是一定存在的。

2. 测量数据处理时产生的误差

在许多情况下，测量数据必须经过进一步的处理或运算，才能得到最后的测量结果。而在处理测量数据时也会带来一定的误差，且这种误差有时也是不可避免的，具体表现如下。

（1）有效数字的化整误差。

一般而言，测量数据要用一定有效位数的数来表示，对于多余数字就应当舍弃，也即对数字进行化整，这就会产生化整误差。

（2）各种数学或物理常数引起的误差。

数学常数如 π、e 等，这些数学常数根据需要可取到任意精度的数值，但不论取多少位总是近似值，所以用到这些常数就会带来误差。物理常数如物质的密度、黏度、热导率、热膨胀系数、各种导体的电阻率、光学材料的折射率等，虽然它们有比较高的精度，但由于受当时技术水平的限制，能达到的精度是有限的，这就会给最后计算结果带来误差。

（3）各种近似计算方法带来的误差。

在数值运算过程中，对某些特殊函数（如 e^x、$(1+x)^m$、泰勒公式等）只能利用近似公式进行计算。这些函数值与数学公式一样，根据需要可以得到任意精度的结果，但总得不到真值，这也就产生了误差。

六、 误差分析与数据处里

（一） 测量误差合成与分解

任何测量结果都包含有一定的测量误差，这是测量过程中各环节多种误差因素共同作用的结果。如何正确地分析和综合这些误差因素，并正确表述这些误差的综合影响，这就是误差合成与分解所要研究的基本内容。误差合成与分解的基本规律和基本方法不仅可在测量数据处理中给出测量结果的精度，而且还可用于测量方法和仪器装置的精度分析计算、仪器和系统设计中的误差分配以及最佳测量方案确定等方面。

1. 测量误差的合成

1）随机误差的合成

随机误差的取值是不可预知的，具有随机性，其取值的分散程度可用测量的标准差或极限误差来表征。随机误差的合成可采用平方和开方法，误差合成时必须考虑各个误差传递系数及误差间的相关性问题。

（1）标准差的合成。

影响测量结果的误差因素很多，若在测量过程中有 q 个单项随机误差，其标准差分别为 σ_1、σ_2、$\cdots$、σ_q，相应地，误差传递系数分别为 a_1、a_2、$\cdots$、a_q，则根据平方和开方法，各个标准差合成后的总标准差为

$$\sigma = \sqrt{\sum_{i=1}^{q} (a_i \sigma_i)^2 + 2 \sum_{1 \leqslant i < j}^{q} \rho_{ij} a_i a_j \sigma_i \sigma_j} \qquad (1-12)$$

通常情况下，这些误差是互不相关的，即其互相关系数 $\rho_{ij} = 0$，则有

$$\sigma = \sqrt{\sum_{i=1}^{q} (a_i \sigma_i)^2} \qquad (1-13)$$

由此可见，只要给出各个标准差及相应的误差传递系数，即可按式（1-12）或式（1-13）计算出总的标准差。

（2）极限误差的合成。

在测量实践中，各个单项随机误差和测量结果的总误差也常以极限误差的形式来表示，因此极限误差的合成也是必要的。

一般地，极限误差合成公式为

$$\delta = \pm t \sqrt{\sum_{i=1}^{q} \left(\frac{a_i \sigma_i}{t_i} \right)^2 + 2 \sum_{1 \leq i < j}^{q} \rho_{ij} a_i a_j \frac{\delta_i}{t_i} \frac{\delta_j}{t_j}} \qquad (1-14)$$

式中　δ——合成后的总极限误差；

　　　a_i——各极限误差传递系数；

　　　ρ_{ij}——任意两误差间的相关系数；

　　　σ_i——各单项随机误差的标准差；

　　　δ_i——各单项极限误差；

　　　t_i——各单项极限误差的置信系数；

　　　t——合成后总极限误差的置信系数。

根据式（1-14），即可由各单项极限误差及相应的置信系数进行极限误差的合成。但要注意，式中的各个置信系数不仅与置信概率有关，而且与随机误差的分布有关。

如果各个单项随机误差均服从正态分布（即各个单项随机误差的置信系数 t_i 相同），且这些随机误差之间互不相关（即 $\rho_{ij} = 0$），则有

$$\delta = \pm \sqrt{\sum_{i=1}^{q} (a_i \delta_i)^2} \qquad (1-15)$$

在实际应用中，各单项随机误差大多服从正态分布或近似服从正态分布，且它们之间线性无关或近似线性无关，所以式（1-15）被广泛使用。

2）系统误差的合成

系统误差是有规律可循的，根据对系统误差的掌握程度，可将其分为已定系统误差和未定系统误差。这两种系统误差具有不同的特征，这也就导致其合成方法也不尽相同。

（1）已定系统误差的合成。

已定系统误差是指误差大小和方向均已被确切掌握的系统误差。若在测量过程中有 r 个单项已定系统误差，其误差值分别为 Δ_1、Δ_2、$\cdots$、Δ_r，相应地，误差传递系数分别为 a_1、a_2、$\cdots$、a_r，则按代数和法合成的总已定系统误差为

$$\Delta = \sum_{i=1}^{r} a_i \Delta_i \qquad (1-16)$$

一般而言，在实际测量中，有不少已定系统误差在测量过程中已被消

除，由于某些原因未消除的只有少数几项，此时，可将它们按代数和法合成，并从测量结果中予以修正，这样，最后的测量结果中一般就不再包含已定系统误差。

（2）未定系统误差的合成。

未定系统误差是指误差大小和方向没被确切掌握，或不必花费过多精力去掌握，而只需估计出其不致超过某一极限范围的系统误差。未定系统误差在测量中较为常见，而且，有时为了简化计算，可将某些影响较小的已定系统误差也视为未定系统误差来处理，所以，未定系统误差的处理就成为非常重要的内容。在实际测量过程中，应正确地将所有未定系统误差进行合成，以得到更为准确的结果。

由于未定系统误差的取值具有随机性，并服从一定的概率分布，这样当多项未定系统误差综合作用时，它们相互之间就有一定的抵偿作用，而且，这种抵偿作用类似于随机误差的抵偿作用，所以，未定系统误差的合成可以采用随机误差的合成公式，这就大大方便了测量结果的进一步处理。

若测量过程中有 s 个单项未定系统误差，其标准差分别为 u_1，u_2，…，u_s，其相应的误差传递系数为 a_1、a_2、…、a_s，且有 $\rho_{ij} = 0$，则合成后未定系统误差的总标准差为

$$u = \sqrt{\sum_{i=1}^{s} (a_i u_i)^2} \qquad (1-17)$$

同样，当各个单项未定系统误差均服从正态分布，且有 $\rho_{ij} = 0$ 时，则未定系统误差的总极限误差为

$$e = \pm t \sqrt{\sum_{i=1}^{s} (a_i e_i)^2} \qquad (1-18)$$

式中　e_i——单项未定系统误差的极限误差。

3）随机误差与系统误差的合成

当测量过程中存在各种不同性质的多项系统误差与随机误差时，应将其进行综合，以求得最后测量结果的总误差，并常用极限误差来表示，但有时也用标准差来表示。具体方法可参考有关文献，在此不再介绍。

2. 测量误差分解

任何测量过程都包括多项误差，测量结果的总误差由各单项误差的综合影响确定。在进行实际测量工作前，应根据给定测量总误差的大小来选择测量方案，并合理进行误差分配，确定各单项误差，以保证测量精度。这种根据给定测量结果总误差的大小来确定各个单项误差的过程就是测量误差分解。

进行误差分配时必须考虑测量过程中所有误差组成项的分配问题。以间接测量的函数误差分配为例，对于函数的已定系统误差，可用修正方法予以消除，不必再次考虑，此时只需研究随机误差和未定系统误差的分配问题。

按等作用原则分配误差，就是认为各个部分误差对函数总误差的影响相

等，这可能会出现不合理的情况，对于其中有的测量值，要保证它的测量误差不超出允许范围很容易满足，而对于其中有的测量值则难以实现误差限定要求，或必须采用昂贵的高精度仪器才可实现。所以，在实际进行误差分配时，必须根据具体情况进行适当调整，对容易实现测量要求的误差项尽可能缩小，对难以实现测量要求的误差项适当扩大，其余误差项保持不变。

为确保误差分配的准确性，在误差分配之后，应按误差合成公式计算实际的总误差，如果超出允许误差范围，则应缩小有可能缩小的误差项的误差，若实际总误差较小，也可适当扩大难以实现的误差项的误差。

（二）　测量不确定度

采用误差评价测量结果和测量仪器质量时，存在着一个根本性的问题，即由于误差是测量值与真值之差，而真值通常是不知道的，所以，误差本身也就是不确定的。而且，采用不同的方法对误差进行综合，就会对同一个测量结果或测量仪器得出不同的评价。鉴于此，就提出了测量不确定度的概念。

在实际测量中，测量值是以一定的概率分布落在某个区域之内。用来表征测量值分散性的参数就是测量不确定度。测量不确定度反映了对测量结果的不可信程度，它与误差是两个完全不同的概念，这样，在给出测量结果时，就必须同时给出测量的不确定度。

测量不确定度按照对它们的评价方法不同，可分为 A 类不确定度评定、B 类不确定度评定、合成标准不确定度和扩展不确定度。其中，A 类不确定度评定是按统计分析方法评定的不确定度，又称为统计不确定度；B 类不确定度评定是用非统计方法来评定的不确定度；合成标准不确定度是指当测量结果是由若干个其他量的值求取时，按其他各量的方差或（和）协方差算得的标准不确定度；扩展不确定度是指确定测量结果区间的量，合理赋予被测量的值分布的大部分可望含于此区间。

（三）　测量结果数据处理

1. 有效数字的概念

测量结果应保留的数字位数多少，是根据被测量的大小和所用仪器的精度来确定的。通常，应保留一位欠准数字（估读数值），因为它反映了测量的准确度。有效数字是指从左边第一位不为零的数字起，到右边最后一位数字止的所有数字，不论是零还是非零。这里须注意，有效数字最左边的一个数字一定不为零。若具有 n 个有效数字，就说是 n 位有效位数。例如，取 $\pi = 3.141\ 6$，则第一位有效数字为 3，共有 5 位有效位数，最末位的 6 是欠准数字；又如 0.056 7，第一位有效数字为 5，共有 3 位有效位数，最末位的 7 是欠准数字；而 0.056 700，则为 5 位有效位数，最末位的 0 是欠准数字。

单位的变换不影响有效数字位数。例如，55 μA 可表示为 0.055 mA

或 55×10^3 nA，而不能写成 55 000 nA，因为这样改变了有效数字的位数。如果近似数的右边带有若干个零，则通常把它写成 $a \times 10^n$ 的形式，且 $1 \leqslant a < 10$，此时可按 a 的有效数字来确定该近似数的有效位数，如 5.5×10^5 表示两位有效位数，而 5.50×10^5 则表示 3 位有效位数。

2. 有效数字的运算

1）加减运算

参加运算的各个数据必须是具有相同单位的同一个物理量。这些数据中精度最低的就是小数点后有效数字位数最少的，所以，在运算之前必须将参加运算的各个数据小数点后所保留的有效数字位数处理成与精度最低的数据相同，这样才能进行运算。

对于位数很多的近似数，当小数点后有效数字位数确定后，应将其后多余的数字舍去，此时，小数点后所保留的最末一位数字应按以下规则处理：①若舍去部分的数值大于保留部分末位的半个单位，则末位加 1；②若舍去部分的数值小于保留部分末位的半个单位，则末位不变；③若舍去部分的数值等于保留部分末位的半个单位，则末位凑成偶数，也即如果末位为偶数则末位保持不变，如果末位为奇数时则末位加 1。

例如，求 35.665、6.516 8、0.3、13.650、5.150 0 五项之和。

解：
$$
\begin{aligned}
35.665 &\rightarrow 35.7 \\
6.516\ 8 &\rightarrow 6.5 \\
0.3 &\rightarrow 0.3 \\
13.650 &\rightarrow 13.6 \\
+\quad 5.150\ 0 &\rightarrow 3.2 \\
\hline
&\ 59.3
\end{aligned}
$$

2）乘除运算

运算前应将各数据的有效数字位数处理成与有效数字位数最少的那个相同，运算后的积或商的有效数字位数也应与有效数字位数最少的那个相同。这与加减运算的有效数字处理方法是不同的。

例如，求 $5.665\ 1 \times 0.35 \times 3.630$ 的值。

解：
$$
\begin{aligned}
5.665\ 1 &\rightarrow 5.7 \\
0.35 &\rightarrow 0.35 \\
\times\quad 3.630 &\rightarrow 3.6 \\
\hline
7.182 &\rightarrow 7.2
\end{aligned}
$$

【任务实施】

结合所学知识对测量结果进行误差分析和数据处理。

（1）下列误差属于哪类误差，将结果填在表 1-1 中。

（2）某压力表检定证书中标明修订值为 -0.2 kPa，若用该表检测，指示值为 2.51 kPa，则该读数修正后为多少？

（3）测量结果数据处理。测量结果的数据处理可按以下步骤进行。

①把测量数据按测量次序列表。

②计算算术平均值 $\bar{x}$ 和标准偏差 σ_{n-1}。

表 1-1　测量误差原因分析

序号	工作内容	误差类型
1	用一块普通万用表测量同一电压，重复测量 20 次所得结果的误差	
2	观察者抄写记录时错写了数据造成的误差	
3	在流量测量中，流体温度、压力偏离设计值造成的流量误差	
4	仪器刻度不准确造成的误差	

③若知道真实值，则可去掉系统误差；若在测量时采取了相应的技术措施，则可认为系统误差为零。

④按 3σ 原则去除粗大误差，并再次计算平均值 $\bar{x}$ 和标准偏差 σ_{n-1}。

⑤写出测量结果。

【任务总结】

人类生产力的发展促进了测量技术的进步。商品交换必须有统一的度、量、衡；天文、地理也离不开测量。17 世纪工业革命对测量提出了更高的要求，如蒸汽机必须配备压力表、温度表、流量表、水位表等仪表。现代社会要求测量必须达到更高的准确度、更小的误差、更快的速度、更高的可靠性，测量方法也是日新月异。本任务主要介绍测量的基本概念、测量方法、误差分类、测量结果的数据处理。

【项目评价】

项目名称	传感器技术的认识与实践		学生姓名		日期	
学习形式	独立完成□　　　小组协作□					
考核目的	传感器的基本知识及日常应用					
任务要求	（1）掌握传感器的基本知识 （2）了解日常生活中用到的传感器 （3）掌握测量误差与数据处理					
所需设备	计算机、手机					

任务实施过程：学生通过线上学习及自己查询资料掌握传感器的基本知识；了解传感器的应用；会进行正确的误差处理

序号	内容	要求	评分标准	比例	得分
1	资料查阅	正确查阅资料	会正确查阅传感器基础知识及应用误差基本理论资料，得 20 分；否则不得分	20	

续表

序号	内容	要求	评分标准	比例	得分
2	线上学习	完成线上设计内容	按要求完成线上学习内容，得20分；否则不得分	20	
3	学习心得	根据所学内容写出学习心得	能掌握所学内容并整理成心得，得10分；否则不得分	10	
4	互动学习	在线互动学习	在线互动学习，得10分；否则不得分	10	
5	线下小组讨论	小组积极讨论互学互助	小组积极讨论互学互助学习，得20分；否则不得分	20	
6	认真领悟教师所讲内容	线下认真听讲	认真领悟教师所讲内容并发表观点，得20分；否则不得分	20	
成绩：			教师签字：		

【拓展提高】

传感器行业分析（视频文件）

全球首款6 400万像素传感器
（视频文件）

人体开自来水的
多媒体演示动画（视频文件）

一个简单的工件磨削测控
过程的多媒体动画（视频文件）

【练习与思考】

1. 选择题

（1）在工程中，"换能器""检测器""探头"等名词均与（　　）同义。

A. 信号调理装置　　　　　　　　B. 显示器

C. 执行机构　　　　　　　　　　D. 传感器

（2）某数字式压力表的量程为 0 ~ 999.9 Pa，当被测量小于（　　）Pa 时，仪表的输出不变。

A. 9　　　　　B. 1.0　　　　　C. 0.9　　　　　D. 0.1

（3）重要场合使用的元器件或仪表，购入后需进行高、低温循环老化实验，其目的是为了（　　）。

A. 提高准确度　　　　　　　　　B. 加速其衰老

C. 测试其各项性能指标　　　　　D. 提早发现故障，提高可靠性

（4）在仪表的误差校验中，最常用到的真值是（　　）。

A. 理论真值　　　　　　　　　　B. 约定真值

C. 相对真值　　　　　　　　　　D. 绝对真值

（5）某采购员分别在三家商店购买 100 kg 大米、10 kg 苹果、1 kg 巧克力，发现均缺少约 0.5 kg，但该采购员对卖巧克力的商店意见最大，在这个例子中，产生此心理作用的主要因素是（　　）。

A. 绝对误差　　　　　　　　　　B. 示值相对误差

C. 引用误差　　　　　　　　　　D. 准确度等级

（6）某压力仪表厂生产的压力表满度相对误差均控制在 0.4% ~ 0.6%，该压力表的精度等级应定为（　　）级，另一家仪器厂需要购买压力表，希望压力表的满度相对误差小于 0.9%，应购买（　　）级的压力表。

A. 0.2　　　　B. 0.5　　　　C. 1.0　　　　D. 1.5

（7）有一温度计，它的测量范围为 0 ~ 200 ℃，精度为 0.5 级，该表可能出现的最大绝对误差为（　　）。

A. 1 ℃　　　　B. 0.5 ℃　　　　C. 10 ℃　　　　D. 200 ℃

（8）欲测 240 V 左右的电压，要求测量示值相对误差的绝对值不大于 0.6%，若选用量程为 250 V 的电压表，其精度应选（　　）级。

A. 0.25　　　　B. 0.5　　　　C. 0.2　　　　D. 1.0

2. 简答题

（1）传感器由哪几部分组成？各自的作用是什么？

（2）传感器静态特性主要有哪些？

（3）测量的定义是什么？如何表示测量结果？

（4）测量误差有哪几种表示方法？分别写出其表达式。

3. 计算题

有温度计，它的测量范围为 0 ~ 200 ℃，精度为 0.5 级，求：

①该表可能出现的最大绝对误差是多少？

②当示值分别为 20 ℃、100 ℃时的示值相对误差。

4. 分析题

（1）现有精度为 0.5 级的电压表，有 150 V 和 300 V 两个量程，欲测量 110 V 的电压，问采用哪个量程为宜？为什么？

（2）欲测 240 V 左右的电压，要求测量示值相对误差的绝对值不大于 0.6%。问：若选用量程为 250 V 的电压表，其精度应选用哪一级？若选用量程为 300 V 和 500 V 的电压表，其精度应选用哪一级？

电阻式传感器及应用

项目场景

电阻式传感器的基本原理是将各种被测非电量转换成电阻的变化量，然后通过对电阻变化量的测量，达到非电量电测的目的。利用电阻式传感器可以测量应变、力、荷重、加速度、压力、转矩、温度、湿度、气体成分及浓度等。

需求分析

在日常生活和工农业生产中，需要测量应变、力、荷重、加速度、压力、转矩、扭矩、位移、温度、湿度、光照、气体成分及浓度等来满足生产生活的需要，电阻式传感器种类繁多，应用领域也十分广泛，可以用来测量以上物理量。

方案设计

本项目设计有两个任务：

（1）基于电阻式传感器的称重电子秤系统的设计。

（2）压阻式传感器在液位测量中的应用设计。

通过这两个任务的学习，对电阻式传感器的原理、类型、结构及应用有一个全面的认识。

相关知识和技能

【知识目标】

（1）熟悉常用弹性敏感元件及其特性。

（2）掌握电阻应变片的结构、原理及粘贴工艺。

（3）掌握电桥的调试方法和步骤。

（4）熟悉压阻效应及其应用。

【技能目标】

（1）能利用电阻应变片构成电桥电路。

（2）能分析和处理信号电路的常见故障。

（3）会使用电阻应变式传感器设计测量方案并实施测量过程。

（4）能完成电阻式传感器实训项目。

任务一　基于电阻式传感器的称重电子秤系统的设计

【任务描述】

秤是生活中随处可见的商品度量工具，千百年来代代相传。从杆秤、案秤、弹簧秤发展到如今广泛使用的电子秤，相比传统的秤而言，电子秤有着无可比拟的优点，电子秤为什么能快速便捷地称出商品的重量呢？主要因为电子秤的内部有一个悬臂梁，悬臂梁上有电阻应变式传感器，通过本任务的学习，可以知道电子秤如何称量商品的重量。

【任务分析】

通过本任务的学习，要求掌握以下知识。

（1）掌握电阻应变片的原理。

（2）电阻应变片的类型与结构。

（3）应变片的粘贴。

（4）应变片的测量转换电路。

（5）应变效应的应用。

【知识准备】

1856年人们在铺设海底电缆时发现电缆的电阻值由于拉伸而增加，继而对铜丝和铁丝进行拉伸实验，得出结论：金属丝的电阻与其应变呈函数关系。由此人们制作了应变片，并利用应变片制作了各种传感器，可用它们来测量力、应力、应变、荷重和加速度等物理量。

一、应变片的工作原理

导体或半导体材料在外界力的作用下，会产生机械变形，其电阻值也将随着发生变化，这种现象称为应变效应。

下面做一个金属丝拉伸应变效应实验。取一根细电阻丝，两端接上一台三位半数字式欧姆表，记下其初始电阻值。当用力 F 拉电阻丝时，电阻丝的长度略有增加，直径略有减小，从而导致电阻值 R 变大，如图 2-1 所示。在这个实验中，电阻丝的阻值从初始状态的 10.00 Ω 增大到 10.05 Ω。某些半导体受拉时，ρ 将变大，导致 R 变大。

实验证明，应变片中电阻丝的电阻相对变化量 $\Delta R/R$ 与材料力学中的轴向应变 ε_x 的关系在很大范围内是线性的，而 $\varepsilon_x = F/(AE)$，其中 A 为金属材料的面积，E 为弹性模量，则这种关系可表示为

$$\frac{\Delta R}{R} = K\varepsilon_x = K\frac{F}{AE} \qquad (2-1)$$

式中　K——电阻应变片的灵敏度。

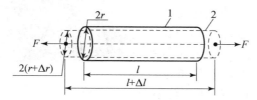

图2-1　电阻丝拉伸前后对比

1—拉伸前；2—拉伸后

对于不同的金属材料，K略微不同，一般为2左右。而对半导体材料而言，由于其感受到应变时，电阻率ρ会产生很大的变化，所以灵敏度比金属材料大几十倍。

在材料力学中，$\varepsilon_x = \Delta L/L$称为电阻丝的轴向应变，也称为纵向应变。$\varepsilon_x$通常很小。例如，当$\varepsilon_x$为0.000 001（即$10^{-6}$）时，在工程中常表示为1 μm/m或1微应变（1 $\mu\varepsilon$）。对金属材料而言，当它受力之后所产生的轴向应变最好不要大于1 000 $\mu\varepsilon$，即1 000 μm/m；否则有可能超过材料的极限强度而导致非线性或断裂。

如果应变片的灵敏度K和试件的横截面面积A以及弹性模量E均为已知，则只要设法测出$\Delta R/R$的数值，即可获知试件受力F的大小，这就是它可用于电子秤的称重和测量拉力等的原理。

二、　应变片的类型结构与粘贴

（一）　应变片的类型与结构

应变片可分为金属应变片及半导体应变片两大类。

1. 金属应变片

（1）金属丝式应变片，如图2-2所示。金属丝式应变片有纸基、胶基之分，由于金属丝式应变片蠕变较大，金属丝易脱胶，逐渐被箔式应变片所取代。但金属丝式应变片价格便宜，多用于大批量、一次性实验。

金属丝式应变片
演示动画

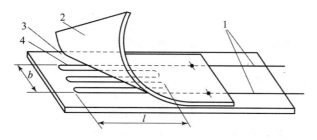

图2-2　金属丝式应变片结构示意图

1—引出线；2—覆盖层；3—基底；4—电阻丝

l—应变片的工作基长；b—应变片基宽；$b \times l$—应变片的有效使用面积

（2）金属箔式应变片，如图2-3所示。金属箔式应变片中的箔栅是金属箔通过光刻、腐蚀等工艺制成的。箔式应变片与片基的接触面积较大，散热条件较好，在长时间测量时的蠕变较小，一致性较好，目前广泛应用于各种应变式传感器中。

图2-3 金属箔式应变片
外形示意图

（3）金属薄膜式应变片。金属薄膜式应变片主要采用真空蒸镀技术，在薄的绝缘基片上蒸镀一层金属材料薄膜，最后加保护层形成。

2. 半导体应变片

半导体应变片是利用半导体材料作敏感栅制成的。当它受力时，电阻率随应力的变化而变化。其优点是灵敏度高；缺点是灵敏度的一致性差、温漂大、电阻与应变间非线性严重。在使用时，需采用温度补偿及非线性补偿措施。半导体应变片结构如图2-4所示。

半导体
应变片结构

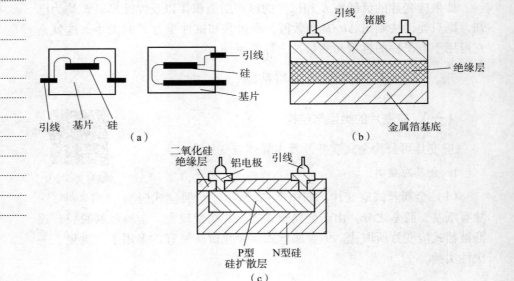

（a）

（b）

（c）

图2-4 半导体应变片结构示意图

（a）体型半导体应变片；（b）薄膜型半导体应变片；（c）扩散型半导体应变片

（二）应变片的粘贴

（1）去污。采用手持砂轮工具除去构件表面的油污、漆、锈斑等，并用细纱布交叉打磨出细纹以增加粘贴力，用浸有酒精或丙酮的纱布片或脱脂棉球擦洗。

（2）贴片。在应变片的表面和处理过的粘贴表面，各涂一层均匀的粘贴胶，用镊子将应变片放上去，并调整好位置，然后盖上塑料薄膜，用手指揉和滚压，排出下面的气泡。

（3）测量。从分开的端子处，预先用万用表测量应变片的电阻，找出端子折断和坏的应变片。

（4）焊接。将引线和端子用烙铁焊接起来，注意不要把端子扯断。

（5）固定。焊接后用胶布将引线和被测对象固定在一起，防止损坏引线和应变片。

三、　应变片的测量转换电路

1. 测量转换电路的工作原理

用应变片测试应变时，将应变片粘贴在试件表面。当试件受力变形后，应变片上的电阻丝也随之变形，从而使应变片电阻值发生变化，通过测量转换电路将之转换成电压或电流的变化。金属应变片的电阻变化范围很小，如果直接用欧姆表测量其电阻值的变化将十分困难，且误差很大。

例如，有一金属箔式应变片，标称阻值 R_0 为 $100\ \Omega$，灵敏度 $K = 2$，粘贴在横截面面积为 $9.8\ \text{mm}^2$ 的钢质圆柱体上，钢的弹性模量 $E = 2 \times 10^{11}\ \text{N/m}^2$，所受拉力 $F = 0.2t$，受拉后应变片的阻值 R 的变化量仅为 $0.2\ \Omega$，直接用欧姆表很难观察到 $0.2\ \Omega$ 的变化，所以必须使用不平衡电桥来测量这一微小的变化量，如图 2-5 所示。下面分析该桥式测量转换电路是如何将 $\Delta R/R$ 转换为输出电压 U_o 的。

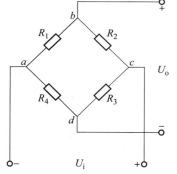

图 2-5　基本应变电桥

这是常用的一个桥式电路，R_1、R_2、R_3、R_4 是 4 个桥臂上的固定电阻，在初始状态下 $R_1/R_3 = R_2/R_4$，这就是电桥平衡的条件。那么在此状态下电压表的输出是多少呢？

通过软件进行仿真，如图 2-6 所示。在初始状态下，电压表的输出为 0 V。如果将固定电阻 R_1 换成电阻应变片，在外力的作用下使电阻应变片变化微小的量，这时电压的输出会有所变化吗？假设在外力的作用下，电阻应变片的阻值由 $2\ \Omega$ 变为 $2.002\ \Omega$，这时电压表的示数是 $2.67\ \text{mV}$，可以看出电阻值微小的变化引起电压较大的变化，因此可以通过测量电桥将电阻微小的变化转换为电压较大的变化进行测量。

当每个桥臂电阻变化 $\Delta R \ll R$，且电桥输出端的负载电阻为无穷大、全等臂形式工作时，电桥输出电压可用式（2-2）近似表示（误差小于 1%），即

$$U_\text{o} = \frac{U_\text{i}}{4}\left(\frac{\Delta R_1}{R_1} - \frac{\Delta R_2}{R_2} + \frac{\Delta R_3}{R_3} - \frac{\Delta R_4}{R_4}\right) \qquad (2-2)$$

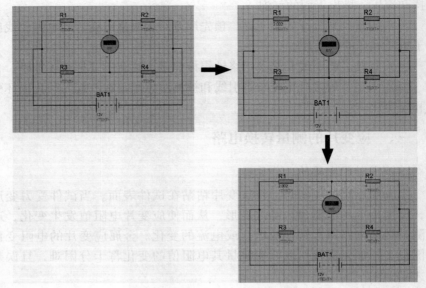

图 2 - 6 仿真实验结果演示

2. 应变电桥的工作方式

根据不同的要求，应变电桥有不同的工作方式，即单臂半桥工作方式、双臂半桥工作方式、全桥工作方式，如图 2 - 7 所示。上述 3 种工作方式中，全桥工作方式的灵敏度最高，双臂半桥次之，单臂半桥灵敏度最低。采用双臂半桥或全桥的另一个好处是能实现温度自补偿功能。当环境温度升高时，桥臂上的应变片温度同时升高，温度引起的电阻值漂移数值一致，代入式（2 - 2）中可以相互抵消，所以这两种桥路温漂较小。

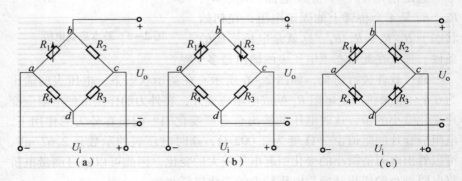

图 2 - 7 应变电桥的工作方式

（a）单臂半桥；（b）双臂半桥；（c）全桥

3. 测量电路的调零

实际使用中，R_1、R_2、R_3、R_4 不可能严格成比例关系，所以即使未受力时，桥路输出也不一定为零，因此必须设置调零电路，如图 2 - 8 所示，调节 R_P，最终可以使 $R_1'/R_2' = R_4/R_3$，电桥趋于平衡，U_o 被预调到零位，这一过程称为调零。图 2 - 8 中的 R_5 是用于减小调节范围的限流电阻。

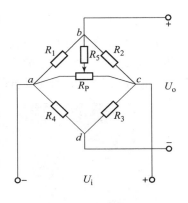

图 2 - 8　电桥调零电路

四、 电阻应变式传感器的应用

电阻应变式传感器主要由电阻应变片及测量转换电路等组成。将应变片粘贴于某些弹性体上，并将其接到测量转换电路，这样就构成测量力、弯矩、扭矩、加速度、位移等物理量的电阻应变式传感器。

1. 悬臂梁式应变电子秤

悬臂梁是一端固定、一端自由的弹性敏感元件。它的特点是灵敏度比较高，一般用于较小力的测量，民用电子秤就采用悬臂梁，如图 2 - 9 所示。当力 F 以图 2 - 10 所示的方向作用于悬臂梁的末端时，悬臂梁上产生剪切应变，粘贴于悬臂梁上表面的应变片拉伸产生拉应力，下表面的应变片压缩，产生压应变，测量电桥的输出与力 F 成正比。

构造

电子秤

固定端　应变片　悬臂梁

图 2 - 9　悬臂梁式电子秤结构

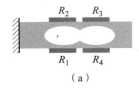

（a）

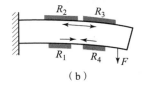

（b）

图 2 - 10　悬臂梁原理

悬臂梁应变式电子秤的原理演示

2. 汽车衡

如果测量较大的力，一般采用应变式荷重传感器，图2-11所示为荷重传感器用于测量汽车重量的汽车衡的原理图。这种汽车衡便于在称重现场和控制室让驾驶员和计量员同时了解测量结果，并打印数据。

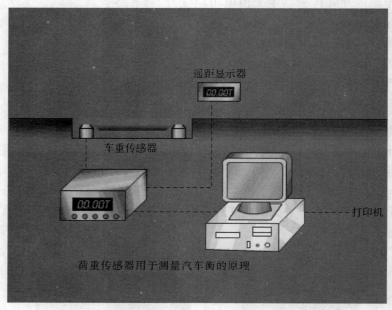

图2-11 汽车衡示意图

下面对荷重传感器做简单介绍。应变片粘贴在钢制圆柱的表面，钢制圆柱称为等截面轴，可以是实心圆柱，也可以是空心薄壁圆筒，等截面轴的特点是加工方便、灵敏度比悬臂梁低，适用于载荷较大的场合。当被测力较大时，一般多用钢材制作弹性元件，当被测力较小时可用铝合金或铜合金制作弹性元件。

贴在荷重传感器表面的应变片在向下力的作用下，产生变形。轴向变短，径向变粗，如图2-12所示。

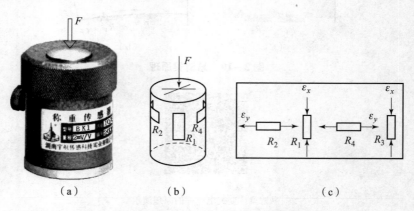

（a）　　　　　　　　（b）　　　　　　　　（c）

图2-12 荷重传感器结构示意图

被测荷重为 F 时的输出电压为

$$U_\text{o} = \frac{F}{F_\text{m}} U_\text{om} = \frac{K_F U_\text{i}}{F_\text{m}} F \qquad (2-3)$$

式中　　K_F——荷重传感器的灵敏度；

F_m——荷重传感器的满量程荷重；

U_i——桥路的激励电压；

U_om——满量程时的输出电压；

U_o——荷重传感器的输出电压。

【任务实施】

项目名称	电阻式传感器及应用		学生姓名	
任务名称	基于电阻式传感器的称重电子秤系统的设计		日期	
学习形式	独立完成□　　　小组协作□			
考核目的	考核电阻应变式传感器掌握情况			
任务要求	设计简易称重电子秤			
所需设备	砝码、电压表、±15 V 电源、可调电源、振动源实验模块			

任务实施过程：

学生通过线上及线下学习掌握称重电子秤的设计；了解电阻应变式传感器的应用；会设计简易称重电子秤。

序号	内容	要求	评分标准	比例	得分
1	资料查阅	正确查阅资料	会正确查阅电阻应变式传感器资料，得20分；否则不得分	20	
2	正确操作	按照步骤完成设计内容	操作规范、正确、熟练得20分，数据处理正确合理得20分；否则不得分。接线错误不得分；违反操作规程、损坏设备不得分	40	
3	安全规程	了解工艺安全操作规程	能讲清工艺安全操作规程，得20分；否则不得分	20	
4	分析数据	分析实验数据	能正确分析数据，得20分；否则不得分	20	
成绩：		教师签字：			

【任务总结】

电阻应变式传感器应用十分广泛，本任务通过简易电子秤的设计学习了电阻应变式传感器的原理、结构、测量电路及应用。

任务二　压阻式传感器在液位测量中的应用设计

【任务描述】

压阻式传感器是利用半导体材料的压阻效应和集成电路工艺制成的传感器，在工业中多用于与应变有关的力、重力、压力、压差、真空度等物理量的测量。也可以用于液位、流量、加速度、振动等参量的测量。本任务通过压阻式压力传感器在液位测量中的应用设计，全面介绍压阻式传感器的相关知识。

【任务分析】

（1）压阻式传感器的原理。

（2）压阻式传感器的结构。

（3）压阻式传感器的测量电路。

（4）压阻式传感器的应用。

【知识准备】

一、半导体的压阻效应

电阻体材料受到外力作用后，其晶格间距发生变化，从而使电阻率发生变化的现象称为压阻效应。

半导体材料的压阻效应特别强。压阻式传感器的灵敏系数大、分辨率高，频率响应高、体积小。它主要用于测量压力、加速度和载荷等参数。因为半导体材料对温度很敏感，因此压阻式传感器的温度误差较大，必须要有温度补偿。

用半导体应变片制作的传感器称为压阻式传感器，其工作原理是基于半导体材料的压阻效应。当金属或半导体材料受力变形后，其电阻的相对变化量为

$$\frac{\Delta R}{R} = \frac{\Delta \rho}{\rho} + \frac{\Delta L}{L} - \frac{\Delta S}{S} \tag{2-4}$$

对金属应变片来说 $\Delta \rho / \rho$ 较小，有时可忽略，$\Delta S / S$ 和 $\Delta L / L$ 较大，故金属应变片电阻的变化主要由 $\Delta S / S$ 和 $\Delta L / L$ 引起。而半导体应变片的电阻变化率主要由 $\Delta \rho / \rho$ 引起的。

半导体电阻率为

$$\frac{\Delta \rho}{\rho} = \pi_1 \rho = \pi_1 E \frac{\Delta l}{l} \tag{2-5}$$

式中　π_1——半导体材料的压阻系数，它与半导体材料种类及应力方向与晶轴方向之间的夹角有关；

E——半导体材料的弹性模量，与晶向有关。

半导体材料的电阻值变化主要是由电阻率变化引起的，而电阻率 ρ 的变化是由应变引起的。

二、 压阻式传感器结构与工作原理

（一） 扩散型压阻式压力传感器

1. 扩散型压阻式压力传感器的结构

扩散型压阻式压力传感器采用 N 型单晶硅为传感器的弹性元件，在它上面直接蒸镀半导体电阻应变薄膜，可以进行应变测量和压力测量。其结构简图如图 2 – 13 所示。

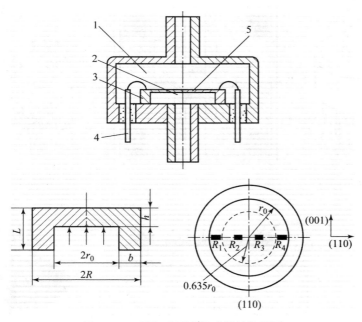

图 2 – 13 压阻式压力传感器结构简图
1—低压腔；2—高压腔；3—硅杯；4—引线；5—硅膜片

2. 扩散型压阻式压力传感器的工作原理

膜片两边存在压力差时，膜片产生变形，膜片上各点产生应力，4 个电阻在应力作用下阻值发生变化，电桥失去平衡，输出相应的电压，电压与膜片两边的压力差成正比。

3. 扩散型压阻式压力传感器的特点

（1）优点。体积小，结构比较简单，动态响应也好，灵敏度高，能测出十几帕的微压，长期稳定性好，滞后和蠕变小，频率响应高，便于生产，成本低。

（2）缺点。测量准确度受到非线性和温度的影响。智能压阻式压力传感器利用微处理器对非线性和温度进行补偿。

硅杯压阻传感器
工作原理

（二）压阻式固态压力传感器

1. 压阻式固态压力传感器的结构

压阻式固态压力传感器由外壳、硅膜片和引出线等所组成，如图2-14（a）所示，其核心部分是一块方形的硅膜片，如图2-14（b）所示，在硅膜片上，利用集成电路工艺制作了4个阻值相等的电阻。

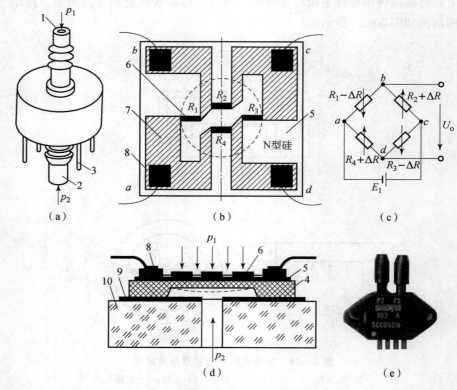

图2-14 压阻式固态压力传感器

（a）外形示意图；（b）硅膜片及应变片；
（c）等效电路；（d）硅杯及封装结构；（e）小型封装外形
1—进气口1（高压侧）；2—进气口2（低压侧）；3—引脚；4—硅杯；5—单晶硅膜片；
6—扩散型应变片；7—扩散电阻引线；8—电极及引线；9—玻璃黏结剂；10—玻璃基板

等截面薄片沿直径方向上各点的径向应变是不同的。图2-14（b）中的虚线圆内是硅杯承受压力的区域。由于R_2、R_4距圆心很近，所以它们感受的应变是正的（拉应变），而R_1、R_3处于膜片的边缘区，所以它们的应变是负的（压应变）。4个电阻之间利用面积相对较大、阻值较小的扩散电阻（图中阴影区）引线连接，构成全桥。硅片的表面用SiO_2加以保护，并用超声波焊上金丝，作全桥引线。硅膜片底部被加工成中间薄（用于产生应变）、周边厚（起支撑作用），如图2-14（d）中的杯形，所以也称为硅杯。硅杯在高温下用玻璃黏结剂黏结在热胀冷缩系数相近的玻璃基板上。将硅杯和玻璃基板紧密地安装在图2-14（a）所示的壳体内，就制成了压阻式压力传感器，如图 2 - 14（e）所示。

2. 压阻式固态压力传感器的工作原理

当图 2 - 14（d）所示的硅杯两侧存在压力差时，硅膜片产生变形，4个应变电阻在应力的作用下阻值发生变化，电桥失去平衡，输出电压与膜片两侧的压差成正比。当 p_2 进气口向大气敞开时，输出电压对应于表压（相对于大气压的压力）；当 p_2 进气口封闭并抽成真空时，输出电压对应于绝对压力。

3. 压阻式固态压力传感器的特点

利用扩散工艺制作的 4 个半导体应变电阻处于同一硅片上，工艺一致性好，灵敏度较高，输出信号大，漂移相互抵消，迟滞、蠕变非常小，动态响应快。随着半导体技术的发展，还可以将信号调理电路、温度补偿电路等一起制作在同一硅片上，所以其性能也越来越好。目前体积小、集成度高、性能好的压阻式压力传感器在工业中得到越来越广泛的应用。

三、 压阻式传感器的测量电路

半导体应变片的测量电路和金属应变片的测量电路类似，均常用电桥电路，组成全桥电路的灵敏度最大。电桥的供电电源可采用恒流源，也可采用恒压源。

采用恒压源时，

$$U_o = U\Delta R / (R + \Delta R_t) \tag{2-6}$$

式中　ΔR——应变片电阻的变化；

　　　ΔR_t——应变片由于环境温度变化而引起的阻值变化；

　　　U——电桥供电电压；

　　　R——应变片阻值；

　　　U_o——输出电压。

电桥输出电压与 $\Delta R / R$ 成正比，输出电压受环境温度的影响。

采用恒流源时，

$$U_o = I \cdot \Delta R \tag{2-7}$$

电桥输出电压与 ΔR 成正比，环境温度的变化对其没有影响。

由于制造、温度影响等原因，电桥存在失调、零位温漂、灵敏度温度系数和非线性等问题，影响传感器的准确性。减少与补偿误差措施是，采用恒流源供电电桥、零点温度补偿、灵敏度温度补偿。

四、 压阻式压力传感器在液位测量中的应用

压阻式压力传感器体积小、结构简单、灵敏度高，将其倒置于液体底部时可以测出液体的液位。这种液位计称为投入式液位计。图 2 - 15 是投入式液位计的示意图。

压阻式压力传感器安装在不锈钢壳体内，并用不锈钢支架固定放置于液体底部。传感器高压侧 p_1 的进压孔（用柔性不锈钢隔离膜片隔离，用

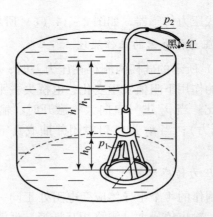

图 2 – 15   投入式液位计示意图

硅油传导压力）与液体相通。安装在 h_0 处水的表压力 $p_1 = \rho g H$。传感器的低压侧进气孔通过一根很长的橡胶背压管与大气相通，传感器的信号线、电源线也通过该背压管与外界的仪表接口相连接。被测液位 h 可由下式得到，即

$$h = h_0 + H = h_0 + \frac{p_1}{\rho g} \qquad (2-8)$$

这种投入式液位传感器安装方便，适应于深度为几米至几十米，且混有大量污物、杂质的水或其他液体的液位测量。

【任务实施】

项目名称	电阻式传感器及应用		学生姓名	
任务名称	压阻式传感器在液位测量中的应用设计		日期	
学习形式	独立完成□ 小组协作□			
考核目的	考核压阻式传感器掌握情况			
任务要求	设计简易液位测量仪			
所需设备	容器、电压表、±15 V 电源、可调电源、振动源实验模块			

任务实施过程：

　学生通过线上及线下混合式学习掌握压阻式传感器在液位测量中的应用设计；了解压阻式传感器的应用；会设计简易液位测量仪。

序号	内容	要求	评分标准	比例	得分
1	资料查阅	正确查阅资料	会正确查阅压阻式传感器资料，得20分；否则不得分	20	
2	正确操作	按照步骤完成设计内容	操作规范、正确、熟练得20分，数据处理正确合理得20分；否则不得分。接线错误不得分；违反操作规程、损坏设备不得分	40	

续表

序号	内容	要求	评分标准	比例	得分
3	安全规程	了解工艺安全操作规程	能讲清工艺安全操作规程，得 20 分；否则不得分	20	
4	分析数据	分析实验数据	能正确分析数据，得 20 分；否则不得分	20	
成绩：			教师签字：		

【任务总结】

压阻式压力传感器的用途还有很多，在汽车上可用压阻式压力传感器来测量进气压力、燃油压力以及刹车用的制动液压力。

【项目评价】

根据任务实施情况进行综合评议。

评定人/任务	操作评议	等级	评定签名
自评			
同学互评			
教师评价			
综合评定等级			

【拓展提高】

一、 应变式扭矩传感器

扭转轴是专门用于测量力矩和转矩的弹性敏感元件，应变片粘贴在扭转轴的表面，如图 2-16 所示。任何部件在转矩作用下，必定产生某种程度的扭转变形。因此，习惯上又把转动力矩叫作扭矩。在实验和检测各类回转机械中，转矩（扭矩）通常是一个重要的参数。在扭矩的作用下，扭转轴上的应变片将产生拉伸或压缩应变。

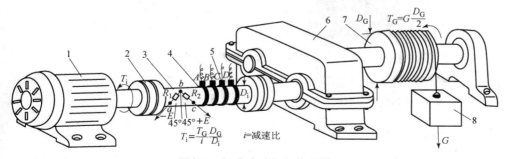

图 2-16 应变式扭矩传感器

1—电动机；2—联轴器；3—扭转轴；4—信号引出滑环；

5—电刷；6—减速器；7—转鼓；8—重物

二、 压阻式传感器在汽车轮胎胎压测量中的应用

压阻式压力传感器可以在汽车上测量轮胎的胎压，如图 2 – 17 所示。

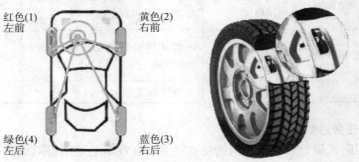

图 2 – 17　汽车胎压传感器的安装测量

三、 热敏电阻

热敏电阻是一种新型的半导体测温元件，按其温度系数可分为正温度系数热敏电阻 PTC 和负温度系数热敏电阻 NTC 两大类。正温度系数是指电阻值的变化趋势与温度变化趋势相同；负温度系数是指电阻值的变化趋势与温度变化趋势相反。

热敏电阻具有尺寸小、响应速度快、灵敏度高等优点，因此它在许多领域得到广泛应用。热敏电阻可以用于测温、用于温度补偿等。

在电动机的定子三相绕组中嵌入 PTC 突变型热敏电阻并与继电器串联，如图 2 – 18 所示。当电动机过载时定子电流增大，引起发热。当电动机的绕组温度大于 PTC 的转折温度时，继电器控制电路中的电流可以由几十毫安突变为十分之几毫安，因此继电器失电复位，通知有关控制电路，从而实现过热保护。

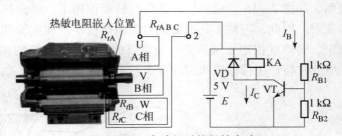

图 2 – 18　电动机过热保护电路

热敏电阻在家用电器中的用途也十分广泛，如空调、热水器、微波炉等温度控制都要用到热敏电阻。

四、 气敏电阻传感器

工业、科研、生活、医疗、农业等许多领域都需要测量环境中某些气体的成分、浓度。例如，煤矿的瓦斯气体浓度超过极限值时，有可能会爆炸；家庭发生煤气泄漏时，有可能有人身伤亡；农业大棚中的 CO_2

浓度不足时，农作物会减产；锅炉燃烧过程中氧含量不足时，效率将下降。

使用气敏电阻传感器，可以把某种气体的成分、浓度等参数转换为电阻变化量，再转换为电流和电压信号。

MQN 型气敏电阻器件是由塑料底座、电极引线、不锈钢网罩、气敏烧结体以及包裹在烧结体中的两组铂丝组成，如图 2-19 所示。一组为工作电极，另一组为加热电极兼工作电极。

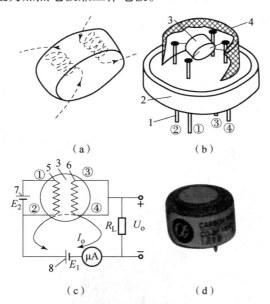

图 2-19　MQN 型气敏电阻的结构、测量电路及外形

（a）气敏烧结体；（b）气敏电阻外形示意图；（c）基本测量转换电路；（d）产品外形

1—电极引脚；2—塑料底座；3—烧结体；4—不锈钢网罩；5—加热电极；

6—工作电极；7—加热回路电源；8—测量回路电源

气敏电阻的工作原理：当 N 型半导体的表面在高温下遇到易失去电子的可燃性气体时，气体分子中的电子将向气敏电阻表面转移，使气敏电阻中的自由电子浓度增加、电阻率下降、电阻减小。可燃性气体浓度越高，电阻下降就越多。

利用气敏半导体的特性制作煤气报警器，可对居室和管道漏点进行监测，也可制成酒精检测仪，能对酒后驾车进行监测。气敏传感器种类很多，如甲醛传感器、PM2.5 传感器、二氧化碳浓度传感器等，已经广泛应用到家具、环保、农业、石油化工等各个领域。

五、　湿敏传感器

湿度的检测与控制在现代科研、生产、生活中的地位越来越重要。例如，储物仓库在湿度超过一定程度时，物品易发生变质或霉变，农业生产中的温室大棚、食用菌培养、水果保鲜等都需要对湿度进行检测和控制。

将湿度变成电信号的传感器有红外线湿度计、微波湿度计、超声波湿度计、石英晶体振动式湿度计、湿敏电容湿度计、湿敏电阻湿度计等。湿敏电阻又有不同结构形式，常用的有金属氧化物陶瓷湿敏电阻、金属氧化物膜型湿敏电阻和高分子材料湿敏电阻等。

1. 金属氧化物陶瓷湿敏电阻传感器

金属氧化物以高温烧结的工艺制成多孔性陶瓷半导体薄片，气孔率高达25%，具有1 μm 以下的细孔分布，其接触空气的表面积显著增大，所以水汽极易被吸附到其表面及其孔隙之中，其电阻值会下降。其结构与外形如图2-20所示。

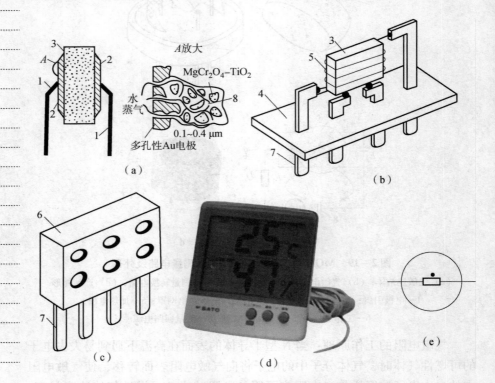

图2-20　金属氧化物陶瓷湿敏电阻传感器的结构与外形

(a) 吸湿单元；(b) 卸去外壳后的结构；(c) 外形图；
(d) 带有液晶显示器的便携式温湿度计；(e) 图形符号
1—引线；2—多孔性电极；3—多孔陶瓷；4—底座；
5—镍铬加热丝；6—外壳；7—引脚；8—气孔

2. 金属氧化物膜型湿敏电阻传感器

在陶瓷基片上先制作铂梳状电极，然后采用丝网印制等工艺，将调制好的金属氧化物糊状物印制在陶瓷基片上。采用烧结或烘干的方法使之固化成膜，这种膜在空气中能吸附或释放水分子，改变自身的电阻值，可以通过测量两电极间的电阻值检测相对湿度。

3. 高分子材料湿敏电阻传感器

高分子材料湿敏电阻传感器是目前发展迅速、应用较广泛的一类新型湿敏电阻传感器。它的外形与图 2 - 21 相似，只是吸湿材料用可吸湿的高分子材料制作。

图 2 - 21　金属氧化物膜型湿敏电阻传感器外形及结构

1—外壳；2—吸湿窗口；3—电极引线；4—陶瓷基片；
5—梳状电极；6—金属氧化物感湿膜

【练习与思考】

1. 选择题

（1）电子秤中所使用的应变计应选择（　　）应变计。

A. 金属丝式　　　　　　　　　　B. 金属箔式

C. 半导体式　　　　　　　　　　D. 固态压阻式

（2）应变计用胶水粘贴在弹性元件上时，在保证粘贴强度的条件下，希望胶的厚度尽量（　　）些，才能防止蠕变误差。

A. 薄　　　　　　B. 厚　　　　　　C. 宽　　　　　　D. 长

（3）如果希望电子秤的桥式电路灵敏度高、线性度好、有温度自补偿功能，应选择（　　）测量转换电路。

A. 单臂半桥　　　　　　　　　　B. 双臂半桥

C. 四臂全桥　　　　　　　　　　D. 单臂全桥

（4）汽车衡秤台两端的横向限位器是用于限制秤台的（　　）运动范围。

A. 上下　　　　　B. 左右　　　　　C. 前后　　　　　D. 振动

（5）汽车衡的接线盒中，有电位器的是（　　）。

A. 模拟式　　　　　　　　　　　B. 数字化式

C. 数字式　　　　　　　　　　　D. 模拟/数字混合式

2. 分析、计算题

采用图 2 - 12 所示的等截面空心圆柱式荷重传感器称重，额定荷重 $G_{\max} = 20 \times 10^3 \ \text{kg}$，灵敏度 $K_F = 2 \ \text{mV/V}$，桥路电压 $U_i = 10 \ \text{V}$，求：

（1）在额定荷重时的输出电压 U_{om}；

（2）若在额定荷重时要得到 5 V 的输出电压（去 A/D 转换器），放大器的放大倍数应为多少倍？

（3）若要分辨 1/5 000 的电压变化，放大后的输出电压的漂移 Δt 要小于多少毫伏？

（4）当承载 $G_{20} = 20$ kg 时，传感器的输出电压 $U_{o(20\,kg)}$ 为多少？

（5）测得桥路的输出电压 U_o 为 10 mV，求被测荷重 G 为多少吨？

项目三

变电抗式传感器及应用

项目场景

变电抗式传感器是利用被测量改变磁路的磁阻，导致线圈电感量的变化，或者利用被测量改变传感器的电容量，或者利用被测量改变线圈的等效阻抗等，实现对非电量的检测。

其种类有自感式传感器、差动变压式传感器、电容传感器和电涡流式传感器。

变电抗式传感器是将位移、转角、形变、尺寸、厚度、间距、振动等非电量转换为电量的装置，这些几何量是机械加工的重要参数。在许多生产过程中，需要对诸如锅炉内的水位，油罐、水塔、各种储液罐的液位或粮仓、煤粉仓、水泥库、化学原料库中的料位以及车床加工中工件的位移量、直径，小提琴制造中木料的厚度，工业生产中混凝土的厚度等进行可靠的检测和控制，以保证生产正常、连续运行，确保产品质量，实现安全、高效生产。

需求分析

几何量的检测包括液位、料位、位移、轴径、高度、厚度的检测。它一般以被测物表面为起点，测量终端对始端的位置。物体表面一般是水平的，但有时对液体物质可能有沸腾或起泡，固体粉料或颗粒的堆积高度的表面位置在自然堆积时是不平的，有时界面分界不明显或存在混浊段。

在几何量检测中，由于被测对象不同，介质状态、特性不同以及检测环境条件不同，决定了几何量的检测方法多种多样，需要根据具体情况和要求进行选择或设计。

方案设计

针对项目需求，本项目主要包含电感式传感器、电涡流式传感器、电容式传感器的基本概念、组成、分类、工作原理、应用及其相关参数等，本项目设置了3个任务：任务一电感式传感器及应用；任务二电涡流式传感器及应用；任务三电容式传感器及应用。通过本项目的学习，认识、了解检测几何量的传感器器件，了解它们的主要特点和性能，了解变电抗式传感器。因此，本项目主要讲述变电抗式传感器的各项知识。

相关知识和技能

【知识目标】

（1）掌握自感式和互感式电感传感器的工作原理。

（2）熟悉电感式传感器的基本结构和工作特性。

（3）了解电感式传感器的测量转换电路的组成及其工作原理。

（4）掌握涡流效应的概念。

（5）了解电涡流式传感器的结构、工作类型和测量电路原理。

（6）掌握电容式传感器的工作原理。

（7）了解电容式传感器的基本结构、工作类型及其各自的特点。

（8）了解电容式传感器的测量电路及其工作原理。

【技能目标】

（1）要求掌握差动电容器的工作方式，能根据不同测量物理量选择合适的工作类型。

（2）能正确分析由电容器组成的检测系统，设计基本的电容器检测系统。

（3）掌握差动电感的工作方式，能根据不同测量物理量选择合适的工作类型。

（4）能正确分析由电感组成的检测系统的工作原理，能设计基本的电感检测系统。

（5）能完成电感式传感器、电涡流式传感器、电容式传感器的实训项目。

任务一　电感式传感器及应用

【任务描述】

通过本任务的学习，学生应达到的教学目标如下。

【知识目标】

（1）掌握自感电感式传感器的基本结构、工作原理。

（2）掌握互感电感式传感器的基本结构、工作原理。

（3）掌握差动电感工作方式的特点。

（4）了解电感式传感器的类型、结构及其测量转换电路。

（5）了解电感式传感器的各种应用。

【技能目标】

（1）能正确分析由电感式传感器组成的检测系统的工作原理。

（2）掌握位移测量电感式传感器的测量原理、使用方法及应用。

【任务分析】

以往用人工测量分选轴承所用的滚柱直径是一项十分费时而且容易出错的工作。如今，将电感测微仪组成的电感式滚柱直径分选装置应用到该项工作中，则大大提高了工作效率和工作质量。

电感式滚柱直径分选装置是如何利用电感测微仪进行滚柱直径测量和分选的呢？

【知识准备】

电感式传感器的工作基础是电磁感应，即利用线圈电感或互感的改变来实现非电量测量。被测物理量（位移、振动、压力、流量、相对密度）经过电磁感应后影响线圈的自感系数 L 或互感系数 M，即对电感/互感产生影响，最终产生输出电压或电流（电信号）的变化。电感式传感器可以分为自感式传感器、差动变压器式传感器。

一、 自感式传感器

下面做以下实验：将一只 380 V 交流接触器线圈与交流毫安表串联后，接到机床用控制变压器的 36 V 交流电压源上，如图 3 – 1 所示。这时毫安表的示值为几十毫安。用手慢慢将接触器的活动铁芯（称为衔铁）往下按，就会发现毫安表的读数逐渐减小。当衔铁与固定铁芯之间的气隙等于零时，毫安表的读数只剩下十几毫安。

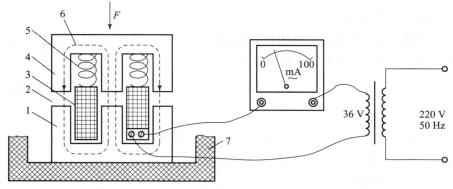

图 3 – 1 线圈铁芯的气隙与电感量及电流的关系实验
1—固定铁芯；2—气隙；3—线圈；4—衔铁；5—弹簧；6—磁力线；7—绝缘外壳

由电工知识可知，忽略线圈的直流电阻时，流过线圈的交流电流为

$$I = \frac{U}{Z} \approx \frac{U}{X_L} = \frac{U}{2\pi f L} \tag{3 – 1}$$

当铁芯的气隙较大时，磁路的磁阻 R_m 也较大，线圈的电感量 L 和感抗 X_L 较小，所以电流 I 较大。当铁芯闭合时，磁阻变小、电感变大、电流减小。可以利用本例中自感量随气隙而改变的原理来制作测量位移的自感式传感器。

较实用的自感式传感器的结构示意图如图 3 – 2（a）所示。它主要由绕组、铁芯、衔铁及测杆等组成。工作时，衔铁通过测杆（或转轴）与被测物体相接触，被测物体的位移将引起绕组电感量的变化，当传感器绕组接入测量转换电路后，电感量的变化将被转换成电流、电压或频率的变化，从而完成非电量到电量的转换。

自感式传感器常见的形式有变隙式、变面积式和螺线管式等种类，原理示意图分别如图 3-2（a）~（c）所示，螺线管式自感传感器外形如图 3-2（d）所示。

电感变气隙型原理演示
动画（视频文件）

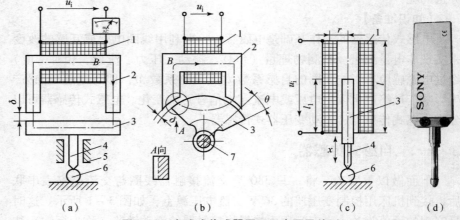

图 3-2　自感式传感器原理示意图及外形

（a）变隙式；（b）变面积式；（c）螺线管式；（d）螺线管式外形

1—绕组；2—铁芯；3—衔铁；4—测杆；5—导轨；6—工件；7—转轴

1. 变隙式自感传感器

变隙式自感传感器的结构示意图如图 3-2（a）所示。由磁路基本知识可知，电感量可由式（3-2）估算，即

$$L \approx \frac{N^2 \mu_0 A}{2\delta} \tag{3-2}$$

式中　N——线圈匝数；

　　　A——气隙的有效截面积；

　　　μ_0——真空磁导率；

　　　δ——气隙厚度。

根据式（3-2）可知，对于变隙式自感传感器，电感 L 与气隙厚度 δ 成反比，变隙式自感传感器的 δ-L 特性曲线如图 3-3 所示。输入输出是非线性关系。δ 越小，灵敏度越高。实际输出特性如图 3-3（a）中的实线所示。为了保证一定的线性度，变隙式自感传感器只能工作在一段很小的区域，因而只能用于微小位移的测量。

2. 变面积式自感传感器

由式（3-2）可知，在线圈匝数 N 确定后，若保持气隙厚度 δ 为常数，则 $L = f(A)$，即电感 L 是气隙有效截面积 A 的函数，故称这种传感器为变面积式自感传感器，其结构示意图如图 3-2（b）所示。

对于变面积式自感传感器，理论上电感量 L 与气隙截面积 A 成正比，输入输出呈线性关系，如图 3-3（b）中虚线所示，灵敏度为一常数。但

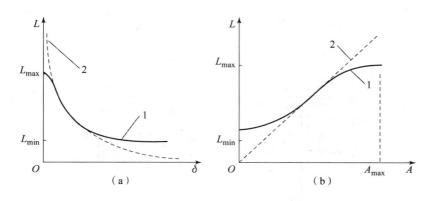

图 3 – 3　自感式传感器的输出特性

（a）变隙式自感传感器的 δ – L 特性曲线；（b）变面积式自感传感器的 A – L 特性曲线
1—实际输出特性；2—理想输出特性

是，由于漏感等原因，变面积式自感传感器在 $A = 0$ 时，仍有较大的电感。所以其线性区较小，而且灵敏度较低。

3. 螺线管式自感传感器

单线圈螺线管式自感传感器的结构如图 3 – 2（c）所示，主要元件是一只螺线管和一根柱形衔铁。传感器工作时，衔铁在线圈中伸入长度的变化将引起螺线管电感量的变化。

对于长螺线管（$l \gg r$），当衔铁工作在螺线管的中部时，可以认为线圈内磁场强度是均匀的。此时线圈的电感量 L 与衔铁插入深度 l_1 大致成正比。

这种传感器结构简单、制作容易，但灵敏度稍低，且衔铁在螺线管中间部分工作时，才有希望获得较好的线性关系。螺线管式自感传感器运用于测量稍大一点的位移。

4. 差动式自感传感器

上述 3 种自感式传感器使用时，由于线圈中通有交流励磁电流，因而衔铁始终承受电磁吸力，会引起振动及附加误差，而且非线性误差较大。另外，外界的干扰如电源电压、频率的变化、温度的变化都使输出产生误差。所以，在实际工作中常采用差动形式，既可以提高传感器的灵敏度，又可以减小测量误差。

（1）结构特点。差动式自感传感器的结构如图 3 – 4 所示。两个完全相同、单个绕组的自感式传感器共用一根活动衔铁就构成了差动式自感传感器。

差动式自感传感器
原理演示（视频文件）

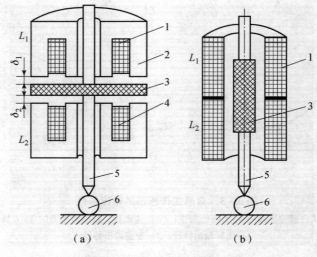

图 3 - 4 差动式自感传感器

（a）变隙式差动传感器；（b）螺线管式差动传感器

1—上差动绕组；2—铁芯；3—衔铁；4—下差动绕组；5—测杆；6—工件

差动式自感传感器的结构要求是两个导磁体的几何尺寸完全相同，材料性能完全相同；两个绕组的电气参数（如电感、匝数、直流电阻、分布电容等）和几何尺寸也完全相同。

（2）工作原理和特性。在变隙式差动自感传感器中，当衔铁随被测量移动而偏离中间位置时，两个绕组的电感量一个增加，一个减小，形成差动形式。

图 3 - 5 示出了差动式自感传感器的特性曲线。从图 3 - 5 所示的曲线 3 可以看出，差动式自感传感器的线性较好，且输出曲线较陡，灵敏度约为非差动式的两倍。

采用差动式结构除了可以改善线性、提高灵敏度外，对外界的影响，如温度的变化、电源频率的变化等也基本上可以互相抵销，衔铁承受的电磁吸力也较小，从而减小了测量误差。

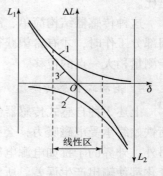

图 3 - 5 单线圈自感传感器与差动式自感传感器的特性比较

1—上线圈特性；2—下线圈特性；3—L_1、L_2 差接后的特性

5. 测量转换电路

自感式传感器的测量转换电路一般采用电桥电路。转换电路的作用是将电感量的变化转换成电压或电流信号，以便送入放大器进行放大，然后用仪表指示出来或记录下来。

（1）差动电感的变压器电桥转换电路。差动电感的变压器电桥转换电路如图 3 - 6 所示。相邻两工作臂 Z_1、Z_2 是差动式自感传感器的两个线圈阻抗，另两臂为激励变压器的二次绕组。输入电压约为 10 V，频率约为数千赫，输出电压取自 A、B 两点。

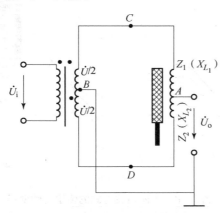

图 3-6 差动电感的变压器电桥转换电路

当衔铁处于中间位置时，由于绕组完全对称，因此 $L_1 = L_2 = L_0$ 桥路平衡，$Z_1 = Z_2 = Z_0$，此时桥路平衡，输出电压 $\dot{U}_o = 0$。

当衔铁下移时，下线圈感抗增加，而上线圈感抗减小时，输出电压绝对值增大，其相位与激励源同相。

衔铁上移时，输出电压的相位与激励源反相。如果在转换电路的输出端接上普通指示仪表时，实际上无法判别输出的相位和位移的方向。

（2）相敏检波电路。"检波"与"整流"的含义相似，都指能将交流输入转换成直流输出的电路。但检波多用于描述信号电压的转换。

①普通的全波整流。只能得到单一方向的直流电，不能反映输入信号的相位，如图 3-7 所示。

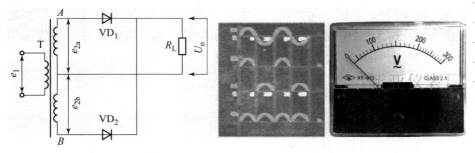

图 3-7 普通全波整流电路及其波形

②相敏检波电路。如果输出电压在送到指示仪前经过一个能判别相位的检波电路，则不但可以反映位移的大小（$\dot{U}_o$ 的幅值），还可以反映位移的方向（$\dot{U}_o$ 的相位），这种检波电路称为相敏检波电路。不同检波方式的输出特性曲线如图 3-8 所示。相敏检波电路的输出电压 $\bar{U}$ 为直流，其极性由输入电压的相位决定。当衔铁向下位移时，检流计的仪表指针正向偏转。当衔铁向上位移时，仪表指针反向偏转。采用相敏检波电路，得到的输出信号既能反映位移大小，也能反映位移方向。

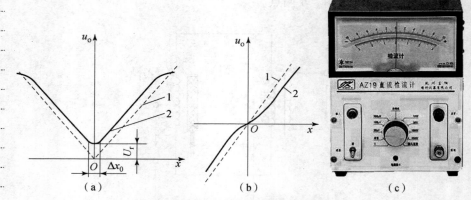

图 3 – 8　不同检波方式的输出特性曲线

（a）非相敏检波；（b）相敏检波；（c）仪表

1—理想特性曲线；2—实际特性曲线

二、 差动变压器式传感器

差动变压器式传感器（Differential Transformer Transducer）简称差动变压器。

差动变压器是把被测位移量转换为一次线圈与二次线圈间的互感量 M 的变化装置。当一次线圈接入激励电源后，二次线圈就将产生感应电动势，当两者间的互感量变化时，感应电动势也相应变化。目前应用最广泛的结构形式是螺线管式差动变压器。

1. 工作原理

差动变压器的结构如图 3 – 9 所示。在线框上绕有一组输入线圈（称为一次绕组）；在同一线框的上端和下端再绕制两组完全对称的线圈（称为二次绕组），它们反向串联，组成差动输出形式。差动变压器的原理如图 3 – 10 所示，图中标有黑点的一端称为同名端，通俗说法是指线圈的"头"。

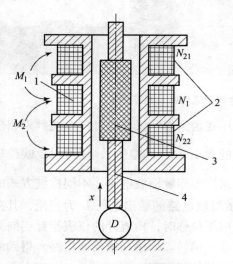

图 3 – 9　差动变压器结构示意图

1—一次线圈；2—二次线圈；3—衔铁；4—测杆

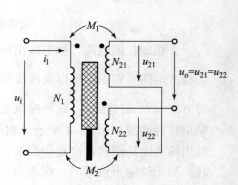

图 3 – 10　差动变压器原理

当一次绕组加入交流激励电源后，由于存在互感量 M_1、M_2，二次绕组 N_{21}、N_{22} 产生感应电动势 u_{21}、u_{22}，其数值与互感量成正比。由于 N_{21}、N_{22} 反向串联，所以二次绕组空载时的输出电压的瞬时值 u_o 等于 u_{21}、u_{22}。

差动变压器的输出电压有效值 U 的特性如图 3-11 所示。图中的 x 表示衔铁位移量。当差动变压器的结构及电源电压 u_i 一定时，互感量 M_1、M_2 的大小与衔铁的位置有关。

当衔铁处于中间位置时，$M_1 = M_2 = M_0$，所以 $u_o = 0$。

当衔铁偏离中间位置向左移动时，N_1 与 N_{21} 之间的互感量 M_1 减小，所以 u_{21} 减小。与此同时，N_1 与 N_{22} 之间的互感量 M_2 增大，u_{22} 增大，u_o 不再为零，输出电压与激励源反相。

当衔铁偏离中间位置向右移动时，输出电压与激励源同相。与差动电感相似的原理，必须用相敏检波电路才能判断衔铁位移的方向，相敏检波电路的输出电压有效值见图 3-11 中的曲线 3。

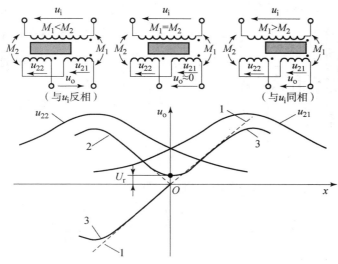

图 3-11 差动变压器的输出特性及相敏和非相敏输出特性比较
1—理想特性；2—非相敏检波实际特性；3—相敏检波实际特性

2. 主要特性

（1）灵敏度。差动变压器的灵敏度用单位位移输出的电压或电流来表示。差动变压器的灵敏度一般可达 0.5~5 V/mm，行程越小，灵敏度越高。有时也用单位位移及单位激励电压下输出的毫伏值来表示，即 mV/（mm·V）。

影响灵敏度的因素有：激励源电压和频率，差动变压器一、二次绕组的匝数比，衔铁直径与长度，材料质量，环境温度，负载电阻等。

为了获得高的灵敏度，在不使一次绕组过热的情况下，适当提高励磁电压，但以不超过 10 V 为宜。电源频率以 1~10 kHz 为好。此外，提高灵敏度还可以采取以下措施：提高绕组 Q 值；活动衔铁的直径在尺寸允许的条件下尽可能大些，这样有效磁通较大；选用导磁性能好、铁损小、涡流损耗小的导磁材料等。

（2）线性范围。理想的差动变压器输出电压应与衔铁位移呈线性关系。实际上由于衔铁的直径、长度、材质和线圈骨架的形状、大小的不同等均对线性有直接的影响。差动变压器线性范围约为线圈骨架长度的1/10。由于差动变压器中间部分磁场是均匀的且较强，所以只有中间部分线性较好。采用特殊的绕制方法（两头圈数多、中间圈数少），线性范围可以达 100 mm 以上，前文中的差动式自感传感器的线性范围与此相似。

3. 测量电路

差动变压器的输出电压是交流分量，它与衔铁位移成正比，其输出电压如用交流电压表来测量时，无法判别衔铁移动的方向。除了采用差动相敏检波电路外，还常采用图 3 – 12 所示的测量电路来解决。

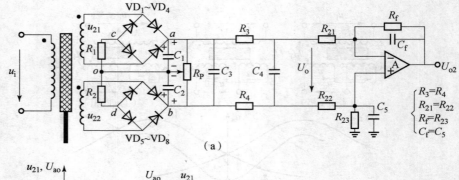

（a）

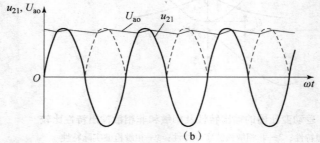

（b）

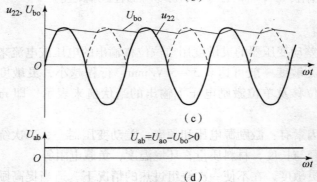

（c）

图 3 – 12　差动整流电路及波形

（a）差动整流电路；（b）、（c）、（d）各点电压波形

电感差动整流电路
工作过程演示动画
（视频文件）

分析差动整流过程：差动变压器的二次电压 $\dot{U}_{21}$、$\dot{U}_{22}$ 分别经 VD$_1$ ~ VD$_4$、VD$_5$ ~ VD$_8$ 两个普通桥式电路整流，变成直流电压 U_{ao} 和 U_{bo}。由于 U_{ao} 与 U_{bo} 是反向串联的，所以 $U_{C_3} = U_{ab} = U_{ao} - U_{bo}$。该电路是以两个桥路整流后的直流电压之差作为输出的，所以称为差动整流电路。

R_P 的作用：R_P 是用来微调电路平衡的。

低通滤波电路：C_3、C_4、R_3、R_4 组成低通滤波电路，其时间常数 τ 必须大于 U_i 周期的 10 倍以上。

差动减法放大器：A 及 R_{21}、R_{22}、R_f、R_{23} 组成差动减法放大器，用于克服 a、b 两点的对地共模电压。

图 3 – 12（b）、（c）、（d）是当衔铁上移时的各点输出波形。当差动变压器采用差动整流测量电路时，应恰当设置一次线圈和二次线圈的匝数比，使 $\dot{U}_{21}$、$\dot{U}_{22}$ 在衔铁最大位移时，仍然能大于二极管死区电压（0.5 V）的 10 倍以上，才能克服二极管的正向非线性的影响，减小测量误差。

LVDT：随着微电子技术的发展，目前已能将图 3 – 12（a）中的激励源、相敏或差动整流及信号放大电路、温度补偿电路等做成厚膜电路，装入差动变压器的外壳（靠近电缆引出部位）内，它的输出信号可设计成符合国家标准的 1 ~ 5 V 或 4 ~ 20 mA，这种形式的差动变压器称为线性差动变压器（Linear Variable Differential Transformer，LVDT）。

三、电感式传感器的应用

能转换成位移变化的参数，如力、压力、压差、加速度、振动、工件尺寸等，可用电感式传感器来测量。

1. 位移测量

测量时红宝石（或钨钢）测端接触被测物，被测物尺寸的微小变化使衔铁在差动线圈中产生位移，造成差动线圈电感量的变化，此电感变化通过电缆接到交流电桥，电桥的输出电压反映了被测物尺寸的变化。测微仪器的最小量程为 ±3 μm。

2. 电感式不圆度计

电感测头围绕工件缓慢旋转，也可以是测头固定不动，工件绕轴心旋转。耐磨测端（多为钨钢或红宝石）与工件接触。信号经计算机处理后给出图 3 – 13（b）所示图形。该图形按一定的比例放大工件的不圆度，以便用户分析测量结果。

电感式传感器圆度测量（视频文件）

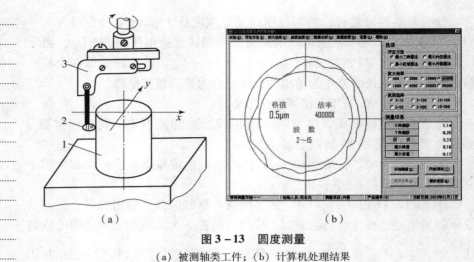

（a）　　　　　　　　　　　　　（b）

图 3 – 13　圆度测量

（a）被测轴类工件；（b）计算机处理结果

1—被测物；2—耐磨测端；3—电感式传感器

3. 压力测量

差动变压器式压力变送器的结构、外形及电路如图 3 – 14 所示，它适用于测量各种生产流程中液体、水蒸气及气体压力。在该图中能将压力转换为位移的弹性敏感元件称为膜盒。

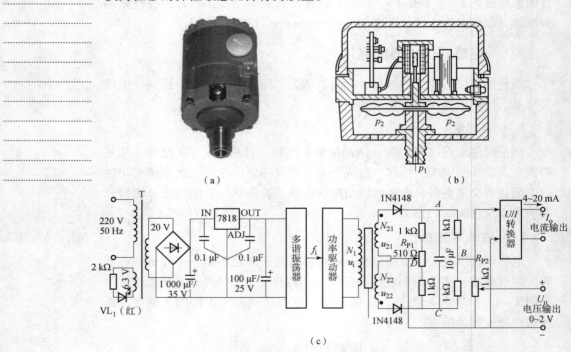

图 3 – 14　差动变压器式压力变送器

（a）外形；（b）结构；（c）电路

差动变压器二次线圈的输出电压通过半波差动整流电路、低通滤波电路后，作为变送器的输出信号，可接入二次仪表加以显示。线路中 R_{P1} 是调零电位器，R_{P2}是调量程电位器。差动整流电路的输出也可以进一步作U/I变换，输出与压力成正比的电流信号，称为电流输出型变送器，它在各种变送器中占有很大的比例。

【任务实施】

一、 机械结构的设计

1. 测微器的选择

由于被测滚柱的公差变化范围只有 6 μm，传感器所需的行程较短，所以可以选择线圈骨架较短、直径较小的型号，见表 3 – 1。

表 3 – 1 西铁城精机测微仪系列

（可上网查阅有关的厂商及其产品规格，以下为一个案例）

型号	DTH – P	DTH – PA	DTH – PS	DTH – PSH
特征	标准	零点位置变换	小型	小型、线横出
测量范围/mm	± 1	– 0.4 ~ +1		± 0.7
测杆长度/mm	4	3.5		2
零点位置/mm	2	0.5		1
外形直径/mm	$\phi 12$	$\phi 8$		$\phi 6$
重复精度/μm	0.3			
电缆长度/m	1.5			
测量力/N	0.2 ~ 0.7			

2. 滚柱的推动与定位

采用振动料斗，气缸的活塞在高压气体的推动下，将滚柱快速推至电感测微器的测标下方的限位挡板位置。使用"钨钢测头"延长测端的使用寿命。

3. 气缸的控制

气缸是引导活塞在其中进行直线往复运动的圆筒形金属机件（图 3 – 15）。工质在气缸中通过膨胀将压力转换为机械能。

气缸有后进/出气口 B 和前进/出气口 A。当 A 向大气敞开、高压气体从 B 口进入时，活塞向右推动，气缸前室的气体从 A 口排出；反之，活塞后退，气缸后室的气体从 B 口排出。气缸 A 口与 B 口的开启由电磁阀门控制。滚子直径分选机的工作原理示意图如图 3 – 16 所示。

4. 落料箱翻板的控制

按设计要求，落料箱共 9 个，分别是 – 3 μm、– 2 μm、– 1 μm、0 μm、+1 μm、+2 μm、+3 μm 以及"偏大""偏小"废品箱（图中未画出）。它们的翻板分别由 9 块交流电磁铁控制。

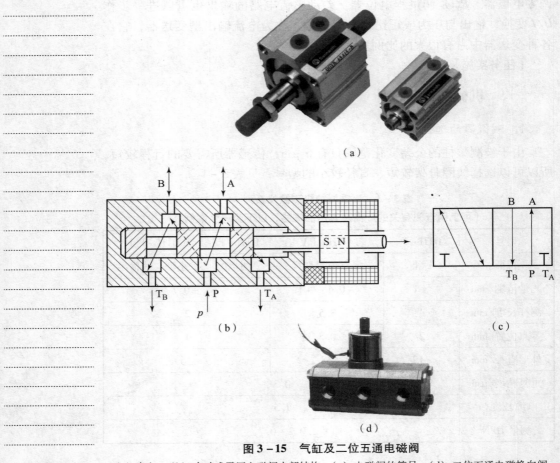

图 3 – 15   气缸及二位五通电磁阀

（a）气缸；（b）直动式零压电磁阀内部结构；（c）电磁阀的符号；（d）二位五通电磁换向阀

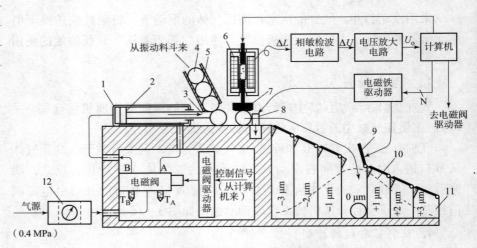

图 3 – 16   滚子直径分选机的工作原理示意图

1—气缸；2—活塞；3—推杆；4—被测滚柱；5—落料管；6—电感测微器；7—钨钢测头；
8—限位挡板；9—电磁翻板；10—滚柱的公差分布；11—容器（料斗）；12—气源处理三联件

二、　电信号处理电路的设计

系统的电路原理图见图 3 – 16 的上半部分。本设计采用相敏检波电路，该电路能判别电感测微仪的衔铁运动方向。当误差为正值时，它的输出电压也为正值；反之为负值。

目前已有多家厂商将相敏检波电路制成厚膜电路，性能比分立元件优异，读者可上网查阅有关资料。

三、　系统的调试

1. 传感器的安装高度调试

将标准件（直径为 10.000 mm）置于测微仪的钨钢测头的正下方，调节测微仪的安装高度，使计算机显示屏上的读数尽量接近 0 μm，并完成软件置零。

2. 灵敏度调试

分别将预先用精密光学测量仪器标定的 + 3 μm 和 – 3 μm 的滚柱置于钨钢测头下方，改变程序中的灵敏度系数，完成"标定"过程。

3. 活塞行程控制

调节气缸的前后位置和供气三联件上的气压开关（为 0.2 ~ 0.4 MPa），使行程合乎设计标准。

4. 测量速度的调试

将一批已知直径的滚子放入振动料斗中，在显示屏上输入"电磁阀动作频率"，逐渐提高气缸活塞的往复速度，并测量动态误差。

5. 电磁铁翻板的调试

分别将不同直径误差的滚柱置于钨钢测头下方，启动测试软件后，对应的电磁铁翻板应立即打开，等待滚柱落入其中（图 3 – 17）。如果翻板的开启角度不正确，可微调电磁铁的"拉杆"长度。

图 3 – 17　电磁铁

6. 温漂测试

将整个测试系统置于可以调节气温的环境中，使测试系统的温度缓慢地从 10 ℃ 上升至 30 ℃，再下降到 10 ℃，反复 4 次左右（图 3－18）。误差不应大于 0.5 μm，整个温漂测试应大于 48 h。

滚子的直径应基本符合正态分布。

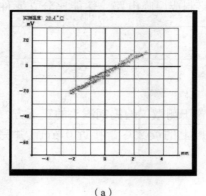
（a）

（b）

图 3－18　温漂曲线和分选结果显示

（a）4 次温度升降的温漂曲线；（b）分选结果显示

1—废品仓位滚子数量；2—正品仓位滚子数量的分布

四、 误差分析和对策

该测试系统的误差主要由机械误差、测微器误差、激励源误差、放大器误差、A/D 转换器误差等几个部分组成，总的误差由以上几项合成。通常情况下，机械未调准引起的误差可达 2%，激励源频率和幅度的漂移可达 1% 以上，信号放大器的误差小于 0.5%，12 位 A/D 转换器的误差小于 0.1%，机械系统的重复性（主要为滞差）和漂移约 1%。

恒值误差可以利用软件予以消除。变值误差的表现主要有两种：一是温漂；二是机械振动引起的安装位置漂移。

提问：总的合成误差为多少？温漂如何克服？动态误差如何克服？

项目名称	变电抗式传感器及应用		学生姓名	
任务应用	电感式传感器在轴承滚柱直径分选中的应用		日期	
学习形式	独立完成□　　　　小组协作□			
实施目的	通过本实例的学习，初步了解测量系统的调零、调满度和机械位置细调等过程。本案例可用于其他带有机械结构的技改项目			
任务要求	任务要求及主要技术指标			

序号	内容	要求	评分标准	比例	得分
1	资料查阅	正确查阅资料	会正确查阅电感式传感器资料，得 20 分；否则不得分	20	

续表

序号	内容	要求	评分标准	比例	得分
2	正确操作	按照步骤完成设计内容	操作规范、正确、熟练得 20 分，设计处理正确合理得 20 分；否则不得分。接线错误不得分；违反操作规程、损坏设备不得分	40	
3	安全规程	了解工艺安全操作规程	能讲清工艺安全操作规程，得 20 分；否则不得分	20	
4	分析数据	分析实验数据	能正确分析数据，得 20 分；否则不得分	20	
成绩：			教师签字：		

【任务总结】

电感式传感器利用电磁感应原理将被测非电量转换成线圈自感量或互感量的变化，进而由测量电路转换为电压或电流的变化量，电感式传感器种类很多，主要有自感式、变压器式（互感式）和电涡流式等种类。自感式变间隙传感器有基本变间隙传感器与差动变间隙传感器。变压式传感器把被测非电量转换为线圈间互感量的变化。差动式变压器的结构形式有变隙式、变面积式和螺线管式等，其中应用最多的是螺线管式差动变压器。

任务二　电涡流式传感器及应用

【任务描述】

通过本任务的学习，学生应达到的教学目标如下。

【知识目标】

（1）掌握电涡流效应。
（2）掌握电涡流式传感器的工作原理。
（3）了解电涡流式传感器的等效阻抗分析。
（4）掌握电涡流式传感器的等效电路。
（5）掌握电涡流式传感器的应用。

【技能目标】

（1）具有在不同被测对象、不同工作环境下选择电涡流式传感器的能力。
（2）具有解决实际的物理量检测问题的能力。
（3）具有分析选择测量电路的能力。

【任务分析】

当金属探测器靠近金属物体时，由于电磁感应现象，会在金属导体中产生电涡流，使金属探测器的振荡回路中能量损耗增大，处于临界态的振荡器振荡减弱，甚至无法维持振荡所需的最低能量而停振。如果能检测出这种变化，并转换成声音信号，根据声音有无就可以判定探测线圈下面是否有金属。

电涡流式通道安全的出入口检测系统应用较广泛，可以有效地探测枪支、匕首等金属武器及其他大件金属物品。它广泛应用于机场、海关、钱币厂、监狱等重要场所。

谈起金属探测器，人们就会联想到探雷器，工兵用它来探测掩埋的地雷。金属探测器是一种专门用来探测金属的仪器，除了用于探测有金属外壳或金属部件的地雷之外，还可以用来探测隐蔽在墙壁内的电线、埋在地下的水管和电缆，甚至能够地下探宝，发现埋藏在地下的金属物体。金属探测器还可以作为开展青少年国防教育和科普活动的用具，当然也不失为一种有趣的娱乐玩具。

【知识准备】

根据法拉第电磁感应定律，金属导体处于变化的磁场中时，导体表面就会有感应电流产生。电流的流线在金属体内自行闭合，这种由电磁感应原理产生的旋涡状的感应电流称为电涡流，这种现象称为电涡流效应，电涡流传感器就是利用电涡流效应来检测导电物体的各种物理参数的。

根据电涡流效应制成的传感器称为电涡流式传感器。

一、 电涡流式传感器的工作原理

图 3 – 19 是电涡流式传感器的工作原理。当传感器线圈通以正弦交变电流 I_1 时，线圈周围空间必然产生正弦交变磁场 H_1，使置于此磁场中的金属导体产生感应电涡流 I_2，I_2 又产生新的交变磁场 H_2。根据楞次定律，H_2 的作用将反抗原磁场 H_1，导致传感器线圈的等效阻抗发生变化。金属导体的电阻率 ρ、磁导率 μ、线圈与金属导体之间的距离 x 以及线圈励磁电流的角频率 ω 等参数，都将增进涡流效应和磁效应与线圈阻抗的联系。因此，线圈等效阻抗 Z 的关系式为

$$Z = f(\rho、\mu、x、\omega) \qquad (3-3)$$

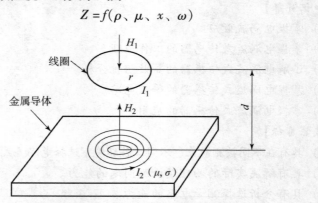

图 3 – 19　电涡流式传感器的工作原理

若保持其中大部分参数恒定不变，只改变其中一个参数，这样能形成

传感器的线圈阻抗 Z 与此参数的单值函数。再通过传感器的测量转换电路测出阻抗 Z 的变化量，即可实现对该参数的非电量测量，这就是电涡流传感器的基本工作原理。

　　若把导体等效成一个短路线圈，可画出图 3－19 所示电路的等效电路，如图 3－20 所示。图中 R_2 为电涡流短路环的等效电阻。根据基尔霍夫第二定律，可以列出以下方程，即

$$\begin{cases} R_1\dot{I}_1 + j\omega L_1\dot{I}_1 - j\omega M\dot{I}_2 = \dot{U}_1 \\ -j\omega M\dot{I}_1 + R_2\dot{I}_2 + j\omega L_2\dot{I}_2 = 0 \end{cases}$$

$$(3-4)$$

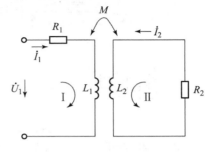

图 3－20　电涡流式传感器等效电路图

式中　ω——线圈激励电流角频率；

　　　R_1，L_1——线圈电阻和电感；

　　　L_2，R_2——短路环等效电感和等效电阻。

　　解得等效阻抗 Z 的表达式为

$$Z = \frac{\dot{U}_1}{\dot{I}_1} = R_1 + \frac{\omega^2 M^2}{R_2{}^2 + (\omega L_2)^2}R_2 + j\omega\left[L_1 - \frac{\omega^2 M^2}{R_2{}^2 + (\omega L_2)^2}L_2\right] = R_{eq} + j\omega L_{eq}$$

$$(3-5)$$

式中　R_{eq}——线圈受电涡流影响后的等效电阻；

　　　L_{eq}——线圈受电涡流影响后的等效电感。

　　线圈的等效品质因数 Q 值为

$$Q = \frac{\omega L_{eq}}{R_{eq}}$$

$$(3-6)$$

二、　电涡流式传感器的结构与特性

1. 电涡流式传感器的结构

　　电涡流式传感器的传感元件是一只线圈，俗称电涡流探头。由于激励源频率较高（数十千赫到数兆赫），所以圈数不必太多。一般为扁平的空心圆圈。有时为了使磁力线集中，可将线圈绕在直径和长度都很小的高频铁氧体磁芯上。成品电涡流探头的结构十分简单，其核心是一个扁平的"蜂巢"线圈。线圈用多股较细的绞钮漆包线（能提高 Q 值）绕制而成，置于探头的端部，外部用聚四氟乙烯等高品质因数塑料密封，如图 3－21 所示。

　　随着电子技术的发展，现在已经能将测量转换电路安装到探头的壳体中。它具有输出信号大（输出信号为有一定驱动能力的直流电压或电流信号，有时还可以是开关信号）、不受输出电缆分布电容影响等优点。表 3－2所列为 CFZ1 系列电涡流探头的性能表。

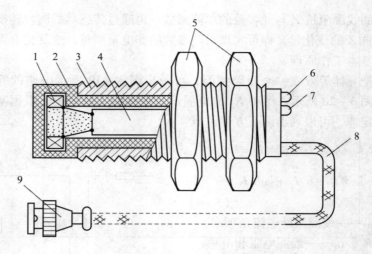

图 3－21　电涡流探头

1—电涡流线圈；2—探头壳体；3—壳体上的位置调节螺纹；4—印制电路板；5—夹持螺母；
6—电源指示灯；7—阈值指示灯；8—输出屏蔽电缆线；9—电缆插头

表 3－2　CFZ1 系列电涡流探头的性能

型号	线性范围/ μm	线圈外径/ mm	分辨力/ μm	线性误差 /%	使用温度/ ℃
CZF1－1000	1 000	$\phi7$	1	<3	－15 ~ +80
CZF1－3000	3 000	$\phi15$	3	<3	－15 ~ +80
CZF1－5000	5 000	$\phi28$	5	<3	－15 ~ +80

由表 3－2 可知，探头的直径越大，测量范围就越大，但分辨力就越差。

2. 被测物的材料、形状和大小对灵敏度的影响

线圈阻抗变化与金属导体的电导率、磁导率有关。对于非磁性材料，被测物的电导率越高，则灵敏度越高。但被测物是磁性材料时，其磁导率将影响电涡流线圈的感抗，其磁滞损耗还将影响电涡流线圈的 Q 值，所以其灵敏度要视具体情况而定。

为了充分利用电涡流效应，被测物为圆盘物体的平面时，物体的直径大于线圈直径的 2 倍以上，否则将使灵敏度降低；被测物为轴状圆柱体的圆弧表面时，它的直径必须为线圈直径的 4 倍以上，才不影响测量结果。被测物的厚度也不能太薄，一般情况下，只要厚度在 0.2 mm 以上，测量就不受影响。另外，在测量时，传感器线圈周围除被测导体外，应尽量避开其他导体，免受高频磁场干扰，引起线圈的附加损失。

三、 电涡流式传感器的测量转换电路

电涡流式传感器探头与被测金属之间的互感量变化可以转换为探头线圈的等效阻抗（主要是等效电感）以及品质因数 Q（与等效电阻有关）

等参数的变化。因此，测量转换电路的任务是把这些参数变换为频率、电压或电流。相应地，有调幅式、调频式和电桥法等转换电路。

1. 电桥电路

电涡流式传感器电桥电路如图 3 – 22 所示，Z_1 和 Z_2 为线圈阻抗，它们可以是差动式传感器的两个线圈阻抗，也可以一个是传感器线圈，另一个是平衡用的固定线圈。它们与电容 C_1、C_2，电阻 R_1、R_2 组成电桥的 4 个桥臂。电源由振荡器供给，振荡频率根据电涡流式传感器的需要选择。

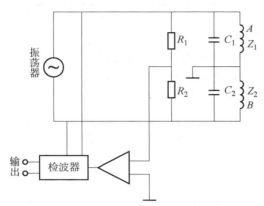

图 3 – 22　电涡流式传感器电桥电路

静态时，电桥平衡，桥路输出 $U_{AB} = 0$。工作时，传感器接近被测体，电涡流效应等效电感 L 发生变化，测量电桥失去平衡，即 $U_{AB} \neq 0$，经线性放大后送检波器检波后输出直流电压 U。显然，此输出电压 U 的大小正比于传感器线圈的移动量，从而实现对位移量的测量。

电桥的输出将反映线圈阻抗的变化，即将线圈阻抗变化转换为电压幅值的变化。

2. 调幅（AM）式电路

调幅式电路也称为 AM 电路，如图 3 – 23 所示，它以输出高频信号的幅度来反映电涡流探头与金属导体之间的关系。

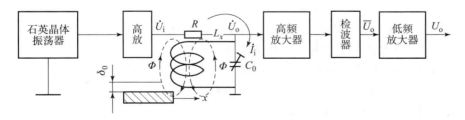

图 3 – 23　高频调幅式测量转换电路

石英振荡器产生稳频、稳幅高频振荡电压（100 kHz ~ 1 MHz），用于激励电涡流线圈。金属材料在高频磁场中产生电涡流，引起电涡流线圈端电压的衰减（表 3 – 3），再经高放、检波、低放电路，最终输出的直流电压 U_o 反映了金属体对电涡流线圈的影响（如两者之间的距离等参数）。

表 3 – 3　部分常用材料对振幅器振幅的衰减系数

材料	.	衰减系数
钢		1
不锈钢		0.85
黄铜		0.3
铜		0.4
水		0.01

3. 调频（FM）式电路

调频式电路也称为 FM 电路，是将探头线圈的电感量 L 与微调电容 C_0 构成 LC 振荡器，以振荡器的频率 f 为输出量。此频率可以通过 f/U 转换器（又称为鉴频器）转换为电压，由表头显示。也可以直接将频率信号（TTL 电平）送到计算机的计数定时器，求出频率。调频式测量转换电路原理框图如图 3 – 24 所示。

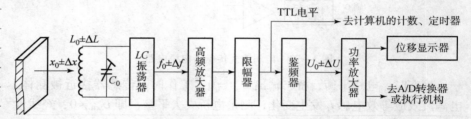

图 3 – 24　调频式测量转换电路原理框图

当电涡流线圈与被测物的距离 x 改变时，电涡流线圈的电感量 L 也随之改变，引起 LC 振荡器的输出频率变化，此频率可直接用计算机测量。如果要用模拟仪表进行显示或记录，必须使用鉴频器，将 Δf 转换为电压 ΔU_0。

并联谐振回路的谐振频率为

$$f = \frac{1}{2\pi\sqrt{LC_0}} \qquad (3-7)$$

当电涡流线圈与被测物的距离 x 变小时，电涡流线圈的电感量 L 也随之变小，引起 LC 振荡器的输出频率变大，此频率可直接用计算机测量。如果要用模拟仪表进行显示或记录，必须使用鉴频器将 Δf 转换为电压 ΔU_0，鉴频器的特性如图 3 – 25 所示。

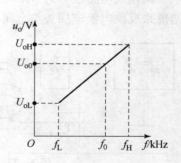

图 3 – 25　鉴频器特性

四、电涡流式传感器的应用

电涡流式传感器的特点是结构简单，易于进行非接触连续测量，灵敏度较高，适应性强，因此得到广泛应用。它的变化量可以是位移 x，也可以是被测材料的性质（ρ 或 μ），其应用大致有下列 4 个方面。

（1）利用位移 x 作为变换量，可以制成测量位移、厚度、振幅、振摆、转速等传感器，也可以做成接近开关、计数器等。

（2）利用材料电阻率 ρ 作为变换量，可以做成测量温度、材质判别等传感器。

（3）利用磁导率 μ 作为变换量，可以做成测量应力、硬度等传感器。

（4）利用变换量 x、ρ、μ 等的综合影响，可以做成探伤装置。

1. 位移测量

某些旋转机械，如高速旋转的汽轮机对轴向位移的要求很高。当汽轮机运行时，叶片在高压蒸汽推动下做高速旋转，它的主轴承受巨大的轴向推力。若主轴的位移超过规定值时，叶片有可能与其他部件碰撞而断裂。因此，用电涡流式传感器测量金属工件的微小位移就显得极为重要。利用电涡流原理可以测量诸如汽轮机主轴的轴向位移、电动机轴向窜动、磨床变向阀、先导阀的位移和金属试件的热膨胀系数等。位移测量范围可以从高灵敏度的 0～1 mm，到大量程的 0～30 mm，分辨率可达满量程的 0.1%，其缺点是线性度稍差，只能达到 1%。

上海全华自控工程公司生产的 ZXWY 型电涡流轴向位移监测保护装置可以在恶劣的环境（如高温、潮湿、剧烈振动等）下非接触测量和监视旋转机械的轴向位移。电涡流探头的安装如图 3－26 所示。

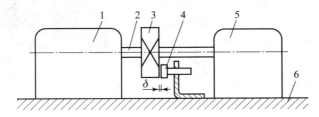

图 3－26 轴向位移的监测

1—旋转设备（汽轮机）；2—主轴；3—联轴器；4—电涡流探头；5—发电机；6—基座

在设备停机检修时，将探头安装在与联轴器端面距离 2 mm 的基座上，调节二次仪表使示值为零。当汽轮机启动后，长期监测其轴向位移量后发现，由于轴向推力和轴承的磨损而使探头与联轴器端面的 δ 减小，二次仪表的输出电压从零开始增大。可调整二次仪表面板上的报警设定值，使位移量达到危险值（本例中为 0.9 mm）时，二次仪表发出报警信号；当位移量达到 1.2 mm 时，发出停机信号以避免事故发生。上述测量属于动态测量。参考以上原理还可以将此类仪器用于其他设备的安全监测。

2. 振动测量

电涡流式传感器可以无接触地测量各种振动的振幅、频谱分布等参数。在汽轮机、空气压缩机中，常用电涡流式传感器来监控主轴的径向、轴向振动，也可以测量发动机涡流叶片的振幅。在研究机械振动时，常常采用多个传感器放置在其不同部位进行监测，得到各个位置的振幅值和相位值，从而画出振型图，测量方法如图 3 – 27 所示。由于机械振动是由多个不同频率的振动合成的，所以其波形一般不是正弦波，可以用频谱分析仪来分析输出信号的频率分布及各对应频率的幅度。

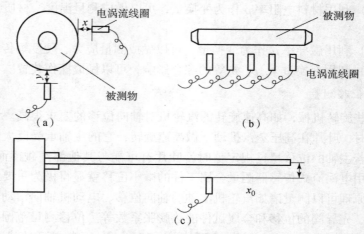

图 3 – 27　振幅测量

（a）径向振动测量；（b）长轴多线圈测量；（c）叶片振动测量

3. 转速测量

若旋转体上已开有一条或数条槽或呈齿状，则可在旁边安装一个电涡流式传感器，如图 3 – 28 所示，当转轴振动时，传感器周期性地改变着与旋转体表面之间的距离，于是它的输出电压也周期性地发生变化，此脉冲电压信号经放大、变换后，可以用频率计测出其变化的重复频率，从而测出转轴的转速。

图 3 – 28　转速测量实物

如图 3 – 29 所示，当旋转体转动时，输出轴的距离发生 $d_0 + \Delta d$ 的变化。由于电涡流效应，这种变化将导致振荡谐振回路的品质因数变化，使传感器线圈电感随 Δd 的变化也发生变化，它们将直接影响振荡器的电压幅值和振荡频率。因此，随着输入轴的旋转，从振荡器输出的信号中包含有与转速

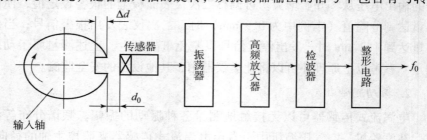

图 3 – 29　转速测量

成正比的脉冲频率信号。该信号由检波器检出电压幅值变化量，然后经整形电路输出脉冲频率信号 f，该信号经电路处理便可得到被测转速。

若转轴上开 z 个槽（或齿），频率计的读数为 f（单位为 Hz），则转轴的转速 n（单位为 r/min）的计算公式为

$$n = 60\frac{f}{z} \qquad\qquad (3-8)$$

4. 电涡流接近开关

接近开关又称为无触点行程开关。常用的接近开关有电涡流式（俗称电感接近开关）、电容式、霍尔式、光电式等。在此介绍电涡流接近开关。

电涡流接近开关能在一定距离（几毫米至几十毫米）内检测有无物体靠近。当物体与其接近到设定距离时，就可以发出动作信号。电涡流接近开关的核心部分是"感辨头"，它对正在接近的物体有很高的感辨能力。

电涡流接近开关属于一种开关量输出的位置传感器。它由 LC 高频振荡器和放大电路处理电路组成，原理框图如图 3-30 所示。金属物体在接近能产生交变磁场的振荡感辨头时，其内部产生涡流。涡流反作用于电涡流接近开关，使电涡流接近开关振荡能力减弱，内部电路的参数发生变化，由此识别出有无金属物体靠近，进而控制开关的通或断。这种电涡流接近开关所能检测的物体必须是导电性能良好的金属物体。

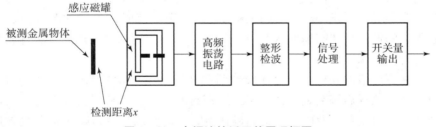

图 3-30 电涡流接近开关原理框图

5. 电涡流式通道安全门

我国于 1981 年开始使用图 3-31 所示的出入口检测系统，可以有效地探测出枪支、匕首等金属武器及其他大件金属物品。它广泛应用于机场、海关、钱币厂和监狱等重要场所。

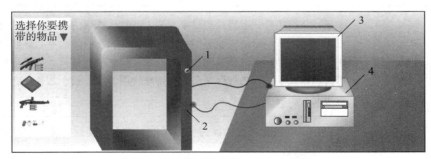

图 3-31 电涡流式安全门检查演示

1—报警指示灯；2—内藏式电涡流线圈；3—液晶彩显；4—X 光及中子探测器图像处理系统

该安全检测门原理如图3-32所示。L_{11}、L_{12}为发射线圈，L_{21}、L_{22}为接收线圈，均用环氧树脂胶管密封在门框内。10 kHz信号通过L_{11}、L_{12}在线圈周围产生同频率的交变磁场。L_{21}、L_{22}实际上分成6个扁平线圈，分布在门的上、中、下部位，形成6个探测区。因为L_{11}、L_{12}与L_{21}、L_{22}相互垂直，成电气正交状态，无磁路交链，因此$U_o = 0$。在有金属物体通过L_{11}、L_{12}形成的交变磁场时，交变磁场就会在该金属体表面产生电涡流。电涡流也将产生一个新的微弱的磁场，相位与金属体的位置、大小等有关，但与L_{21}、L_{22}不再正交，因此可以在L_{21}、L_{22}中感应出电压。计算机根据感应电压的大小、相位来判断金属物体的大小。

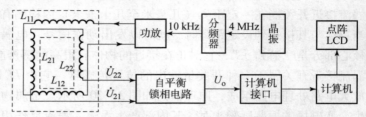

图3-32 电涡流通道安全检查门电路原理框图

由于个人携带的物品中有钥匙扣、皮带扣、眼镜架、戒指甚至断腿的钢钉等引起误报警。因此，计算机还要对多组不同位置的线圈信号进行复杂的逻辑判断，才能获得既灵敏又可靠的效果。目前多在安检门的侧面安装一台"软X光"或毫米波扫描仪，当发现疑点时，可启动对人体、胶卷无害的低能量狭窄扇面X射线进行断面扫描，用软件处理的方法合成完整的光学图像。

在更严格的安检中，还在安检门侧面安装了能量微弱的中子发生管，对可疑对象开启该装置，让中子穿过密封的行李包，利用质谱仪计算出行李物品的含氮量以及碳、氧的精确比例，从而确认是否为爆炸品（氮含量较大）。通过计算其他化学元素的比例，还可以确认毒品或其他物质。

【任务实施】

项目名称	变电抗式传感器及应用		学生姓名	
任务应用	电涡流式传感器的应用		日期	
学习形式	独立完成□　　　小组协作□			
实施目的	设计便携手持式金属检测仪来探测人或物体携带的金属物，它可以探测出人所携带的或包裹、行李、信件、织物内的武器、炸药或小块金属物品。其敏感表面的特殊外观令操作简便易行。它优于环形传感器式手探，灵敏度超高，有特殊应用，如监狱、芯片厂、考古研究、医院等			
任务要求	（1）以电涡流式传感器为传感元件，将金属接近传感器的距离转换为电感； （2）对于金属接近传感器的距离能够有明显区别的不同提示			

续表

项目名称	变电抗式传感器及应用		学生姓名	
任务应用	电涡流式传感器的应用		日期	
学习形式	独立完成□　　小组协作□			
任务要求	（3）当金属接近传感器的距离达到一定阈值时能够发出声光报警； （4）鼓励采用单片机为控制单元，并酌情加分； （5）最终上交调试成功的实验系统——金属探测器； （6）要求有每个步骤的文字材料，包括原理图、使用说明、元件清单、进程表、调试过程描述等			

序号	考核项目	要求	评分标准	比例	得分
1	工艺	板面元件的布置 布线 焊点质量	板面元件布置合理，输出LED 有说明； 布线工艺良好，横平竖直； 焊点圆、滑、亮	20	
2	功能	电源电路 蜂鸣器报警 灵敏度调节 接近金属报警	电源正常，未烧坏元件； 蜂鸣器发声位置正常； 灵敏度可以通过 R_P 调节； 在一定距离内接近金属报警	50	
3	资料	Protel 电路图 汇报 PPT（上交） 调试记录（上交） 训练报告（上交） 产品说明书（上交）	电路图绘制正确； PPT 能够说明过程，汇报语言等表现好； 记录能反映调试过程，故障处理明确； 包含所有环节，说明清楚； 能够有效指导用户使用	30	
成绩：			教师签字：		

【任务总结】

电涡流式传感器是 20 世纪 70 年代以来得到迅速发展的一种传感器，它利用电涡流效应进行工作。由于它结构简单、灵敏度高、频响范围宽、不受油污等介质影响，并能进行非接触测量、适用范围广，一问世就受到各国的重视。因此，要会分析和使用电涡流式传感器。应用电涡流式传感器可实现多种物理量的测量，也可用于无损探伤。

任务三　电容式传感器及应用

【任务描述】

通过本任务的学习，学生应达到的教学目标如下。

【知识目标】

（1）掌握电容式传感器的工作原理。

（2）了解电容式传感器的基本结构、工作类型及其各自的特点。

（3）了解电容式传感器的测量电路及其工作原理。

（4）掌握电容式传感器的使用方法及应用。

【技能目标】

（1）能分析和处理信号电路的常见故障。

（2）能选择和应用电容式传感器。

【任务分析】

电容式传感器是将被测非电量的变化转换为电容变化量的一种传感器。它不但广泛应用于加速度、位移、振动、角度等机械量的精密测量，而且还逐步扩大，应用于压力、液面、料面、成分含量等方面的测量。这种传感器具有结构简单、灵敏度高、动态响应特性好、适应性强、抗过载能力大及价格便宜等一系列优点，随着集成电路技术和计算机技术的发展促使它扬长避短，成为一种很有发展前途的传感器。

【知识准备】

做以下的实验：将两片直径为 30 mm 的圆形铜片相互接近，用万用表的电容 1 000 pF 量程测量两者之间的电容量。

可以看到，随着两者的靠近，电容量从 0 pF 逐渐增大。在短路之前，大约可增大到 30 pF。

请学生在两者之间逐渐插入塑料薄膜，可以观察到电容量逐渐增大，可达到 40 pF 左右。

保持两者的距离，将这两片铜片向水平方向分开，可以看到万用表所指示的电容量逐渐减小。

从以上实验可引入第一个问题：电容式传感器的工作原理是什么。

一、电容式传感器的工作原理及结构形式

电容式传感器的工作原理可以用图 3-33 所示的平板电容器来说明。当忽略边缘效应时，其电容量为

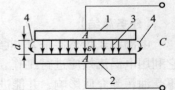

$$C = \frac{\varepsilon A}{d} = \frac{\varepsilon_0 \varepsilon_r A}{d} \qquad (3-9)$$

式中 A——两极板相互遮盖的有效面积；

d——两极板间的距离，也称为极距；

ε——两极板间介质的介电常数；

ε_r——两极板间介质的相对介电常数；

ε_0——真空的介电常数，$\varepsilon_0 = 8.85 \times 10^{-12}$ F/m。

图 3-33 平板电容器

1—上极板；2—下极板；
3—电力线；4—边缘效应

分析式（3-9）可得出结论：在 A、d、ε 这 3 个参量中，改变其中任意一个量，均可使电容量 C 改变。也就是说，电容量 C 是 A、d、ε 的函数，固定 3 个参量中的两个，可以制成以下几种类型的电容式传感器，即

变面积式、变极距式、差动式及变介电常数式电容传感器。

1. 变面积式电容传感器

变面积式电容传感器的结构及原理如图 3 – 34 所示。

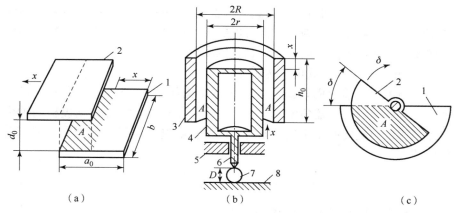

图 3 – 34 变面积式电容传感器的结构及原理

（a）平板形直线位移式；（b）圆筒形直线位移式（剖面图）；（c）半圆形角位移式

1—定极板；2—动极板；3—外圆筒；4—内圆筒；5—导轨；6—测杆；7—被测物；8—水平基准

1）平板形直线位移式变面积式电容传感器

图 3 – 34 中的极板 2 可以左右移动，称为动极板；极板 1 固定不动，称为定极板。

设两极板原来的遮盖长度为 a_0，极板宽度为 b，极距固定为 d_0，当动极板随被测物体向左移动 x 后，两极板的遮盖面积 A 将减小，电容也随之减小，电容 C_x 为

$$C_x = \frac{\varepsilon b (a_0 - x)}{d_0} = C_0 \left(1 - \frac{x}{a_0}\right) \qquad (3-10)$$

$$C_0 = \frac{\varepsilon b a_0}{d_0}$$

式中 C_0——初始电容值。

此传感器的灵敏度 K_x 为

$$K_x = \frac{\mathrm{d}C_x}{\mathrm{d}x} = -\frac{\varepsilon b}{d_0} \qquad (3-11)$$

由式（3 – 11）可知，变面积式电容传感器的灵敏度与极板间距成反比，适当减小极板间距可提高灵敏度。

2）同心圆筒形变面积式电容传感器

图 3 – 34（b）中的外圆筒不动，内圆筒在外圆筒内做上、下直线运动。设内圆筒的外半径、外圆筒的内半径分别为 R 和 r，两者原来的遮盖长度为 h_0，电容量与位移成正比，有

$$C_x = \frac{2\pi\varepsilon(h_0 - x)}{\ln\left(\dfrac{R}{r}\right)} = C_0 \left(1 - \frac{x}{h_0}\right) \qquad (3-12)$$

此传感器的灵敏度 K_x 为

$$K_x = \frac{\mathrm{d}C_x}{\mathrm{d}x} = -\frac{2\pi\varepsilon}{\ln\left(\dfrac{R}{r}\right)} \tag{3-13}$$

由式（3-13）可知，内、外圆筒的半径差越小，灵敏度越高。实际使用时，外圆筒必须接地，这样可以屏蔽外界电场干扰，并且能减小周围人体及金属体与内圆筒的分布电容，以减小误差。

3）角位移变面积式电容传感器

半圆形角位移变面积式电容传感器结构如图 3-34（c）所示。设两极板完全遮盖时，遮盖角度 $\theta_0 = \pi$，初始电容 $C_0 = \varepsilon A_0 / d_0$，动极板的轴由被测物体带动旋转一个角位移 θ 时，两极板的遮盖面积 A 就减小，因而电容也随之减小。

$$C_\theta = \frac{\varepsilon A_0}{d_0}\left(1 - \frac{\theta}{\pi}\right) = C_0\left(1 - \frac{\theta}{\pi}\right) \tag{3-14}$$

此传感器的灵敏度 K_θ 为常数，即

$$K_\theta = \frac{\mathrm{d}C_\theta}{\mathrm{d}\theta} = -\frac{\varepsilon A_0}{\pi d_0} \tag{3-15}$$

实际使用中，可增加动极板的数目，使多片同轴动极板在等间隔排列的定极板间隙中转动，以提高灵敏度。由于动极板与轴连接，所以一般动极板接地，但必须制作一个接地的金属屏蔽盒，将定极板屏蔽起来。

由式（3-11）、式（3-13）、式（3-15）可知，变面积式电容传感器的灵敏度是常数，输出特性是线性的。变面积式电容传感器多用于检测直线位移、角位移、尺寸等参量，还可以制作成变面积式的容栅，用于微小位移的测量。

2. 变极距式电容传感器

变极距式电容传感器有一个定极板和一个动极板，如图 3-35 所示，当动极板随被测量变化而移动时，两极板的间距 d 就发生了变化，从而也就改变了两极板间的电容量 C。

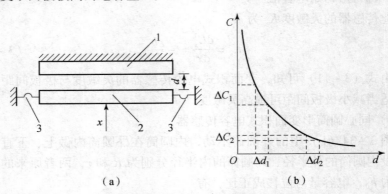

图 3-35 变极距式电容传感器

（a）结构示意图；（b）电容量与极板距离的关系

1—定极板；2—动极板；3—弹性膜片

设动极板在初始位置时与定极板的间距为 d_0，此时的初始电容量为 $C_0 = \dfrac{\varepsilon A}{d_0}$，当可动极板向上移动 x 时，电容的增加量为

$$C_x = \frac{\varepsilon A}{d_0 - x} = C_0 \left(1 + \frac{x}{d_0 - x}\right)$$

$$\Delta C = C_x - C_0 = \frac{x}{d_0 - x} C_0 \qquad (3-16)$$

式（3-16）说明，C_x 与 x 不是线性关系。其灵敏度 K_x 不是常数，即

$$K_x = \frac{\mathrm{d}C_x}{\mathrm{d}x} = \frac{\varepsilon A}{(d_0 - x)^2} \qquad (3-17)$$

由式（3-17）和图 3-35（b）可知，当 d_0 较小时，对于同样的位移 x 或 Δd，所引起的电容变化量比 d_0 较大时的 ΔC 大得多，即灵敏度较高。所以，实际使用时，总是使初始极距 d_0 尽量小些，以提高灵敏度。但这也带来了变极距式电容器的行程较小的缺点。

一般变极距式电容传感器起始电容设置在十几皮法至几十皮法、极距 d_0 设置在 $100 \sim 1\,000\ \mu\mathrm{m}$ 的范围内较为妥当。最大位移应该小于两极板间距的 1/4，电容的变化可高达 $2 \sim 3$ 倍。近年来，随着计算机技术的发展，电容式传感器大多都配置了单片机，所以其非线性误差可用微机来计算修正。

在手机、收音机等接收高频信号的设备中，使用变容二极管来微调谐振频率，当施加在变容二极管两端的反向偏置电压增加时，变容二极管的 PN 结变厚，等效电容减小，相当于一个变极距式电容器。

3. 差动式电容传感器

为了提高传感器的灵敏度，减小非线性，常常把传感器制成差动形式。图 3-36（a）所示为差动变极距式电容传感器的结构示意图。中间为动极板（接地），上下两块为定极板。当动极板向上移动 Δx 以后，C_1 的极距变为 $d_0 - \Delta x$，而 C_2 的极距变为 $d_0 + \Delta x$，电容 C_1 和 C_2 形成差动变化，经过信号测量转换电路后，灵敏度提高近一倍，线性也得到改善。外界的影响如温度、激励源电压、频率变化等也基本能相互抵消。

4. 变介电常数式电容传感器

因为各种介质的相对介电常数不同，所以在电容器两极板间插入不同介质时，电容器的电容也就不同，利用这种原理制作的电容式传感器称为变介电常数式电容传感器，它们常用来检测片状材料的厚度、性质以及颗粒状物体的含水量和测量液体的液位等，变介电常数式电容传感器如图 3-37 所示。表 3-4 列出了几种介质的相对介电常数。

当某种被测介质处于两极板间时，介质的厚度 δ 越大，电容 C_δ 也就越大。C_δ 等效于空气所引起的电容 C_1 和被测介质所引起的电容 C_2 的并联，即

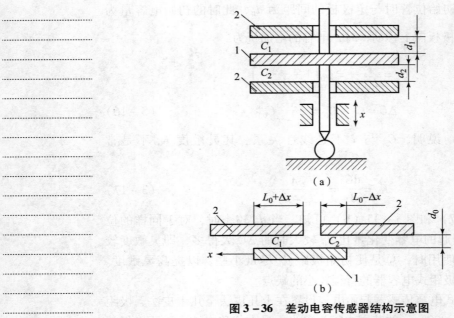

(a)

(b)

图3-36　差动电容传感器结构示意图

（a）差动变极距式；（b）差动变面积式

1—动极板；2—定极板

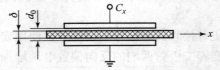

图3-37　变介电常数式电容传感器

表3-4　几种介质的相对介电常数

介质名称	相对介电常数 ε_r	介质名称	相对介电常数 ε_r
真空	1	玻璃釉	3～5
空气	略大于1	SiO_2	38
其他气体	1～1.2[①]	云母	5～8
变压器油	2～4	干的纸	2～4
硅油	2～3.5	干的谷物	3～5
聚丙烯	2～2.2	环氧树脂	3～10
聚苯乙烯	2.4～2.6	高频陶瓷	10～160
聚四氟乙烯	2.0	低频陶瓷、压电陶瓷	1 000～10 000
聚偏二氟乙烯	3～5	纯净的水	80
①相对介电常数的数值视该介质的成分和化学结构不同而有所区别，以下同。			

$$C_\delta = \frac{1}{\dfrac{1}{C_1} + \dfrac{1}{C_2}} = \frac{1}{\dfrac{1}{\dfrac{\varepsilon_0 A}{d-\delta}} + \dfrac{1}{\dfrac{\varepsilon_0 \varepsilon_r A}{\delta}}} = \frac{\varepsilon_0 A}{d - \delta + \dfrac{\delta}{\varepsilon_r}} \qquad (3-18)$$

式中　C_1——空气介质引起的等效电容；

　　　C_2——被测介质引起的等效电容；

　　　δ——介质的厚度；

　　　d——极距。

不同介质对变介电常数电容器的影响很大。

当介质厚度 δ 保持不变而相对介电常数 ε_r 改变时，该电容器可作为相对介电常数 ε_r 的测试仪器。又如，当空气湿度变化，介质吸入潮气（$\varepsilon_{r水}=80$）时，电容将发生较大的变化。因此，该电容器又可作为空气相对湿度传感器；反之，若 ε_r 不变，则可作为检测介质厚度的传感器。

图 3-38（a）所示的电容液位计也可以理解成变介电常数式电容传感器。当被测液体（绝缘体）的液面在两个同心圆金属管状电极间上下变化时，引起两电极间不同介电常数介质（上半部分为空气，下半部分为液体）的高度变化，因而导致总电容的变化。

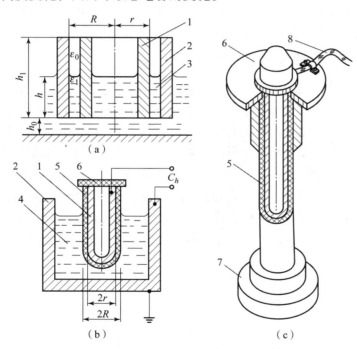

图 3-38　电容液位计

（a）同轴内外金属管式；（b）金属管外套聚四氟乙烯套管式；

（c）带底座的电容液位传感器的结构

1—内圆筒；2—外圆筒；3—被测绝缘液体；4—被测导电液体；5—聚四氟乙烯套管；

6—顶盖；7—绝缘底座；8—信号传输屏蔽电缆

电容 C_h 与液面高度 h（从管状电极底部算起）的关系式为

$$C_h = C_{空} + C_{液} = \frac{2\pi(h_1 - h)\varepsilon_0}{\ln\left(\dfrac{R}{r}\right)} + \frac{2\pi h\varepsilon_1}{\ln\left(\dfrac{R}{r}\right)}$$

$$= \frac{2\pi h_1 \varepsilon_0}{\ln\left(\frac{R}{r}\right)} + \frac{2\pi(\varepsilon_1 - \varepsilon_0)}{\ln\left(\frac{R}{r}\right)}h = \frac{2\pi\varepsilon_0}{\ln\left(\frac{R}{r}\right)}\left[h_1 + (\varepsilon_{r1} - 1)h\right] \quad (3-19)$$

式中　h_1——电容器极板高度；

　　　r——内圆管状电极的外半径；

　　　R——外圆管状电极的内半径；

　　　h——不考虑安装高度时的液位；

　　　ε_0——真空介电常数（空气的介电常数与之相近）；

　　　ε_{r1}——被测液体的相对介电常数；

　　　ε_1——被测液体的介电常数；$\varepsilon_1 = \varepsilon_{r1}\varepsilon_0$。

当液罐外壁是导电金属时，可以将液罐外壁接地，并作为液位计的外电极，如图3-38（b）所示。当被测介质是导电的液体（如水溶液）时，则内电极应采用金属管外套聚四氟乙烯套管式电极，而且这时的外电极也不再是液罐外壁，而是该导电介质本身。这时内、外电极的极距只是聚四氟乙烯套管的壁厚。以上讨论的电容液位计的工作原理也可用上、下两段不同面积、不同介电常数的电容之和来理解。

二、电容式传感器的测量转换电路

电容式传感器的输出电容值一般十分微小，几乎都在几皮法至几十皮法之间，如此小的电容量不便于直接测量和显示，因而必须借助一些测量电路，将微小的电容值成比例地换算为电压、电流或频率信号。电容式传感器的测量转换电路种类很多，下面介绍一些常用的测量电路。

1. 桥式电路

图3-39所示为电容式传感器的桥式转换电路。图3-39（a）所示为单臂接法的桥式测量电路，高频电源经变压器接到电容桥的一个对角线上，电容 C_1、C_2、C_3、C_x 构成电桥的四臂，C_x 为电容式传感器。交流电桥平衡时，有 $C_1/C_2 = C_x/C_3$。

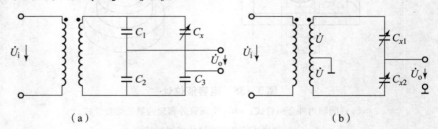

（a）　　　　　　　　　　　　　　　（b）

图3-39　电容式传感器的桥式转换电路

（a）单臂接法；（b）差动接法

当 C_x 改变时，$U_o \neq 0$，有输出电压。在图3-39（b）中，接有差动式电容传感器，其空载输出电压可用式（3-20）表示，即

$$U_o = \frac{C_{x1} - C_{x2}}{C_{x1} + C_{x2}}\frac{\dot{U}}{2} = \pm\frac{\Delta C}{C_0}\frac{\dot{U}}{2} \quad (3-20)$$

式中 C_0——传感器的初始电容值；

ΔC——传感器电容的变化值。

差动接法的变压器交流电桥电路如图 3 – 39（b）所示，其中相邻两臂接入差动结构的电容式传感器。

该线路的输出还应经过相敏检波电路才能分辨 U_o 的相位。

2. 调频电路

这种电路是将电容式传感器作为 LC 振荡器谐振回路的一部分，或作为晶体振荡器中石英晶体的负载电容。当电容式传感器工作时，电容 C_x 发生变化，使振荡的频率 f 发生相应的变化。由于振荡器的频率受电容式传感器的电容调制，这样就实现了 C/f 的变换，故称为调频电路。图 3 – 40 所示为 LC 振荡器调频电路框图。调频振荡器的频率可由式（3 – 21）决定，即

$$f = \frac{1}{2\pi \sqrt{L_0 C}} \qquad (3-21)$$

式中 L_0——振荡回路电感；

C——振荡回路总电容。

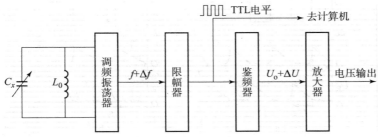

图 3 – 40 LC 振荡器调频电路框图

C 包括传感器电容 C_x、谐振回路中的微调电容 C_1 和传感器电缆分布电容 C_c，即

$$C = C_x + C_1 + C_c \qquad (3-22)$$

振荡器输出的高频电压是一个受被测量控制的调频波，频率的变化在鉴频器中变换为电压幅度的变化，经过放大器放大后就可用仪表来指示。

这种转换电路抗干扰能力强，能取得高电平的直流信号（伏特数量级）。缺点是振荡频率受电缆电容的影响大。随着电子技术的发展，人们直接将振荡器装在电容传感器旁，克服了电缆电容的影响。

3. 脉冲宽度调制电路

脉冲宽度调制电路是利用对传感器电容的充放电，使电路输出脉冲的宽度随电容式传感器的电容量变化而改变，通过低通滤波器得到对应于被测量变化的直流信号。脉冲宽度调制电路如图 3 – 41 所示。

它利用传感器电容充放电，使电路输出脉冲的占空比随电容量的变化而变化，再通过低通滤波器得到对应于被测量变化的直流信号。各点的输出波形如图 3 – 42 所示。

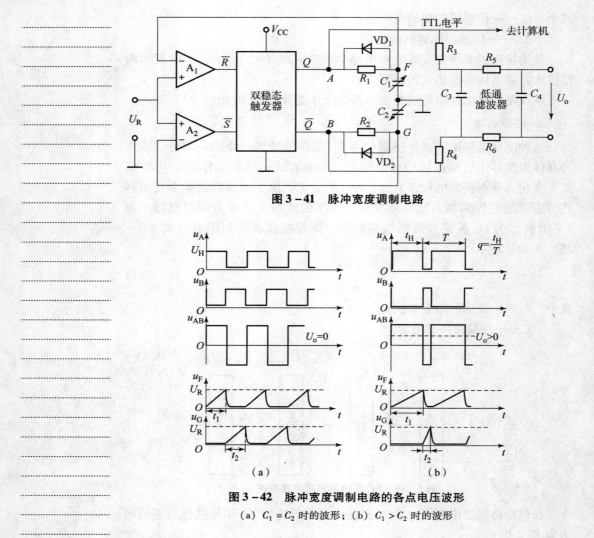

图 3-41 脉冲宽度调制电路

图 3-42 脉冲宽度调制电路的各点电压波形

（a）$C_1 = C_2$ 时的波形；（b）$C_1 > C_2$ 时的波形

当电阻 $R_1 = R_2 = R$，$C_1 = C_0 + \Delta C$，$C_2 = C_0 - \Delta C$ 时，则有

$$U_o = \frac{C_1 - C_2}{C_1 + C_2} U_H = \frac{2\Delta C}{2C_0} U_H = \frac{\Delta C}{C_0} U_H \qquad (3-23)$$

由此可知，差动脉冲宽度调制电路的输出电压与电容变化呈线性关系。

三、 电容式传感器的应用

电容式传感器不但广泛用于位移、振动、角度、加速度等机械量的精密测量，而且还逐步扩大到用于压力、差压、液位、物位或成分含量等方面的测量。

利用极距变化的原理，可以测量振动、压力；利用相对面积变化的原理，可以精确地测量角位移和直线位移，构成电子千分尺；利用介电常数变化的原理，可以测量空气相对湿度、液位、物位等。

1. 电容式压力传感器

图 3-43 所示为电容式差压传感器结构示意图。该传感器主要由一个活动电极、两个固定电极和 3 个电极的引出线组成。活动电极为圆形薄金属膜片，它既是动电极，又是压力的敏感元件；固定电极为两块中凹的玻璃圆片，在中凹内侧，即相对金属膜片侧，镀上具有良好导电性能的金属层。

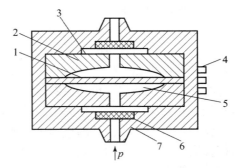

图 3-43　电容式差压传感器结构

1—金属膜片；2—镀金玻璃圆片；3—金属涂层；
4—输出端子；5—空腔；6—过滤器；7—壳体

当被测压力通过过滤器 6 进入空腔 5 时，金属膜片 1 在两侧压力差作用下，将凸向压力低的一侧。膜片和两个镀金玻璃圆片 2 之间的电容量发生变化，由此可测得压力差。这种传感器分辨率很高，常用于气、液的压力或压差及液位和流量的测量。

2. 电容式加速度传感器

微电子机械系统（MEMS）技术可以将一块多晶硅加工成多层结构，制作"三明治"摆式硅微电容加速度传感器。在硅衬底上，制造出 3 个多晶硅电极，组成差动电容 C_1、C_2。图 3-44 中的底层多晶硅和顶层多晶硅固定不动。中间层多晶硅是一个可以上下微动的振动片，其左端固定在衬底上，所以相当于悬臂梁。它的核心部分只有 $\phi 3$ mm 左右，与测量转换电路一起封装在贴片 IC 中。工作电压为 $2.7 \sim 5$ V，加速度测量范围为几十 g，可输出与加速度成正比的电压。

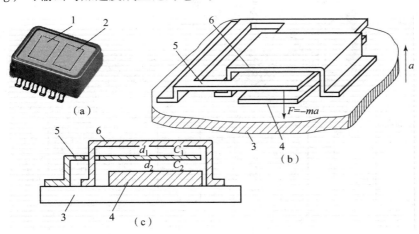

图 3-44　硅微电容加速度传感器结构示意图

（a）贴片封装外形；（b）"三明治"多晶硅多层结构；（c）加速度测试单元的工作原理

1—加速度测试单元；2—信号调理单元；3—衬底；4—底层多晶硅（下电极）；

5—多晶硅悬臂梁；6—顶层多晶硅（上电极）

当电容式加速度传感器感受到上下方向的振动时，C_1、C_2 为差动变化。与加速度测试单元装在同一壳体中的信号调理电路将 ΔC 转换成直流输出电压。它的激励源也装在同一壳体内，所以集成度很高。由于硅的弹性滞后很小，且悬臂梁的质量很轻，所以频率响应可达 1 kHz 以上，允许的撞击加速度可达 $100g$ 以上。

将该电容式加速度传感器安装在炸弹上，可以控制炸弹爆炸的延时时刻；安装在轿车上，可以作为碰撞传感器。当正常刹车和轻微碰擦时，传感器输出信号较小，当其测得的负加速度值超过设定值时，CPU 判断发生碰撞，启动轿车前部的折叠式安全气囊迅速充气而膨胀，托住驾驶员及前排乘客的胸部和头部。

3. 电容式接近开关

电容式接近开关也属于一种具有开关量输出的位置传感器，它的测量头通常是构成电容器的一个极板，而另一个极板是物体本身，当物体移向接近开关时，物体和接近开关的介电常数发生变化，使得和测量头相连的电路状态也随之发生变化，由此便可控制开关的接通和关断。这种接近开关的检测物体，并不限于金属导体，也可以是绝缘的液体或粉状物体，在检测较低介电常数 ε 的物体时，可以沿顺时针方向调节多圈电位器（位于开关后部）来增加感应灵敏度，一般调节电位器可使电容式接近开关在较大的位置动作。

图 3-45 是圆柱形电容式接近开关的结构及原理框图，被测物体与电容式接近开关的感应电极间的位置信号被转换为振荡电路的频率，经信号处理电路，由开关量信号输出。

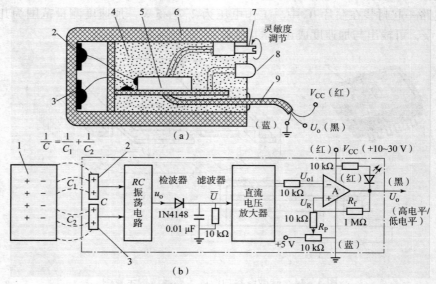

图 3-45　圆柱形电容式接近开关的结构及原理框图

(a) 结构示意图；(b) 调幅式测量转换电路原理框图

1—被测物；2—上检测极板（或内圆电极）；3—下检测极板（或外圆电极）；4—充填树脂；

5—测量转换电路板；6—塑料外壳；7—灵敏度调节电位器 R_P；8—动作指示灯；

9—电缆；U_R—比较器的基准电压

4. 电容式油量表

当油箱中无油时，电容式传感器的电容量 $C_x = C_{x0}$，调节匹配电容使 $C_0 = C_{x0}$，$R_4 = R_3$；并使调零电位器 R_P 的滑动臂位于 0 点，即 R_P 的电阻值为 0，如图 3-46 所示。此时，电桥满足 $C_x / C_0 = R_4 / R_3$ 的平衡条件，电桥输出为零，伺服电动机不转动，油量表指针偏转角 $\theta = 0$。

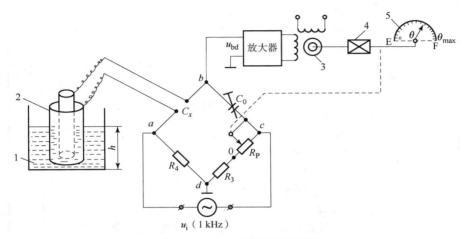

图 3-46　电容式油量表示意图
1—油箱；2—圆柱形电容器；3—伺服电动机；4—减速箱；5—油量表

当油箱中注入油时，液位上升至 h 处，$C_x = C_{x0} + \Delta C_x$，而 ΔC_x 与 h 成正比，此时电桥失去平衡，电桥的输出电压 U_o 经放大后驱动伺服电动机，再由减速箱减速后带动指针顺时针方向偏转，同时带动 R_P 的滑动臂移动，从而使 R_P 阻值增大，$R_{cd} = R_3 + R_P$ 也随之增大。当 R_P 阻值达到一定值时，电桥又达到新的平衡状态，$U_o = 0$，于是伺服电动机停转，指针停留在转角 θ_{x1} 处。可从油量刻度盘上直接读得液位高度 h。

当油箱中的油位降低时，伺服电动机反转，指针沿逆时针方向偏转（示值减小），同时带动 R_P 的滑动臂移动，使 R_P 阻值减小。当 R_P 阻值达到一定值时，电桥又达到新的平衡状态，$U_o = 0$，于是伺服电动机再次停转，指针停留在与该液位相对应的转角 θ_{x2} 处，由此可判断油箱的油量。

【任务实施】

项目名称	变电抗式传感器及应用		学生姓名	
任务应用	电容式压力变送器的应用		日期	
学习形式	独立完成□　　　小组协作☑			
实施目的	学生以小组为单位，进行电容式压力变送器应用训练： （1）针对水箱水位检测要求，确定液位传感器类型； （2）分析制订安装位置、实施效果检测方案进行成本分析； （3）学生现场安装、连接和调试液位传感器电路； （4）学生通过电容式压力变送器应用训练了解电容式传感器的工作原理、测量电路及应用方法			

项目名称	变电抗式传感器及应用		学生姓名	
任务应用	电容式压力变送器的应用		日期	
学习形式	独立完成□ 小组协作☑			
任务要求	（1）用差压变送器正确测量液位； （2）了解几种常用气体、液体、固体介质的相对介电常数； （3）熟悉电容式差压变送器的使用方法； （4）了解压力和液位的测量			

序号	考核项目	要求	评分标准	比例	得分
1	资料	• 任务分析 • 信息运用能力 • 工作计划	• 电容式传感器相关说明书 • 传感器的选型 • 安装过程 • 工具准备	20	
2	安装实施	• 分析项目制订工作步骤 • 传感器安装 • 团结协作 • 调试过程 • 发现、解决问题 • 检查验收	• 工作步骤正确 • 传感器安装工作正常 • 元件没有损坏 • 测量结果正确和电路安全 • 操作熟练	50	
3	检查	• 安装调试记录（上交） • 训练报告（上交）	• PPT能够说明过程 • 汇报语言等表现好 • 记录能反映调试过程 • 故障处理明确 • 训练环节说明清楚 • 训练收获与体会	30	
成绩：			教师签字：		

【任务总结】

电容式传感器是将被测量的变化转换为电容量变化的一种传感器。它具有结构简单、分辨率高、抗过载能力强、动态特性好等优点，且能在高温、辐射和强烈振动等恶劣条件下工作。电容式传感器分成3种类型，即变面积式、变极距式与变介电常数式。当忽略边缘效应时，变面积式和变介电常数式电容传感器具有线性的输出特性，变极距式电容传感器的输出特性是非线性的，为此可采用差动结构以减小非线性。

【项目评价】

根据任务实施情况进行综合评议。

评定人/任务	操作评议	等级	评定签名
自评			
同学互评			
教师评价			
综合评定等级			

【拓展提高】

一、 带材厚度的测量

在板材轧制过程中，需对所轧制金属板材的厚度进行监测，以保证产品质量。现要求选择器件把板材厚度信号转换为电信号并完成信号处理，使最终输出的电信号与板材厚度呈线性关系。

1. 确定测量用传感器

被测金属带材与其两侧电容极板构成两个电容 C_1 和 C_2，把两电容极板连接起来，并用引出线引出，它们和带材间的电容为 C。另外，从带材上也引出一根引线，即把电容连接成并联形式，则电容测厚仪输出的总电容 $C = C_1 + C_2$。当带材厚度发生变化时，将会导致两个电容器 C_1、C_2 的极距发生变化，从而使电容值也随之变化。把变化的电容送到转换电路，最后由仪表指示出金属带材变化的厚度，如图 3-47 所示。

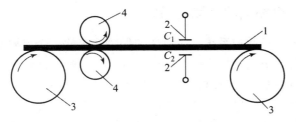

图 3-47 电容测厚仪工作原理
1—金属带材；2—电容极板；3—传动轮；4—轧辊

金属带材在轧制过程中不断向前送进，如果带材厚度发生变化，将引起带材与上、下两个极板间间距的变化，即引起电容量的变化。

2. 确定测量电路

测量电路选用交流单臂桥式电路。图 3-48 所示为单臂接法交流电桥电路，把电容测厚仪输出的总电容 C 作为交流电桥的一个臂，$C = C_0 + \Delta C$ 为电容式传感器的输出电容，C_1、C_2、C_3 为固定电容，将高

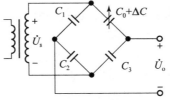

图 3-48 单臂接法交流电桥电路

频电源电压 $\dot{U}_s$ 加到电桥的一对角上，电桥的另一对角线输出电压 $\dot{U}_o$。

在电容式传感器未工作时，先将电桥调到平衡状态，即 $C_0 C_2 = C_1 C_3$，$\dot{U}_o = 0$。

当被测参数变化而引起电容式传感器的输出电容变化 ΔC 时，电桥失去平衡，输出电压 $\dot{U}_o$ 随着 ΔC 变化而变化。

$$\dot{U}_o = \frac{\dfrac{1}{j\omega C_1}}{\dfrac{1}{j\omega C_1} + \dfrac{1}{j\omega C_2}} \dot{U}_s - \frac{\dfrac{1}{j\omega (C_0 + \Delta C)}}{\dfrac{1}{j\omega C_3} + \dfrac{1}{j\omega (C_0 + \Delta C)}} \dot{U}_s$$

$$= \frac{j\omega C_2}{j\omega C_1 + j\omega C_2} \dot{U}_s - \frac{j\omega C_3}{j\omega C_3 + j\omega (C_0 + \Delta C)} \dot{U}_s$$

若 $C_1 = C_2 = C_3 = C_0$，则

$$\dot{U}_o = \frac{1}{2} \dot{U}_s - \frac{C_0}{2C_0 + \Delta C} \dot{U}_s = \frac{1}{2} \dot{U}_s - \frac{1/2}{1 + \dfrac{\Delta C}{2C_0}} \dot{U}_s \qquad (3-24)$$

由式（3-24）可知，电容的变化 ΔC 引起电桥输出的变化，输出电压 U_o 与被测电容 ΔC 之间呈非线性对应关系。

输出电压 U_o 经过放大、检波、滤波电路，再经过不同厚度钢板对应输出值的标定，最后在仪表上显示出带材的厚度。这种测厚仪的优点是带材的振动不影响测量精度。

二、 飞机燃油油量测量系统

飞机燃油油量测控系统是飞机燃油保障系统的一个重要装置，它的测量结果是飞行员决定飞机飞行航程的依据之一。燃油油量测量系统传感器的功能是飞机在水平飞行时，能够准确地测量每组油箱的剩余油量以维持对飞机发动机的自动供油，使飞机能够正常飞行。现要选择器件把燃油油量转换为电信号并完成信号处理，使最终输出的电信号与燃油油量成一一对应关系。

1. 确定测量用传感器

采用由一组同轴安装在一起的铝合金管组成圆柱式电容传感器，并把传感器垂直安装在油箱内，两个内外管相当于电容器的极板，极板间保持一定的间隙，可以通过燃油界面的变化测量剩余油量。

图 3-49 所示为电容式液面计的原理图。电容器浸入部分和伸出油面部分极板间的介质不同，ε_x 为被测燃油介电常数，ε 为空气和燃油的混合气体（近似于空气）的介电常数。燃油浸没电极的高度就是被测量 x，内外管总的高度为 h。当不考虑边缘效应时，该电容器的总电容 C 等于上半部分的电容 C_1 与下半部分的电容 C_2 的并联，即 $C = C_1 + C_2$。因为

$$C_1 = \frac{2\pi\varepsilon (h-x)}{\ln \dfrac{R}{r}}$$

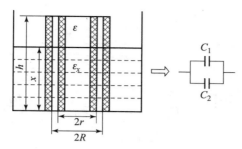

图 3 - 49　电容式液面计的原理图

$$C_2 = \frac{2\pi\varepsilon_x \cdot x}{\ln\dfrac{R}{r}}$$

所以

$$C = C_1 + C_2 = \frac{2\pi(\varepsilon h - \varepsilon x + \varepsilon_x x)}{\ln\dfrac{R}{r}} = \frac{2\pi\varepsilon h}{\ln\dfrac{R}{r}} + \frac{2\pi(\varepsilon_x - \varepsilon)}{\ln\dfrac{R}{r}}x = a + bx$$

$$(3 - 24)$$

式中，$a = \dfrac{2\pi\varepsilon h}{\ln\dfrac{R}{r}}$，$b = \dfrac{2\pi(\varepsilon_x - \varepsilon)}{\ln\dfrac{R}{r}}$，均为常数。

当油箱未加油时，以空气为介质；加油后，则以燃油为介质，所以当油箱内燃油油面高度发生变化时，就会使传感器电容量发生微小的变化，使电容量随着液面高度变化呈线性变化。

测量到电容增量 ΔC 为

$$\Delta C = \frac{2\pi x(\varepsilon_x - \varepsilon)}{\ln\dfrac{R}{r}} \qquad (3 - 25)$$

式（3 - 25）说明，适当减小内外筒之间的间隙和增大内外筒的半径，可以使得测量的灵敏度增加，但是间隙减小可能降低传感器抗污染能力（如霉变、水蚀等情况），并且承受绝缘电阻减小的危险，相应地，装配难度也增大。设计时应在两个极板间垫上一组高介电常数的薄片（衬块）进行绝缘，以改善绝缘电阻。

2. 确定测量电路

圆柱式电容传感器将被测量油面数据转换为电容的变化后，需要采用一定的信号转换电路将其转换为电压、电流或频率信号输送给不同的指示装置，最终显示出测量的油量。

1）交流阻容平衡电桥式测量（指针指示器）

选用交流阻容式自动平衡电桥对传感器电容的增量进行测量，并通过随机指示器的指针指示出油箱的储油量。飞机燃油测量系统对燃油测量可采用的基本原理电路如图 3 - 50 所示。

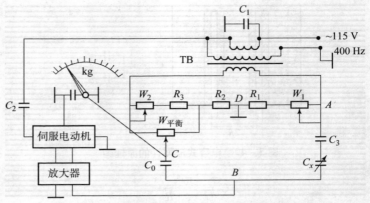

图 3 - 50　交流阻容平衡电桥式测量系统原理图

电桥的 4 个桥臂为 AB、BC、AD 和 DC，把燃油传感器输出电容 C_x 作为电桥的可变臂，电容 C_0 为电桥的固定臂；另外两个桥臂则由电阻 R 和电位器 W 组成。电桥电源经变压器 TB 的次级线圈供给。设定燃油油量为某正常值时，电桥处于平衡状态，那么电桥对角线 BD 两点之间没有电位差，指示器的指针指示在某一固定位置。当油箱中燃油储量发生变化而引起传感器上 C_x 电容量的变化时，电桥失去平衡，BD 两点间有电压信号输出。经过放大器放大后输出至伺服电动机并带动减速器指针及固定在指针轴上的平衡电位器 $W_{平衡}$ 的电刷移动，使传感器桥臂 DC 的阻值向恢复电桥平衡的方向变化，致使电桥重新平衡。此时，伺服电动机停止转动，指示器指针的偏转显示出剩余燃油量。

2）数字式高精度测量电桥（计算机处理和液晶显示指示器）

数字式飞机燃油油量测量系统由油量传感器、补偿传感器、信号装置、测量计算机、控制器和相关电缆组成，利用激励源产生的正弦波信号，测试装在油箱中的电容式传感器的电容量和补偿传感器对介质的密度补偿信号，经 CPV 变换电路将传感器电容量转换为交流电压信号，通过 ACPDC 变换电路取出平均电压，将模拟信号送入 APD 转换器变为数字信号，数字信号经测量计算机（单片机）处理后，求出液面高度。由已知的油箱曲线可求出燃油的容积，从而得出燃油油量。再经过机载液晶指示器显示出来，实现飞机油箱油量的实时测量和指示。其工作框图如图 3 - 51 所示。

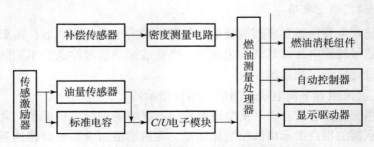

图 3 - 51　数字式油量测量原理框图

【练习与思考】

1. 选择题

（1）欲测量微小（如 50 μm）的位移，应选择（ ）自感传感器。希望线性好、灵敏度高、量程为 1 mm 左右、分辨力为 1 μm 左右，应选择（ ）自感传感器为宜。

A. 变隙式   B. 变面积式

C. 螺线管式   D. 互感式

（2）螺线管式自感传感器采用差动结构是为了（ ）。

A. 加长绕组的长度从而增加线性范围

B. 提高灵敏度，减小温漂

C. 降低成本

D. 增加绕组对衔铁的吸引力

（3）自感传感器或差动变压器采用相敏检波电路最重要的目的是为了（ ）。

A. 提高灵敏度

B. 将传感器输出的交流信号转换成直流信号

C. 使检波后的直流电压能反映检波前交流信号的相位和幅度

D. 将传感器输出的直流信号转换成交流信号

（4）电涡流探头的外壳用（ ）制作较为恰当。

A. 不锈钢   B. 塑料

C. 黄铜   D. 玻璃

（5）当电涡流线圈靠近非磁性导体（铜）板材后，线圈的等效电感 L（ ），调频转换电路的输出频率 f（ ）。

A. 不变   B. 增大

C. 减小   D. 随机变化

（6）电子卡尺的分辨力可达 0.01 mm，直线行程可达 200 mm，它的内部所采用的"容栅传感器"由动极板与定极板构成，两者之间的极距保持不变，但可以左右相对移动，其工作原理属于（ ）电容传感器。

A. 变极距式   B. 变面积式

C. 变介电常数式   D. 变隙式

（7）在电容式传感器中，若采用调频法测量转换电路，则电路中（ ）。

A. 电容和电感均为变量

B. 电容是变量，电感保持不变

C. 电容保持常数，电感为变量

D. 电容和电感均保持不变

（8）轿车的保护气囊可用（ ）来控制。

A. 气敏传感器   B. 湿敏传感器

C. 差动变压器   D. 电容式加速度传感器

2. 填空题

（1）在电感传感器的绕组匝数 N 确定以后，若保持气隙截面积 A 为_____数，则电感 L 是气隙厚度 δ 的函数。电感 L 与气隙厚度 δ 成_____比，输入输出是非_____性关系。δ 越小，灵敏度越_____。为了保证一定的线性度，变隙式电感传感器只能工作在一段很小的区域，因而只能用于微_____位移的测量。

（2）差动变压器传感器简称差动_____器，能够把被测位移量转换为一次绕组与两个二次绕组间的_____量 M 的变化。当一次绕组接入激励电源后，两个二次绕组就产生感应_____。当一次绕组与两个二次绕组间的位置和互感量变化时，感应电动势之差也相应变化。目前应用最广泛的结构形式是_____线管式差动变压器。

（3）金属导体置于变化的磁场中时，导体表面就会有感应_____产生。电流的流线在金属体内自行闭合，这种由电磁感应原理产生的旋涡状感应电流称为电_____流，这种现象称为_____效应。

（4）调幅式电路简称 A _____电路。以输出固定频率信号的幅度来反映调制信号的大小；调频式电路简称_____ M 电路。输出的幅度固定，但以_____变化的方式来反映调制信号的大小。

（5）变面积式电容传感器的电容变化量与位移成_____比。变面积式电容传感器的一个极板固定不动，称为定极板。另一个极板可以左右移动（称为直线位移），或者旋转（称为角位移），称为_____极板。动极板与定极板的间隙必须保持_____变。

（6）差动式电容传感器由两个结构完全_____的电容传感器组成，动极板引起的两个电容的电容量的变化趋势相反。差动式电容传感器的优点是：①灵敏度高一倍；②非线性误差变_____；③外界的影响如温度、激励源电压、频率变化等也基本能相互_____。

3. 计算题

（1）某二线制电流输出型压力变送器的产品说明书注明其量程范围为 $0 \sim 200$ kPa，对应输出电流为 $4 \sim 20$ mA。求：①电流与压力的输入输出方程；②当测得输出电流 $I = 12$ mA 时的被测压力 p。

（2）用某电涡流式测振仪测量某机器主轴的轴向窜动如图 3-52（a）所示。已知传感器的灵敏度 $K = 25$ mV/mm，最大线性范围（优于1%时）为 5 mm。现将传感器安装在主轴的右侧，使用计算机记录下的振动波形如图 3-52（b）所示。求：①轴向振动的振幅 A 为多少？②主轴振动的基频 f 是多少？③为了得到较好的线性度与最大测量范围，传感器与被测金属的安装距离 l 为多少毫米为佳？

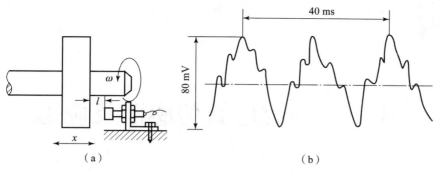

图 3 – 52　电涡流式测振仪测量示意图
（a）电涡流传感器的测振安装；（b）测振波形

项目四

压电式与磁电式传感器及应用

项目场景

随着工业自动化技术的迅猛发展，半导体材料、高科技材料与电子技术的发展，压电式与磁电式传感器得到了越来越广泛的应用，压电式传感器主要应用有玻璃打碎报警装置、压电式周界报警系统、交通监测、压电式动态力传感器、压电式振动加速度传感器。磁电式传感器主要应用有角位移测量、转速测量、霍尔式无刷电动机、霍尔式接近开关、霍尔式电流传感器等。

需求分析

近年来，由于电子技术的飞速发展，随着与之配套的二次仪表以及低噪声、小电容、高绝缘电阻电缆的出现，使得压电式传感器在各种动态力、机械冲击与振动量的测量以及声学、医学、石油勘探、宇航等许多技术领域中获得了广泛的应用。

在工农业生产和工程实践中，经常会遇到各种需要测量转速的场合，如在发动机、电动机、卷扬机、机床主轴等旋转设备的实验、运转和控制中，常需要测量和显示其转速。可以用霍尔元件为检测元件测量转速。

方案设计

针对项目需求，本项目主要包含压电式传感器、霍尔式传感器的基本概念、组成、分类、工作原理、应用及其相关参数等，本项目设置了任务一压电式传感器及应用，任务二磁电式传感器及应用。通过本项目的学习，认识、了解压电式、磁电式传感器的传感器件，了解它们的主要特点和性能及应用。因此，本项目主要讲述压电式传感器、磁电式传感器的各项知识。

相关知识和技能

【知识目标】

（1）了解压电式传感器的工作原理。

（2）掌握压电式传感器的测量电路。

（3）掌握压电式传感器的应用。

（4）了解磁电式传感器的工作原理。

（5）了解磁电式集成电路的分类。

（6）掌握磁电元件的连接方式。

（7）掌握线性型和开关型霍尔集成电路的特性。

（8）掌握霍尔传感器的应用。

【技能目标】

（1）能利用压电式传感器、磁电式传感器完成相应参数的测量。

（2）能分析由压电式传感器组成的检测系统的工作原理，正确应用和维护压电式传感器。

（3）能分析由磁电式传感器组成的检测系统的工作原理。

（4）能灵活应用磁电式传感器对磁场、位移、压力等物理量的测量。

（5）能完成压电式传感器、磁电式传感器的实训项目。

任务一　压电式传感器及应用

【任务描述】

通过本任务的学习，学生应达到的教学目标如下。

【知识目标】

（1）了解压电式传感器的工作原理。

（2）掌握压电式传感器的测量电路。

（3）掌握压电式传感器的应用。

【技能目标】

（1）能利用压电式传感器完成相应参数的测量。

（2）能完成压电式传感器、磁电式传感器的实训项目。

【任务分析】

压电效应自从被发现以来，被广泛应用于人类日常生产和生活中，从小小的打火机到一些高科技国防装备，无时无刻不在服务着我们、改变着我们。本任务主要对压电式传感器的原理、结构及应用做了详细的介绍。

【知识准备】

压电式传感器是一种典型的自发电式传感器。它以某些电介质的压电效应为基础，在外力作用下，在电介质表面产生电荷，实现力与电荷的转换，从而完成非电量如动态力、加速度等的检测，但不能用于静态参数的测量。

压电式传感器具有结构简单、质量轻、灵敏度高、信噪比大、频响高、工作可靠、测量范围广等优点。

近年来，随着电子技术的飞速发展，测量转换电路与压电元件已被固定在同一壳体内，使压电式传感器使用更为方便。因此，压电式传感器正朝着集成化、智能化的方向发展。

一、 认识压电效应及压电材料

（一） 压电效应

某些电介质在沿一定方向上受到外力的作用而变形时，内部会产生极化现象，同时在其表面产生电荷，当外力去掉后，又重新回到不带电的状态，当作用力方向改变时，电荷的极性也随之改变，这种现象称为压电效应（Piezoelectric Effect）。

在电介质的极化方向上施加交变电场或电压，它会产生机械振动。当去掉外加电场时，电介质变形随之消失，这种现象称为逆压电效应（电致伸缩效应）。音乐贺卡中的压电片就是利用逆压电效应而发声的。

自然界中与压电效应有关的现象很多。

例如，在完全黑暗的环境中，将一块干燥的冰糖用榔头敲碎，可以看到冰糖在破碎的一瞬间，发出暗淡的蓝色闪光，这是强电场放电所产生的闪光，产生闪光的机理也是晶体的压电效应。

又如，在敦煌的鸣沙丘，当许多游客在沙丘上蹦跳或从鸣沙丘上往下滑时，可以听到雷鸣般的隆隆声，产生这个现象的原因是无数干燥的沙子（SiO_2 晶体）在重压下引起振动，表面产生电荷，在某些时刻，恰好形成电压串联，产生很高的电压，并通过空气放电而发出声音。

再如，在电子打火机中，多片串联的压电材料受到敲击，产生很高的电压，通过尖端放电，而点燃火焰。

（二） 压电材料

压电式传感器中的压电元件材料主要有三类：第一类是压电晶体（单晶体）；第二类是经过极化处理的压电陶瓷（多晶体）；第三类是高分子压电材料。选用合适的压电材料是设计高性能传感器的关键，选用压电材料应考虑以下几个方面。

（1）转换性能：具有较高的耦合系数或较大的压电系数。压电系数是衡量材料压电效应强弱的参数，它直接关系到压电输出的灵敏度。

（2）力学性能：作为受力元件，压电元件应具有较高的机械强度、较大的机械刚度。

（3）电性能：具有较高的电阻率和大的介电常数。

（4）温度和湿度稳定性：具有较高的居里点。

（5）时间稳定性：压电特性不随时间蜕变。

1. 压电晶体

1）石英晶体

石英晶体是一种性能良好的压电晶体，它的突出优点是性能非常稳定。在 20 ~ 200 ℃ 的范围内压电常数的变化率只有 − 0.000 1/℃。此外，它还具有机械强度高、自振频率高、动态响应好、绝缘性能好、线性范围

宽等优点。因此，主要用于精密测量。但石英晶体具有压电常数较小
（$d = 2.31 \times 10^{-12} \text{C/N}$）的缺点。因此，石英晶体大多只在标准传感器、高
精度传感器或使用温度较高的传感器中使用。

2）水溶性压电晶体

属于单斜晶系的压电晶体，主要有酒石酸钾钠、酒石酸乙烯二铵、酒
石酸二钾、硫酸锂。属于正方晶系的有磷酸二氢钾、磷酸二氢氨、砷酸二
氢钾和砷酸二氢氨。

2. 压电陶瓷

压电陶瓷是人工制造的多晶压电材料，它比石英晶体的压电灵敏度高
得多，但机械强度较石英晶体稍低，
而且制造成本也较低。因此，目前
国内外生产的压电元件绝大多数都
采用压电陶瓷。图 4-1 所示为部分
压电陶瓷的外形。在一般要求的测
量中，也基本上采用压电陶瓷，其应
用非常广泛。压电陶瓷多用在测力和
振动传感器中。另外，压电陶瓷也存
在逆压电效应。常用的压电陶瓷材料

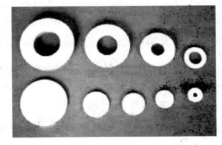

图 4-1　部分压电陶瓷的外形

有锆钛酸铅系列压电陶瓷（PZT）及非铅系压电陶瓷（如 $BaTiO_3$ 等）。

1）锆钛酸铅系列压电陶瓷（PZT）

锆钛酸铅压电陶瓷（PZT）是由钛酸铅（$PbTiO_2$）和锆酸铅
（$PbZrO_3$）组成的固溶体 $Pb(ZrTiO_3)$。在锆钛酸铅的基础上，添加微量的
其他元素，如镧（La）、铌（Nb）、锑（Sb）、锡（Sn）等，可获得不同
性能的 PZT 系列压电材料。PZT 系列压电材料均具有较高的压电系数，是
目前常用的压电材料。

2）非铅系压电陶瓷

为减少铅对环境的污染，非铅系压电陶瓷的研制尤为重要。目前非铅
系压电铁电陶瓷体系主要有 $BaTiO_3$ 基无铅压电陶瓷、BNT 基无铅压电陶
瓷、铌酸盐基无铅压电陶瓷、钛酸铋钠钾无铅压电陶瓷和钛酸铋锶钙无铅
压电陶瓷等，它们的各项性能多已超过含铅系列压电陶瓷，是今后压电铁
电陶瓷的发展方向。

3. 高分子压电材料

高分子压电材料是近年来发展很快的一
种新型材料，如图 4-2 所示。高分子压电
材料有聚偏二氟乙烯（PVF_2 或 PVDF）、聚
氟乙烯（PVF）、改性聚氯乙烯（PVC）等。
其中以 PVF_2 和 PVDF 的压电常数最高，其
输出脉冲电压有的可以直接驱动 COMS 集成
门电路。

图 4-2　高分子压电薄膜

高分子压电材料是一种柔软的压电材料，可根据需要制成薄膜或电缆套管等形状。它不易破碎，具有防水性，可以大量连续拉制，制成较大面积或较长的尺度，因此价格便宜。其测量动态范围可达 80 dB，频率响应范围可从 0.1 Hz 直至 10^9 Hz。因此在一些不要求测量精度的场合多用作定性测量。

但高分子压电材料具有机械强度低，耐紫外线能力较差，而且随着温度的升高（工作温度一般低于100 ℃）灵敏度将明显下降，暴晒易老化等缺点。

目前还开发出一种压电陶瓷—高聚物复合材料，它是无机压电陶瓷和有机高分子树脂构成的压电复合材料，兼备无机和有机压电材料的性能。可以根据需要，综合二相材料的优点，制作性能更好的换能器和传感器。它的接收灵敏度很高，更适合于制作水声换能器。

二、 压电式传感器的测量电路

1. 压电元件的等效电路

当压电元件受到沿敏感轴方向的外力作用时，就产生电荷。因此，压电元件可以看成电荷发生器，同时它也是一个电容器。所以，可以把压电元件等效为一个电荷源与电容相并联的电荷等效电路，如图 4 - 3 所示。

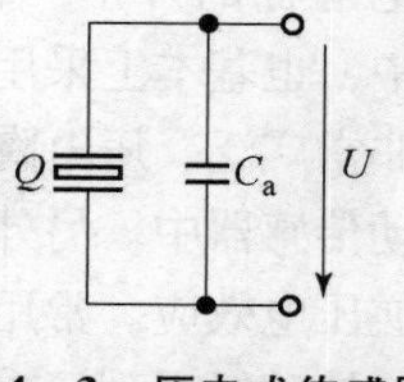

图 4 - 3 压电式传感器的等效电路

电容器上的电压 U、电荷 Q 与电容 C_a 三者之间的关系为

$$U = \frac{Q}{C_a}$$

在压电式传感器中，压电材料一般不用一片，而常常采用两片（或是两片以上）黏结在一起，如图 4 - 4 所示。图 4 - 4（a）所示为两压电片的串联接法，输出的总电荷 Q' 等于单片电荷 Q，而输出电压 U' 为单片电压 U 的两倍，总电容 C' 为单片电容 C 的一半，即

$$Q' = Q$$
$$U' = 2U$$
$$C' = \frac{C}{2}$$

图 4 - 4（b）所示为两压电片并联接法，其输出电容 C' 为单片电容的两倍，但输出电压 U' 等于单片电压 U，极板上的电荷量 Q' 为单片电荷量 Q 的两倍，即

$$Q' = 2Q$$
$$U' = U$$
$$C' = 2C$$

在以上两种连接方式中，串联接法输出电压高，其本身电容小，适用于以电压为输出信号和测量电路输入阻抗很高的场合；并联接法输出电荷大，本身电容大，时间常数大，适用于测量缓变信号并以电荷量作为输出

的场合。

压电元件在压电式传感器中，必须有一定的预应力，这样可以保证在作用力变化时，压电片始终受到压力，同时也保证了压电片的输出与作用力的线性关系。

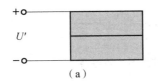 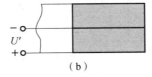

图 4 - 4 压电元件的串联和并联接法

（a）串联接法；（b）并联接法

2. 压电式传感器的等效电路

在压电式传感器正常工作时，如果把它与测量仪表连在一起，必定与测量电路相连接，因此必须考虑连接电缆电容 C_c、放大器的输入电阻 R_i 和输入电容 C_i 等因素的影响。压电传感器与二次仪表连接的实际等效电路如图 4 - 5 所示。

由于外力作用在压电元件上产生的电荷只有在无泄漏的情况下才能保存，即需要测量回路具有无限大的输入阻抗，这实际上是不可能

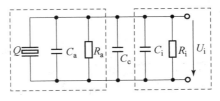

图 4 - 5 压电式传感器的实际等效电路

的，因此压电式传感器不能用于静态测量。压电元件在交变力的作用下，电荷可以不断补充，可以供给测量回路以一定的电流，故只适用于动态测量。

3. 压电式传感器的测量电路

压电式传感器的内阻抗很高，而输出信号却很微弱，这就要求负载电阻 R_L 必须有很大的数值，才能使测量误差小到一定数值以内。因此，常在压电式传感器输出端后面先接入一个高输入阻抗的前置放大器，然后再接一般的放大电路及其他电路。

压电式传感器的前置放大器有两个作用：一是把压电式传感器的微弱信号放大；二是把压电式传感器的高阻抗输出变为低阻抗输出。压电式传感器的输出可以是电压信号，也可以是电荷信号，所以前置放大器也有两种形式，即电压放大器和电荷放大器。

实用中，多采用性能稳定的电荷放大器，故下面重点以电荷放大器为例来介绍压电式传感器的测量电路。

电荷放大器（电荷/电压转换器）能将高内阻的电荷源转换为低内阻的电压源，而且输出电压正比于输入电荷。同时，电荷放大器兼起阻抗变换作用，其输入阻抗高达 $10^{10} \sim 10^{12}$ Ω，输出阻抗小于 100 Ω。

电荷放大器常作为压电式传感器的输入电路，由一个反馈电容 C_f 和高增益运算放大器构成，图 4 - 6 所示电路为其等效电路。

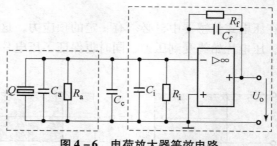

图 4-6　电荷放大器等效电路

由运算放大器的基本特性，可求出电荷放大器的输出电压为

$$U_o = \frac{-AQ}{C_a + C_c + C_i + (1+A)C_f}$$ 　　　(4-1)

由于运算放大器输入阻抗极高，放大器输入端几乎没有电流，放大倍数 $A = 10^4 \sim 10^6$，因此 $(1+A)C_f \gg C_a + C_c + C_i$，所以 $C_c + C_i$ 的影响可以忽略不计，放大器的输出电压近似为

$$U_o \approx \frac{-Q}{C_f}$$ 　　　(4-2)

由式（4-2）可见，电荷放大器的输出电压 u_o 仅与输入电荷和反馈电容有关，与电缆电容 C_c 无关。也就是说，受电缆的长度等因素的影响很小，这是电荷放大器的最大特点。

电荷放大器便携式测振仪的外形如图 4-7 所示。

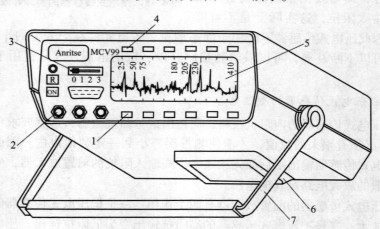

图 4-7　便携式测振仪外形

1—量程选择开关；2—压电式传感器输入信号插座；3—多路选择开关；4—带宽选择开关；
5—带背光点阵液晶显示器；6—电池盒；7—可变角度支架

【任务实施】

压电式传感器多用于冲击力、脉动力、振动等动态参数的测量，其主要的敏感元件为由不同压电材料制作的各类压电元件。由于它们的特性不同，因此可在不同的应用场合解决不同的实际问题。

【问题一】　贵重物品柜台、展览橱窗、博物馆的贵重文物通常由一层玻璃保护着，那么一旦玻璃破碎，工作人员如何在第一时间知道呢？

实施办法:

玻璃破碎时会发出几千赫兹甚至超声波（高于 20 kHz）的振动。将高分子压电测振薄膜粘贴在玻璃上，可以感受到玻璃破碎时发出的振动，并将电压信号传送给集中报警系统。将厚约 0.2 mm 的 PVDF 薄膜裁制成 10 mm×20 mm 大小，在它的正、反两面各喷涂透明的二氧化锡导电电极，再用超声波焊接上两根柔软的电极引线，并用保护膜覆盖，如图 4−8 所示。使用时，用瞬干胶将其粘贴在玻璃上。当玻璃遭暴力打碎的瞬间，压电薄膜感受到剧烈振动，表面产生电荷 Q，在两个输出引脚之间产生窄脉冲报警信号。

图 4−8 高分子压电测振薄膜

【问题二】 随着人民生活水平的提高，小轿车已进入普通百姓家庭中。但交通拥挤极易造成交通事故。一旦发生撞车事故，及时地保护车内人员的安全是首要任务。如何根据车速的变化及时判断汽车属于正常行驶还是发生撞车事故呢?

实施办法:

当汽车由正常的高速行驶发生撞车事故时，其加速度的变化很大，因此可以根据负向加速度的变化判断是否需要对驾驶人员进行保护。用于测量加速度的传感器种类也很多，和其他类型的传感器相比较，用压电式传感器测量加速度具有一系列的优点，如结构简单、体积小、质量轻、坚实牢固、振动频率高（频率范围为 0.3～10 kHz）和加速度的测量范围大（加速度为 $10^{-5}～10^{-4} g$，$g = 9.8$ m/s^2，为重力加速度）以及工作温度范围宽等。压电式加速度传感器在汽车、飞机、船舶、桥梁和建筑的振动和冲击测量中已经得到广泛的应用，特别是在航空和宇航领域中更有它的特殊地位。

图 4−9 所示为一种压电式加速度传感器的结构，这是目前应用较多的一种形式。它主要由压电元件、质量块、预压弹簧、基座及外壳等组成。整个部件装在外壳内，用螺栓与汽车紧紧固定在一起。

测量加速度时，由于汽车与传感器固定在一起，所以当汽车做加速运动时，压电元件也就受到质量块由于加速度运动而产生的与加速度成正比的惯性力 F，压电元件由于压电效应的原因而产生电荷 Q。

由牛顿第二运动定律可知

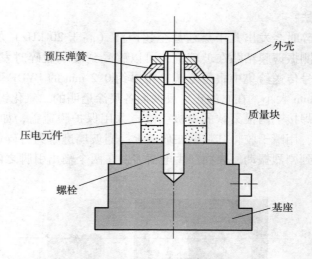

图 4 – 9 压电式加速度传感器结构

$$F = ma \tag{4 – 3}$$

式中 F——质量块产生的惯性力，N；

　　　　m——质量块的质量，kg；

　　　　a——加速度，m/s^2。

　　由于

$$Q = d_{ij}F \tag{4 – 4}$$

所以

$$Q = d_{ij}ma \tag{4 – 5}$$

式中 d_{ij}——压电系数。

　　压电式传感器输出电压为

$$U = \frac{Q}{C} \tag{4 – 6}$$

若传感器中电容量 C 不变，则有

$$U = \frac{d_{ij}ma}{C} \tag{4 – 7}$$

　　由式（4 –7）可知，输出电压 U 是加速度 a 的函数，测得输出电压 U 后就可以计算出加速度 a 的大小。

　　当正常刹车和小事故碰擦时，传感器输出信号较小。当其测得的负加速度值超过设定值时，CPU 据此判断发生碰撞，于是启动轿车前部的折叠式安全气囊迅速充气而膨胀，托住驾驶员及副驾驶人员的胸部和头部，保证他们的人身安全。

　　【问题三】 随着科学技术的发展，交通变得越来越方便。但货车超载、肇事逃逸等现象也屡屡发生，给人们的生活带来了极大的不便。如何及时根据现场留下的信息准确地判断、及时有效地处理事故，是摆在我们面前的首要问题。例如，现有一辆肇事车辆以较快的车速冲过测速传感器，如何测量车速及汽车的载重量，确定汽车的车型，从而进一步判断汽车是否超速或超重行驶。

实施办法：

将两根相距 2 m 的高分子压电电缆，平行埋设于柏油公路路面下约 5 cm，当一辆肇事车辆以较快的车速冲过测速传感器，两根 PVDF 压电电缆的输出信号如图 4 – 10 所示。

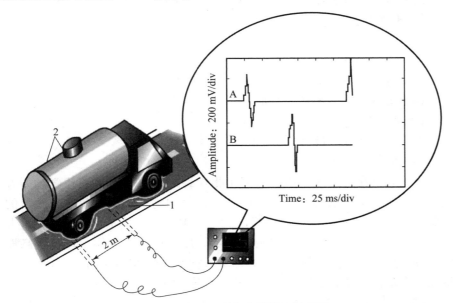

图 4 – 10　PVDF 压电电缆测速原理图
1—公路；2—PVDF 压电电缆（A、B 共两根）

根据对应 A、B 压电电缆的输出信号波形，根据脉冲之间的相互间隔，首先可测出同一车轮通过 A 和 B 电缆所花时间为 2.8 格 ×25 ms/格 = 0.07s，估算其车速为

$$v = L/t = 2 \text{ m}/0.07 \text{ s} = 28.57 \text{ m/s} = 28.57 \times 3\ 600/1\ 000 \text{ km/h} = 102.86 \text{ km/h}$$

汽车的前后轮以此速度冲过同一根电缆所花时间为 4.2 格，即 4.2 × 25 ms/格 = 0.105 s。

其前后轮距大约为 $d = vt = 28.57 \text{ m/s} \times 0.105 \text{ s} = 3 \text{ m}$。

根据汽车前后轮间距，以及存储在计算机内部的档案数据判定车型，由此可判断此车是否超速行驶。

根据 A、B 压电电缆输出信号波形的幅度或时间间隔之间的关系，可判断此车是否超重行驶。载重量 m 越大，A、B 压电电缆输出信号波形的幅度就越高；车速 v 越大，A、B 压电电缆输出信号的时间间隔就越小。

因此，利用两根 PVDF 压电电缆，可以获取车型分类信息（包括轴数、轴、轮距、单双轮胎）、车速监测、收费站地磅、闯红灯拍照、停车区域监控、交通数据信息采集（道路监控）及机场滑行道等，应用范围非常广泛。

【任务总结】

压电式传感器是工业控制领域应用广泛的传感器，要掌握它的原理、结构、测量电路，对于它的典型应用要学会分析。

任务二　磁电式传感器及应用

【任务描述】

通过本任务的学习，学生应达到的教学目标如下。

【知识目标】

（1）了解霍尔传感器的工作原理。

（2）了解霍尔集成电路的分类。

（3）掌握线性型和开关型霍尔集成电路的特性。

（4）掌握霍尔传感器的应用。

【技能目标】

能完成霍尔传感器的实训项目。

【任务分析】

中国人早在一千多年前就发明了指南针，可用于指示地球磁场的方向，但无法指示出磁场的强弱。1879年，美国物理学家霍尔经过大量的实验发现了霍尔效应，可以用来测量地球磁场，于是制成电罗盘，将它卡在环形铁芯中，可以制成大电流传感器，广泛应用于无刷电动机、高斯计、接近开关、微位移测量等。它的最大特点是非接触测量。本任务主要讲述了霍尔传感器的原理、结构、特点、分类及应用。

【知识准备】

霍尔传感器是利用半导体材料的霍尔效应进行测量的一种传感器。它可以直接测量磁场及微位移量，也可以间接测量液位、压力等工业生产过程参数。本任务在介绍霍尔元件的基本工作原理、结构和主要技术指标的基础上，讨论测量电路及温度补偿方法；最后介绍霍尔传感器的应用。

一、霍尔元件的工作原理

金属或半导体薄片置于磁感应强度为 B 的磁场中，磁场方向垂直于薄片，当有电流 I 流过薄片时，在垂直于电流和磁场的方向上将产生电动势 E_H，这种现象称为霍尔效应（Hall Effect），该电动势称为霍尔电动势（Hall emf），上述半导体薄片称为霍尔元件（Hall Element）。用霍尔元件制成的传感器称为霍尔传感器（Hall Transducer）。

图 4-11 所示为 N 型半导体薄片。长、宽、厚分别为 L、l、d，在垂直于该半导体薄片平面的方向上，施加磁感应强度为 B 的磁场。在其长度方向的两个面上做两个金属电极，称为控制电极，并外加一电压 U，则在长度方向就有电流 I 流动。而自由电子与电流的运动方向相反。在磁场

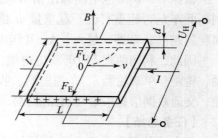

图 4-11　霍尔效应示意图

中自由电子将受到洛仑兹力 F_L 的作用，受力方向可由左手定则判定。

在洛仑兹力的作用下，电子向一侧偏转，使该侧形成负电荷的积累，另一侧则形成正电荷的积累。所以，在半导体薄片的宽度方向形成了电场，该电场对自由电子产生电场力 F_E，该电场力 F_E 对电子的作用力与洛仑兹力的方向相反，即阻止自由电子的继续偏转。当电场力与洛仑兹力相等时，自由电子的积累便达到了动态平衡，这时在半导体薄片的宽度方向所建立的电场称为霍尔电场，而在此方向的两个端面之间形成一个稳定的电动势，称为霍尔电动势 E_H。

由实验可知，流入激励电流端的电流 I 越大，作用在薄片上的磁场强度 B 越强，霍尔电动势也就越高。霍尔电动势 E_H 可用下式表示，即

$$E_H = K_H IB \tag{4-8}$$

式中　K_H——霍尔元件的灵敏度。

由式（4-8）知，霍尔电动势与 K_H、I、B 有关。当 I、B 大小一定时，K_H 越大，E_H 越大。显然，一般希望 K_H 越大越好。

若磁感应强度 B 不垂直于霍尔元件，而是与其法线成某一角度 θ 时，此时的霍尔电动势为

$$E_H = K_H IB \cos\theta \tag{4-9}$$

从式（4-9）可知，霍尔电动势与输入电流 I、磁感应强度 B 成正比，且当 B 的方向改变时，霍尔电动势的方向也随之改变。如果所施加的磁场为交变磁场，则霍尔电动势为同频率的交变电动势。而灵敏度 K_H 与 n、e、d 成反比例关系（n 为 N 型半导体的电子浓度（$1/m^3$）；e 为电子电量，等于 $1.602 \times 10^{-19}C$；d 为霍尔元件厚度（m））。若电子浓度 n 较高，使得 K_H 太小；若电子浓度 n 较小，则导电能力就差。所以，希望半导体的电子浓度 n 适中，而且可以通过掺杂来获得所希望的电子浓度。一般来说，都是选择半导体材料来做霍尔元件。此外，对厚度 d 选择得越小，K_H 越高；但霍尔元件的机械强度下降，且输入输出电阻增加。因此，霍尔元件不能做得太薄。

目前常用的霍尔元件材料是 N 型硅，它的灵敏度、温度特性、线性度均较好。近年来，采用新工艺制作的性能好、尺寸小的薄膜型霍尔元件的出现，在灵敏度、稳定性及对称性等方面大大超过了传统工艺制作的元件，其应用越来越广泛。

霍尔元件的壳体可用塑料、环氧树脂等制造，封装后的外形如图 4-12 所示。霍尔元件为一四端子器件。

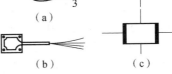

图 4-12　霍尔元件结构

（a）霍尔片；（b）外形；（c）符号

1，2—控制电流引线端；

3，4—霍尔电动势输出端

二、霍尔元件的主要特性参数

1. 输入电阻 R_i 和输出电阻 R_o

霍尔元件两激励电流端的直流电阻称为输入电阻 R_i，两个霍尔电动势

输出端之间的电阻称为输出电阻 R_o。R_i 和 R_o 是纯电阻，可用直流电桥或欧姆表直接测量。R_i 和 R_o 均随温度改变而改变，一般为几欧姆到几百欧姆。

2. 额定激励电流 I

霍尔元件在空气中产生 10 ℃ 的温升时所施加的激励电流值称为额定电流 I。

3. 最大激励电流 I_M

由于霍尔电动势随激励电流的增加而增大，故在应用中总希望选用较大的激励电流。但激励电流增大，霍尔元件的功耗增大，元件的温度升高，从而引起霍尔电动势的温漂增大，因此每种型号的元件均规定了相应的最大激励电流，它的数值从几毫安到几十毫安。

4. 灵敏度 K_H

$K_H = \dfrac{U_H}{IB}$，单位为 mV/(mA·T)，它反映了霍尔元件本身所具有的磁电转换能力。

5. 不等位电势 U_M

在额定激励电流下，当外加磁场为零时，霍尔元件输出端之间的开路电压为不等位电势。一般要求霍尔元件的 $U_M < 1$ mV，优质的霍尔元件的 U_M 可以小于 0.1 mV。在实际应用中多采用电桥法来补偿不等位电势引起的误差。

6. 霍尔电动势温度系数

在一定磁感应强度和激励电流的作用下，温度每变化 1 ℃ 时霍尔电动势变化的百分数称为霍尔电动势温度系数 α，它与霍尔元件的材料有关，一般约为 0.1%/℃，在要求较高的场合，应选择低温漂的霍尔元件。

三、霍尔元件的测量电路及补偿

1. 基本测量电路

霍尔元件的基本测量电路如图 4-13 所示。在图示电路中，激励电流由电源 E 供给，调节可变电阻可以改变激励电流 I，R_L 为输出的霍尔电动势的负载电阻，它一般是显示仪表、记录装置、放大器电路的输入电阻。由于霍尔电动势建立所需要的时间极短，为 $10^{-14} \sim 10^{-12}$ s，因此其频率响应范围较宽，可达 10^9 Hz 以上。

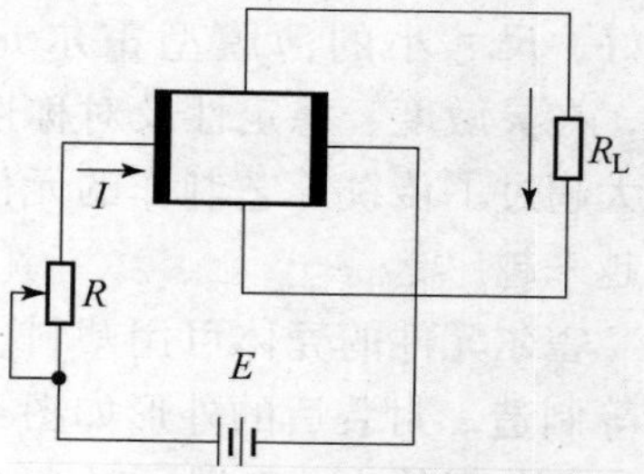

图 4-13 霍尔元件的基本测量电路

霍尔元件属于半导体材料元件，它必然对温度比较敏感，温度的变化对霍尔元件的输入输出电阻，以及霍尔电动势都有明显的影响。因此，实际应用中必须进行温度补偿。

2. 温度补偿的方法

霍尔元件的温度补偿通常采用以下几种方法。

1）恒流源补偿法

温度的变化会引起内阻的变化，而内阻的变化又使激励电流发生变化以致影响到霍尔电动势的输出，采用恒流源可以补偿这种影响。

2）选择合理的负载电阻进行补偿

在图 4 – 14 所示电路中，当温度为 T 时，负载电阻 R_L 上的电压为

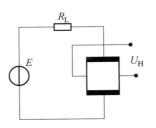

$$U_L = U_H \frac{R_L}{R_L + R_o}$$

式中　R_o——霍尔元件的输出电阻。

图 4 – 14　串联输入电阻补偿原理

当温度变化时，由于霍尔电动势的温度系数 α、霍尔元件输出电阻的温度系数 β 的影响，霍尔元件的输出电阻 R_o 以及霍尔电动势 U_H 均受到影响，使得负载电阻 R_L 上的电压 U_L 产生变化。要使 U_L 不受温度变化的影响，只要合理选择 R_L 使温度变化时 R_L 上的电压 U_L 维持不变。R_L、α、β 的关系式为

$$R_L = R_o \frac{\beta - \alpha}{\alpha}$$

对一个确定的霍尔元件，可查表得到 α、β 和 R_o 值，再求得 R_L 值，这样就可在输出回路实现对温度误差的补偿了。

3）利用霍尔元件输入回路的串联电阻或并联电阻进行补偿的方法

霍尔元件在输入回路中采用恒压源供电工作，并使霍尔电动势输出端处于开路工作状态。此时可以利用在输入回路串入电阻的方式进行温度补偿，如图 4 – 14 所示。

经分析可知，当串联电阻取 $R = \frac{\beta - \alpha}{\alpha} R_{i0}$ 时，可以补偿因温度变化而带来的霍尔电动势的变化，其中 R_{i0} 为霍尔元件在 0 ℃时的输入电阻。

霍尔元件在输入回路中采用恒流源供电工作，并使霍尔电动势输出端处于开路工作状态，此时可以利用在输入回路并入电阻的方式进行温度补偿，具体如图 4 – 15 所示。

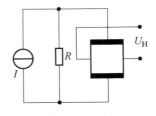

经分析可知，当并联电阻 $R = \frac{\beta - \alpha}{\alpha} R_{i0}$ 时，可以补偿因温度变化带来的霍尔电动势的变化。

图 4 – 15　并联输入电阻补偿原理

4）热敏电阻补偿法

采用热敏电阻对霍尔元件的温度特性进行补偿，具体如图 4 – 16 所示。

由图 4 – 16 所示电路可知，当输出的霍尔电动势随温度增加而减小时，R_{t1} 应采用负温度系数的热敏电阻，它随温度的升高而阻值减小，从而

增加了激励电流，使输出的霍尔电动势增加，从而起到补偿作用；而 R_{t2} 也应采用负温度系数的热敏电阻，因它随温度升高而阻值减小，使负载上的霍尔电动势输出增加，同样能起到补偿作用。在使用热敏电阻进行温度补偿时，要求热敏电阻和霍尔元件封装在一起，或者使两者之间的位置靠得很近，这样才能使补偿效果显著。

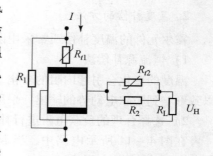

图 4 - 16　热敏电阻温度补偿电路

3. 不等位电势的补偿

在无磁场的情况下，当霍尔元件通过一定的控制电流 I 时，在两输出端产生的电压称为不等位电势，用 U_M 表示。

不等位电势是由于元件输出极焊接不对称或厚薄不均匀，以及两个输出极接触不良等原因造成的，可以通过桥路平衡的原理加以补偿。图 4 - 17 所示为一种常见的具有温度补偿的不等位电势补偿电路。其工作电压由霍尔元件的控制电压提供；其中一个桥臂为热敏电阻 R_t，且 R_t 与霍尔元件的等效电阻的温度特性相同。在该电桥的负载电阻 R_{P2} 上取出电桥的部分输出电压（称为补偿电压），与霍尔元件的输出电压反接。在磁感应强度 B 为零时，调节 R_{P1} 和 R_{P2}，使补偿电压抵消霍尔元件此时输出的不等位电势，从而使 $B = 0$ 时的总输出电压为零。

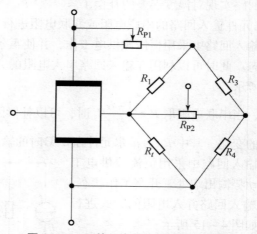

图 4 - 17　不等位电势的桥式补偿电路

在霍尔元件的工作温度下限 T_1 时，热敏电阻的阻值为 $R_t(T_1)$。电位器 R_{P2} 保持在某一确定位置，通过调节电位器 R_{P1} 来调节补偿电桥的工作电压，使补偿电压抵消此时的不等位电势 U_{ML}，此时的补偿电压称为恒定补偿电压。

当工作温度由 T_1 升高到 $T_1 + \Delta T$ 时，热敏电阻的阻值为 $R_t(T_1 + \Delta T)$。R_{P1} 保持不变，通过调节 R_{P2}，使补偿电压抵消此时的不等位电势 $U_{ML} + \Delta U_M$。此时的补偿电压实际上包含了两个分量：一个是抵消工作温度为 T_1 时的不等位电势 U_{ML} 的恒定补偿电压分量；另一个是抵消工作温度

升高 ΔT 时不等位电势的变化量 ΔU_{M} 的变化补偿电压分量。

根据上述讨论可知,采用桥式补偿电路,可以在霍尔元件的整个工作温度范围内对不等位电势进行良好的补偿,并且对不等位电势的恒定部分和变化部分的补偿可相互独立地进行调节,所以可达到相当高的补偿精度。

四、 霍尔集成电路

随着电子技术的发展,霍尔器件多已集成化。霍尔集成电路(IC)具有体积小、灵敏度高、输出幅度大、温漂小、对电源稳定性要求低等优点。

霍尔集成电路可分为线性型和开关型两大类。前者将霍尔元件和恒流源、线性放大器等集成在一个芯片上,输出电压较高,使用非常方便,目前得到广泛的应用,较典型的线性霍尔器件有 UGN3501 等。开关型是将霍尔元件、稳压电路、放大器、施密特触发器、OC 门等电路集成在同一个芯片上。当外加磁场的强度超过规定的工作点时,OC 门由高电阻态变为导通状态,输出变为低电平;当外加磁场的强度低于释放点时,OC 门重新变为高阻态,输出高电平。这类器件中较典型的有 UGN3020 等。有些开关型霍尔集成电路内部还包括双稳态电路,这种器件的特点是必须施加相反极性的磁场,电路的输出才能反转回到高电平,也就是说,具有"锁键"功能,这类器件又称为锁键霍尔集成电路。

图 4 - 18 和图 4 - 20 所示分别为 UGN3501T 和 UGN3020 的外形及内部电路框图,图 4 - 19 和图 4 - 21 所示分别为其输出电压与磁感应强度的关系曲线。

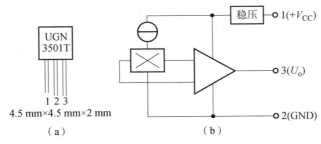

图 4 - 18 线性型霍尔集成电路

(a)外形尺寸;(b)内部电路框图

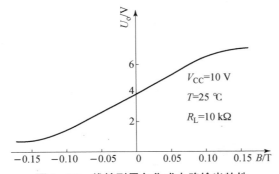

图 4 - 19 线性型霍尔集成电路输出特性

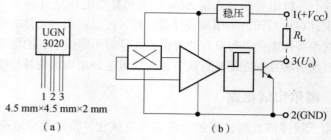

图 4 - 20　开关型霍尔集成电路

（a）外形尺寸；（b）内部电路框图

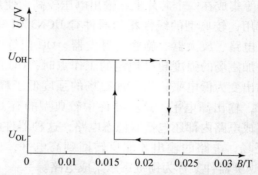

图 4 - 21　开关型霍尔集成电路的施密特输出特性

图 4 - 22 和图 4 - 23 分别示出了具有双端差动输出特性的线性霍尔器件 UGN3501M 的外形、内部电路框图及其输出特性曲线。当其感受到磁场的磁感应强度为零时，第 1 脚相对于第 8 脚的输出电压等于零；当感受到磁场为正向（磁钢的 S 极对准 3501M 的正面）时，输出为正；当磁场为反向时，输出为负，因此使用起来更加方便。它的第 5 ~ 7 脚外接一只微调电位器后，就可以微调并消除不等位电势引起的差动输出零点漂移。

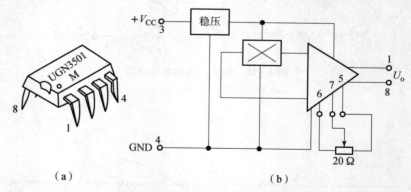

图 4 - 22　差动输出线性霍尔集成电路

（a）外形；（b）内部电路框图

五、　霍尔传感器的应用

根据式 $E_H = K_H IB\cos\theta$ 可知，霍尔电动势是 I、B、θ 等 3 个变量的函

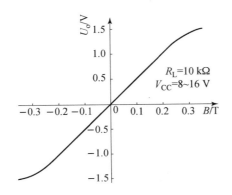

图 4 – 23　差动输出线性霍尔集成电路输出特性

数。只要固定其中的一个或两个变量，就可以测得另外的变量或因素。其主要用途如下。

（1）当控制电流 I、磁场强度 B 保持不变时，$E_H = f(\theta)$，主要应用于角位移测量仪等。

（2）当控制电流 I、θ 保持不变时，则霍尔电动势与磁感应强度 B 成正比，主要应用于高斯计、霍尔转速表、磁性产品计数器、霍尔角编码器以及基于微小位移测量原理的霍尔加速度计、微压力计等。

（3）当 θ 保持不变时，传感器的输出正比于 B、I 这两个变量的乘积，主要应用于模拟乘法器、霍尔功率计、混频器等。

下面介绍几种霍尔传感器的应用实例。

1．角位移测量仪

角位移测量仪结构示意图如图 4 – 24 所示。霍尔器件与被测物联动，而霍尔器件又在一个恒定的磁场中转动，于是霍尔电动势 E_H 就反映了转角 θ 的变化。

2．霍尔转速表

图 4 – 25 所示为霍尔转速表示意图。在被测转速的转轴上安装一个齿盘，也可选取机械系统中的一个齿轮，将线性霍尔器件及磁路系统靠近齿盘，随着齿盘的转动，磁路的磁阻也发生周期性的变化，测量霍尔器件输出的脉动频率，该脉动频率经隔直、放大、整形后，就可以用于确定被测物的转速。

3．霍尔式功率计

这是一种采用霍尔传感器进行负载功率测量的仪器，其电路如图 4 – 26 所示。

由于负载功率等于负载电压和负载电流的乘积，使用霍尔元件时，分别使负载电压与磁感应强度成比例，负载电流与控制电流成比例。显然，负载功率正比于霍尔元件的霍尔电动势。由此可见，利用霍尔元件输出的霍尔电动势为输入控制电流与驱动磁感应强度的乘积的函数关系，即可测

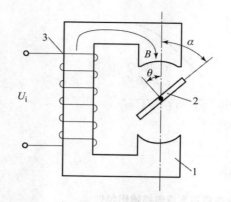

图 4 – 24　角位移测量仪结构示意图

1—极靴；2—霍尔器件；3—励磁线圈

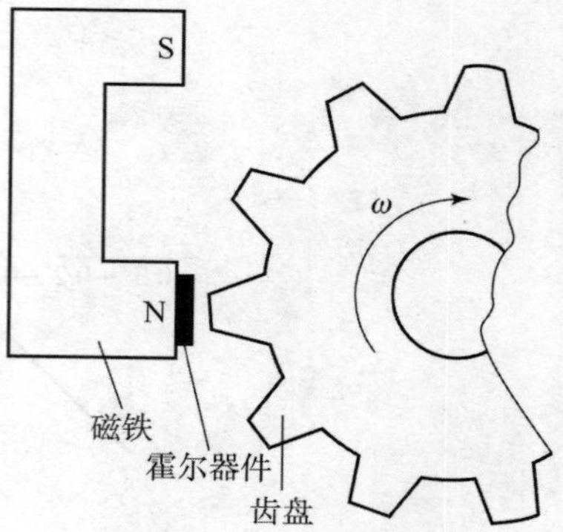

图 4 – 25　霍尔转速表示意图

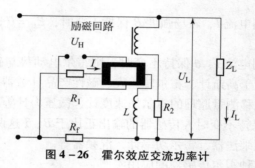

图 4 – 26　霍尔效应交流功率计

量出负载功率的大小。图 4 – 26 所示为交流负载功率的测量线路，由图示线路可知，流过霍尔元件的电流 I 是负载电流 I_L 的分流值，R_f 为负载电流 I_L 的取样分流电阻，为使霍尔元件电流 I 能模拟负载电流 I_L，要求 $R_1 \ll Z_L$（负载阻抗），外加磁场的磁感应强度是负载电压 U_L 的分压值，R_2 为负载电压 U_L 的取样分压电阻，为使励磁电压尽量与负载电压同相位，励磁回路中的 R_2 要求取得很大，使励磁回路阻抗接近于电阻性，实际上它总略带一些电感性，因此电感 L 是用于相位补偿的，这样霍尔电动势就与负载的交流有效功率成正比了。

4. 霍尔接近开关

用霍尔接近开关也能实现接近开关的功能，但是它只能用于铁磁材料，并且还需要建立一个较强的闭合磁场。

霍尔接近开关应用示意图如图 4 – 27 所示。在图 4 – 27（b）中，磁极的轴线与霍尔接近开关的轴线在同一直线上。当磁铁随运动部件移动到距霍尔接近开关几毫米时，霍尔接近开关的输出由高电平变为低电平，经驱动电路使继电器吸合或释放，控制运动部件停止移动（否则将撞坏霍尔接近开关），起到限位的作用。

在图 4 – 27（d）中，磁铁和霍尔接近开关保持一定的间隙，均固定不动。软铁制作的分流翼片与运动部件联动。当它移动到磁铁与霍尔接近开关之间时，磁力线被屏蔽（分流），无法到达霍尔接近开关，所以此时

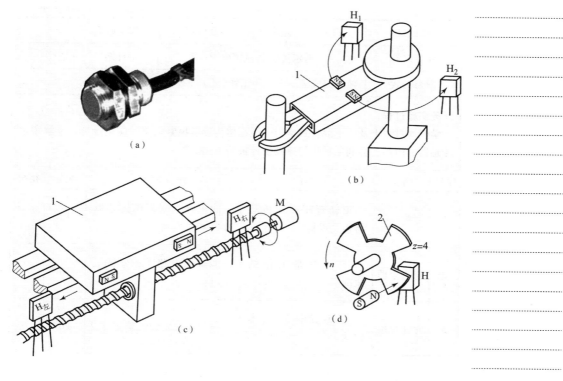

图 4－27　霍尔接近开关应用示意图
（a）外形；（b）接近式；（c）滑过式；（d）分流翼片式
1—运动部件；2—软铁分流翼片

霍尔接近开关输出跳变为高电平。改变分流翼片的宽度可以改变霍尔接近开关的高电平与低电平的占空比。

霍尔传感器的其他用途，如霍尔电压传感器、霍尔电流传感器、霍尔电能表、霍尔高斯计、霍尔液位计、霍尔加速度计等。

【任务实施】

项目名称	压电式与磁电式传感器及应用	学生姓名	
任务名称	霍尔传感器报警电路	日期	
学习形式	独立完成☑　　　小组协作☐		
考核目的	能理解报警电路的工作原理		
任务要求	（1）掌握霍尔传感器 3144 的工作原理； （2）掌握基本的电子焊接技能； （3）能正确调试电路		
所需设备	5 V 直流电源，霍尔传感器 3144，20 kΩ、10 kΩ、220 Ω 电阻各一个，有源蜂鸣器一个，发光二极管一个，9012 一个		

续表

项目名称	压电式与磁电式传感器及应用		学生姓名	
任务名称	霍尔传感器报警电路		日期	
学习形式	独立完成☑ 小组协作☐			

任务实施过程：

　　学生通过线上及线下混合式学习掌握霍尔传感器报警电路的应用设计；了解霍尔传感器的应用；会利用霍尔传感器设计报警电路。

序号	内容	要求	评分标准	配分	得分
1	资料查阅	正确查阅霍尔传感器相关资料	能正确查阅霍尔传感器3144相关资料	10	
2	电路原理	明白电路工作的原理	能画出电路图，分析工作过程	30	
3	元件焊接	熟悉元件及基本焊接	能按要求安装焊接元件	20	
4	连线焊接	万能板背面引线焊接	能完成万能板背面引线焊接操作	20	
5	电路调试	调试电路是否成功	能边调试边讲清楚电路工作原理	20	
成绩：			教师签字：		

【任务总结】

　　压电式传感器是利用晶体的压电效应和电致伸缩效应工作的。利用压电式传感器可以测量最终能够转换成力的物理量，如位移、加速度等。常见的压电式传感器有加速度传感器，利用它可以检测振动的速度、加速度及振动幅度。常见的压电材料有石英晶体和人造压电陶瓷，压电式传感器的测量电路有电压放大器和电荷放大器。电压放大器的灵敏度与传感器到放大器的连接电缆有关，所以使用场合受到限制，而电荷放大器的灵敏度只与放大器的反馈电容有关，所以目前广泛使用。

　　任务二从霍尔效应着手，分析霍尔元件的结构及其工作原理，介绍霍尔元件的基本参数，分析其转换电路，同时结合霍尔传感器的特点介绍霍尔传感器的应用。

【项目评价】

根据任务实施情况进行综合评议。

评定人/任务	操作评议	等级	评定签名
自评			
同学互评			
教师评价			
综合评定等级			

【拓展提高】

【问题一】　随着节能环保绿色时代的到来，越来越多的人开始重新选择自行车近距离出行，那么如何准确地测量自行车的转速呢？

实施办法：

在被测自行车的转轴上安装一个齿盘，将线性霍尔器件及磁路系统靠近齿盘，随着齿盘的转动，磁路的磁阻也发生周期性变化，测量霍尔器件输出的脉动频率，该脉动频率经隔直、放大、整形后，就可以用于确定被测物的转速。

【问题二】　你能用霍尔传感器设计一个小型报警电路吗？

实施办法：

参考电路如图 4－28 所示。

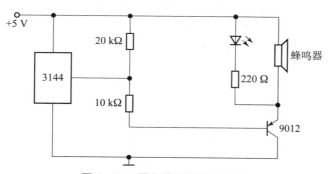

图 4－28　霍尔传感器报警电路

当有磁性物质接近霍尔传感器 3144 时，蜂鸣器发声报警。

【练习与思考】

1. 选择题

（1）将超声波（机械振动波）转换成电信号是利用压电材料的（　　）。蜂鸣器中发出"嘀——嘀——"声的压电片发声原理是利用压电材料的（　　）。

A．应变效应　　　　　　　　　　B．电涡流效应

C．压电效应　　　　　　　　　　D．逆压电效应

（2）使用压电陶瓷制作的力或压力传感器可测量（　　）。

A．人的体重

B．车刀的压紧力

C．车刀在切削时感受到的切削力的变化量

D．自来水管中的水的压力

（3）测量人的脉搏应采用灵敏度 K 约为（　　）的 PVDF 压电式传感器；在用家用电器（已包装）做跌落实验，以检查是否符合国家标准时，应采用灵敏度 K 为（　　）的压电式传感器。

A. 100 V/g　　　　B. 0.1 V/g　　　　C. 10 mV/g　　　　D. 0 V/g

（4）动态力传感器中，两片压电片多采用（　　）接法，可增大输出电荷量；在电子打火机和煤气灶点火装置中，多片压电片采用（　　）接法，可使输出电压达上万伏，从而产生电火花。

A. 串联　　　　　　　　　　　　B. 并联

C. 既串联又并联　　　　　　　　D. 既不串联又不并联

（5）压电式传感器目前多用于测量（　　）。

A. 静态的力或压力　　　　　　　B. 动态的力或压力

C. 速度　　　　　　　　　　　　D. 加速度

（6）当石英晶体受压时，电荷产生在（　　）。

A. 与光轴垂直的 Z 面上　　　　B. 与电轴垂直的 X 面上

C. 与机械轴垂直的 Y 面上　　　D. 所有的面（X、Y、Z）上

（7）霍尔电动势 $E_H = K_H IB\cos\theta$ 中的 θ 是指（　　）。

A. 磁力线与霍尔薄片平面之间的夹角

B. 磁力线与霍尔元件内部电流方向的夹角

C. 磁力线与霍尔薄片的垂线之间的夹角

D. 霍尔元件内部 a、b 端连线与 c、d 端连线的夹角

（8）霍尔元件采用恒流源激励是为了（　　）。

A. 提高灵敏度　　　　　　　　　B. 减小温漂

C. 减小不等位电动势　　　　　　D. 降低灵敏度

（9）下列属于四端元件的是（　　）。

A. 应变片　　　　　　　　　　　B. 压电晶片

C. 霍尔元件　　　　　　　　　　D. 热敏电阻

（10）与线性集成传感器不同，开关霍尔传感器增设了施密特电路，目的是（　　）。

A. 增加灵敏度　　　　　　　　　B. 减小温漂

C. 提高抗噪能力　　　　　　　　D. 抗机械振动干扰

2. 判断题

（1）沿机械轴（$Y - Y$）方向施加作用力时，产生的电荷量与压电晶片的几何尺寸有关。　　　　　　　　　　　　　　　　　　　　　（　　）

（2）压电式传感器如果使用电荷放大器作为前置放大器，在一定条件下，传感器的灵敏度与电缆长度无关。　　　　　　　　　　　　　（　　）

（3）电荷放大器是将传感器输出的电荷进行放大的前置放大器，由于它可以使用较长的电缆，因而得到广泛应用。　　　　　　　　　　　（　　）

（4）石英晶体和压电陶瓷均呈压电现象，压电机理也一样，但后者的压电常数要大得多。　　　　　　　　　　　　　　　　　　　　（　　）

（5）压电晶体有 3 个互相垂直的轴，分别为 X 轴（电轴）、Y 轴（力

轴）、Z 轴（光轴），当沿某一轴的方向施加外力时，会在另外两个轴的表面出现电荷。　　　　　　　　　　　　　　　　　　　　　（　　）

3. 简答题

（1）什么叫正压电效应？什么是逆压电效应？什么是横向效应和纵向效应？

（2）画出压电元件的两种等效电路，简述其等效原理。

（3）简述压电式传感器分别与电压放大器和电荷放大器相连时各自的特点。

（4）什么是霍尔效应？写出霍尔电动势的表达式。

（5）影响霍尔电动势的因素有哪些？

（6）简述霍尔传感器测量磁场的原理。

光学量传感器及应用

项目场景

光电元件是检测光学量的基本器件，它在人们日常生活中有着广泛的应用，用遥控器来选择电视节目，就是利用遥控器发射光信号，通过电视机里面的光电器件把接收到的光信号转换成相应的电控制信号，再去驱动相应电路工作来选择相应节目。

光电传感器是利用光敏元件将光信号转换为电信号的装置。使用它测量非电量时，首先将这些非电物理量的变化转换成光信号的变化，再由光电传感器将光信号的变化转变为电信号的变化。光电传感器的这种测量方法具有结构简单、非接触、高可靠、高精度和反应速度快等特点。光电传感器是目前产量最多、应用最广泛的一种传感器，它在自动控制和非电量测试中占有非常重要的地位。

近年来，传感器在朝着灵敏、精确、适应性强、小巧和智能化的方向发展。在这一过程中，光纤传感器这个传感器家族的新成员备受青睐。光纤具有很多优异的性能。例如：抗电磁干扰和原子辐射的性能；径细、质软、质量轻的机械性能；绝缘、无感应的电气性能；耐水、耐高温、耐腐蚀的化学性能等，它能够在人达不到的地方（如高温区），或者对人有害的地区（如核辐射区），起到人的耳目作用，而且还能超越人的生理界限，接收人的感官所感受不到的外界信息。

需求分析

光电传感器以光电效应为基础，把被测量的光信号的变化，转换成电信号或其他所需形式的信息输出。光电传感器的应用领域非常广泛，如LED照明、安防、智能家居、智能交通、智能农业、玩具、可穿戴设备等数码电子产品等。未来随着物联网技术的发展和普及，光学量传感器应用将渗透到人类生活的方方面面。

方案设计

针对项目需求，本项目主要包含光电传感器、光纤传感器的基本概念、组成、分类、工作原理、应用及其相关参数等，本项目设置了任务一光电传感器及应用；任务二光纤传感器及应用。通过本项目的学习，认识、了解光电、光纤传感器器件，了解它们的主要特点和性能，了解光电量传感器。因此，本项目主要讲述光电量传感器的各项知识。

 ## 相关知识和技能

【知识目标】

（1）掌握光电效应的概念及分类。

（2）了解光电传感器的基本结构、工作类型及其各自的特点。

（3）掌握光电传感器应用场合。

（4）了解光纤的基本结构和传输原理。

（5）掌握反射式光纤位移传感器的工作原理。

【技能目标】

（1）能根据不同测量物理量选择合适的光电传感器。

（2）能够完成光电传感器与外电路的接线及调试。

（3）能正确安装、调试反射式光纤位移传感器。

任务一　光电传感器及应用

【任务描述】

通过本任务的学习学生应达到的教学目标如下。

【知识目标】

（1）掌握光电效应概念。

（2）熟悉常见光电器件的工作原理、结构形式、类型、性能特征和转换电路。

（3）掌握光电器件的典型应用。

【技能目标】

（1）能根据现场情况选择合适的光电器件。

（2）能分析和设计基本光电检测系统。

【任务分析】

基于光电效应的传感器，光电传感器在受到光线照射后即产生光电效应，将光信号转换成电信号输出，它除能测量光强外，还能利用光线的透射、遮挡、反射、干涉等测量多种物理量，如尺寸、位移、速度、温度等，因而是一种应用极广泛的重要敏感器件。光电测量时不与被测对象直接接触，光束的质量又近似为零，在测量中不存在摩擦和对被测对象几乎不施加压力。因此在许多应用场合，光电传感器比其他传感器有明显的优越性。其缺点是在某些应用方面，光学器件和电子器件价格较贵，并且对周围测量环境条件要求较高。

【知识准备】

做以下的演示：

将光敏电阻接到万用表的电阻量程，测量在有光照和没有光照情况下的电阻值。

可以看到，随着光照度的增加，光敏电阻的阻值从几 MΩ 逐渐减小。在强光照的情况下，可减小到几 kΩ。

从以上演示引入光电效应、光电器件及其工作原理。

一、 光电效应及光电器件

（一） 光电效应

光电器件的理论基础是光电效应。用光照射某一物体，可以看作物体受到一连串能量为 hf 的光子的轰击，组成这种物体的材料吸收光子能量而发生相应电效应的物理现象称为光电效应。通常把光线照射到物体表面后产生的光电效应分为以下三类。

（1）在光线作用下，能使电子逸出物体表面的现象称为外光电效应。基于外光电效应的光电器件有光电管、光电倍增管、光电摄像管等，属于玻璃真空管光电器件。

（2）在光线作用下能使物体电阻率改变的现象称为内光电效应。基于内光电效应的光电器件有光敏电阻、光敏二极管、光敏三极管等，属于半导体光电器件。

（3）在光线作用下能使物体产生一定方向电动势的现象称为光生伏特效应，也称阻挡层光电效应。基于光生伏特效应的光电器件有光电池等，属于半导体光电器件。

（二） 基于外光电效应的光电器件

光电管的外形和结构如图 5-1 所示，它由一个阴极和一个阳极构成，并密封在一支真空玻璃管内。阳极通常用金属丝弯曲成矩形或圆形，置于玻璃管的中央；阴极装在玻璃管内壁上，其上涂有光电发射材料。光电管的特性主要取决于光电管阴极材料。

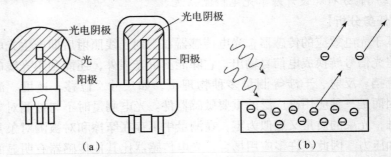

图 5-1 光电管及外光电效应示意图
（a）光电管；（b）外光电效应示意图

当光照射在阴极上时，阴极发射出光电子，被具有一定电位的中央阳极所吸引，在光电管内形成空间电子流。在外电场作用下将形成电流 I，称为光电流，如图 5-2 所示。光电流的大小与光电子数成正比，而光电子数又与光照度成正比。

由于材料的逸出功不同，所以不同材料的光电阴极对不同频率的入射光有不同的灵敏度，人们可以根据检测对象是可见光还是紫外光而选择不同阴极材料的光电管。光电管的图形符号及测量电路如图 5-2 所示。目前紫外光电管在工业检测中多用于紫外线测量、火焰监测等，可见光较难引起光电子的发射。

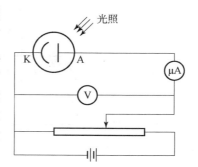

图 5-2　光电管符号及测量电路

金属阳极 A 和阴极 K 封装在一个石英玻璃壳内。当入射光照射在阴极板上时，光子的能量传递给阴极表面的电子，当电子获得的能量足够大时，电子就可以克服金属表面对它的束缚而逸出金属表面，形成电子发射。当光电管阳极加上数十伏电压时，从阴极表面逸出的"光电子"被具有正电压的阳极所吸引，在光电管中形成电流，简称为光电流，光电流 I_ϕ 正比于光电子数，而光电子数又正比于光照度。紫外线光电管伏安特性如图 5-3 所示。

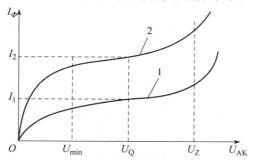

图 5-3　紫外线光电管的伏安特性

1—低照度时的曲线；2—紫外线增强时的曲线

紫外光电效应的典型元器件还有光电倍增管。它的灵敏度比上述光电管高出几万倍以上，在星光下就可以产生可观的电流，光通量在 $10^{-14} \sim 10^{-6}$ lm（流明）的很大变化区间里，其输出电流均能保持线性。因此，光电倍增管可用于微光测量，如探测高能射线产生的辉光等。但由于光电倍增管是玻璃真空器件，体积大、易破碎，工作电压高达上千伏，所以目前已逐渐被新型半导体光敏元件所取代。

（三）　基于内光电效应的光电器件

1. 光敏电阻

1）光敏电阻的工作原理

光敏电阻是由具有内光电效应的光导材料制成的，为纯电阻器件，如

图5-4所示。光敏电阻具有很高的灵敏度，光谱响应的范围宽，体积小，质量轻，性能稳定，机械强度高，寿命长，价格低，被广泛地应用于自动检测系统中。

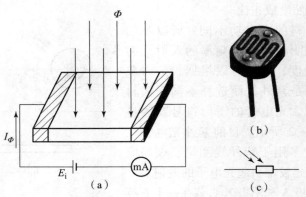

图5-4 光敏电阻

(a) 原理图；(b) 外形；(c) 符号

光敏电阻的材料一般由金属的硫化物、硒化物、碲化物等半导体组成，由于所用材料和工艺不同，它们的光电性能也相差很大。当光敏电阻受到光照时，光生电子-空穴对增加，其阻值减小，电流增大。光照越强，光生电子-空穴对就越多，阻值就越低，电流越大。

2) 光敏电阻的特性

(1) 光电流。光敏电阻在室温或全暗条件下测得的阻值称为暗电阻（暗阻），通常超过 1 MΩ，此时流过光敏电阻的电流称为暗电流。光敏电阻在受光照射时的阻值称为亮电阻（亮阻），一般在几千欧以下，此时流过光敏电阻的电流称为亮电流。亮电流与暗电流之差称为光电流。光电流越大，光敏电阻的灵敏度就越高。但光敏电阻容易受温度的影响，温度升高，暗电阻减小，暗电流增加，灵敏度就要下降。

光敏电阻质量的好坏，可以通过测量其亮电阻与暗电阻的阻值来衡量。方法是：将万用表置于 $R \times 1$ kΩ 挡，把光敏电阻放在距离25 W白炽灯50 cm远处（其照度约为100 lx），可测得光敏电阻的亮阻；再在完全黑暗的条件下直接测量其暗阻值。如果亮阻值为几千到几十千欧姆，暗阻值为几兆到几十兆欧姆，则说明光敏电阻质量好。

(2) 光照特性。在一定外加电压下，光敏电阻的光电流与光通量的关系曲线，称为光敏电阻的光照特性，如图5-5所示。光通量是光源在单位时间内发出的光量总和，单位是 lm。

不同的光敏电阻的光照特性是不同的，但多数情况下曲线是非线性的，所以光敏电阻不宜做定量检测元件，而常在自动控制中用作光电开关。

(3) 光电特性。在光敏电阻两极电压固定不变时，光照度与电阻及电流间的关系称为光电特性，如图5-6所示。光照度是光源照射在被照物体单位面积上的光通量，即 $E = d\Phi/dA$，单位是 lx（勒克斯）；从图中可以看出，当光照大于100 lx时，它的光电特性非线性就十分严重了。

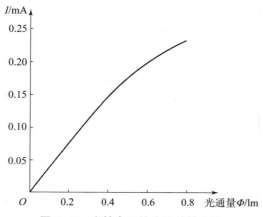

图 5 – 5　光敏电阻的光照特性曲线

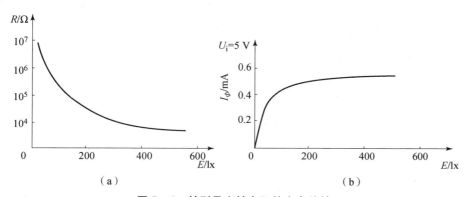

图 5 – 6　某型号光敏电阻的光电特性

（a）光照 – 电阻特性；（b）光照 – 电流特性

（4）时延特性。当光敏电阻受到光照射时，光电流要经过一段时间才能达到稳态值，而在停止光照后，光电流也经过一定时间恢复暗电流值，这是光敏电阻的时延特性。不同材料的光敏电阻的时延特性不同，因此它们的频率特性也不同。由于光敏电阻的时延比较大，所以它不能用在要求快速响应的场合。

2. 光敏二极管、光敏三极管

1）光敏二极管的结构及工作原理

光敏二极管是基于内光电效应原理制成的光敏元件。光敏二极管的结构与一般二极管类似，它的 PN 结装在透明管壳的顶部，可以直接受到光照射，如图 5 – 7 所示。光敏二极管在电路中一般处于反向工作状态。其符号与接线方法如图 5 – 7（c）、（d）所示。光敏二极管在没有光照射时反向电阻很大，暗电流很小；当有光照射光敏二极管时，在 PN 结附近产生光生电子 – 空穴对，在 P 区内电场作用下定向运动形成光电流，且随着光照度的增强光电流增大。所以，在不受光照射时，光敏二极管处于截止状态；受光照射时，光敏二极管处于导通状态。主要用于光控开关电路及光耦合器中。

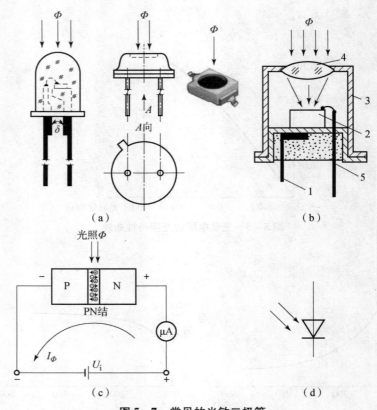

图 5 - 7　常见的光敏二极管

（a）外形结构；（b）内部组成；（c）结构简化图；（d）图形符号

1—负极引脚；2—管芯；3—外壳；4—玻璃聚光镜；5—正极引脚

　　当有光照射在光敏二极管上时，光敏二极管与普通二极管一样，有较小的正向电阻和较大的反向电阻；当无光照射时，光敏二极管正向电阻和反向电阻都很大。用欧姆表检测时，先让光照射在光敏二极管管芯上，测出其正向电阻，其阻值与光照强度有关，光照越强，正向阻值越小；然后用一块遮光黑布挡住照射在光敏二极管上的光线，测量其阻值，这时正向电阻应立即变得很大。有光照和无光照下所测得的两个正向电阻值相差越大越好。

　　2）光敏三极管的结构及工作原理

　　光敏三极管也是基于内光电效应制成的光敏元件。光敏三极管结构与一般三极管不同，通常有两个 PN 结，但只有正负（C、E）两个引脚。其外形与光敏二极管相似，从外观上很难区别。其结构与符号如图 5 - 8 和图 5 - 9 所示。

　　光线通过透明窗口落在基区及集电结上，使 PN 结产生光生电子 - 空穴对，在内电场作用下做定向运动，形成光电流，因此 PN 结的反向电流大大增加，由于光照射发射结产生的光电流相当于三极管的基极电流，集电极电流是光电流的 β 倍。因此，光敏三极管比光敏二极管的灵敏度高得多。但光敏三极管的频率特性比光敏二极管差，暗电流也大。

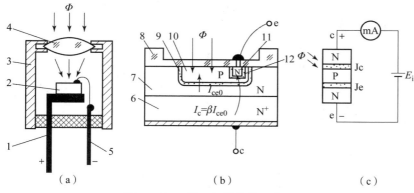

图 5 - 8 光敏三极管结构示意图

(a) 内部组成；(b) 管芯结构；(c) 结构简化图

1—集电极引脚；2—管芯；3—外壳；4—玻璃聚光镜；5—发射极引脚；6—N^+ 衬底；

7—N 型集电区；8—SiO_2 保护圈；9—集电结；10—P 型基区；11—N 型发射区；12—发射结

3. 光敏二极管及光敏三极管的基本特性

（1）光谱特性。光敏三极管对于不同波长的入射光，其相对灵敏度 K_r 是不同的。图 5 - 10 所示为光敏三极管对应 3 种波长的光谱特性曲线。由于锗管的暗电流比硅管大，故一般锗管的性能比较差。所以，在探测可见光或炽热状态物体时，都采用硅管；当探测红外光时，锗管比较合适。

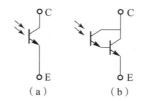

图 5 - 9 光敏三极管符号

（a）光敏三极管图形符号；

（b）光敏达林顿三极管图形符号

（2）伏安特性。光敏三极管在不同照度 E_e 下的伏安特性，与一般三极管在不同的基极电流时的输出特性一样，只要将入射光在发射极与基极之间的 PN 结附近所产生的光电流看作基极电流，就可将光敏三极管看作一般的三极管。

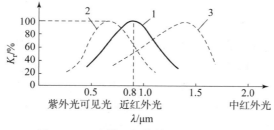

图 5 - 10 光敏三极管的光谱特性曲线

1—常规工艺硅光敏晶体管的光谱特性；2—滤光玻璃引起的光谱特性紫偏移；

3—滤光玻璃引起的光谱特性红偏移

（3）光电特性。图 5 - 11 所示为光敏三极管的光电特性曲线。其输出电流 I_Φ 与照度 E 之间的关系可近似看作线性关系。由图可以看出，光敏三极管的灵敏度高于光敏二极管。

（4）温度特性。温度特性表示温度与暗电流及输出电流之间的关系。图 5 - 12 所示为锗管的温度特性曲线。由图可见，温度变化对输出电流的影响较小，主要由光照度所决定；而暗电流随温度变化很大，所以在应用时应在线路上采取措施进行温度补偿。

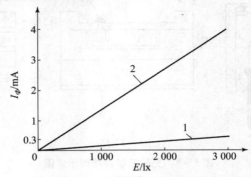

图 5 – 11　光敏三极管的光电特性曲线
1—光敏二极管光电特性；2—光敏三极管光电特性

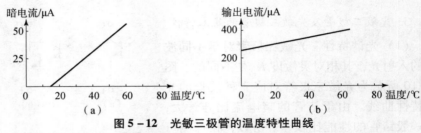

图 5 – 12　光敏三极管的温度特性曲线
（a）暗电流 – 温度曲线；（b）输出电流 – 温度曲线

光敏三极管的检测方法：用一块黑布遮住照射在光敏三极管的光，选用万用表的 $R \times 1 \text{ k}\Omega$ 挡，测量其两引脚引线间的正、反向电阻，若均为无限大时则为光敏三极管；拿走黑布，则万用表指针向右偏转到 $15 \sim 30 \text{ k}\Omega$ 处，偏转角越大说明其灵敏度越高。

（四）　基于光生伏特效应的光电器件

光电池是能将入射光能量转换成电压和电流，属于光生伏特效应元件，是自发电式有源器件。它既可以作为输出电能的器件，也可以作为一种自发电式的光电传感器，用于检测光的强弱，以及能引起光强变化的其他非电量。光电池的种类很多，其中应用最多的是硅光电池、硒光电池、砷化钾光电池和锗光电池等；具有性能稳定、频率特性好、光谱范围宽、能耐高温辐射等优点。

1. 结构及工作原理

在大面积的 N 型衬底上制作一薄层 P 型层作为光照敏感面，就构成最简单的光电池。

当光照射在 PN 结上时，P 型区每吸收一个光子就产生一对光生电子 – 空穴对，它的内电场（N 区带正电、P 区带负电）使扩散到 PN 结附近的电子 – 空穴对分离，电子通过漂移运动被拉到 N 区，空穴留在 P 区，所以 N 区带负电，P 区带正电。如果光照是连续的，经短暂的时间，PN

结两侧就有一个稳定的光生电动势输出。

2. 基本特性

1）光谱特性

光电池的相对灵敏度 K_r 与入射光波长之间的关系称为光谱特性。图 5-13 所示为硒光电池和硅光电池的光谱特性曲线。由图可知，不同材料光电池的光谱峰值位置是不同的，硅光电池的光谱峰值在 0.45 ~ 1.1 μm 范围内，而硒光电池的光谱峰值在 0.34 ~ 0.57 μm 范围内。在实际使用时，可根据光源性质选择光电池。但要注意，光电池的光谱峰值不仅与制造光电池的材料有关，而且也与使用温度有关。

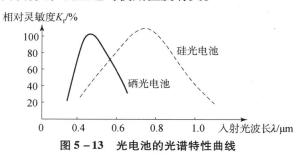

图 5-13 光电池的光谱特性曲线

2）光电特性

硅光电池的负载电阻不同，输出电压和电流也不同。图 5-14 中的曲线 1 是某光电池负载开路时的开路电压特性曲线，曲线 2 是负载短路时的短路电流特性曲线。开路电压与光照度的关系是非线性的，近似于对数关系。由实验测得，负载电阻越小，光电流与照度之间的线性关系越好。当负载短路时，光电流在很大程度上与照度呈线性关系，因此当测量与光照度成正比的其他非电量时，应把光电池作为电流源使用，当被测非电量是开关量时，可以把光电池作为电压源使用。

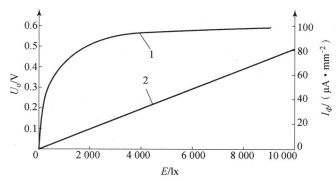

图 5-14 某系列硅光电池的光电特性

1—开路电压曲线；2—短路电流曲线

3）光照特性

光生电动势 U 与照度 E_e 之间的特性曲线称为开路电压曲线；光电流密度 J_e 与照度 E_e 之间的特性曲线称为短路电流曲线。图 5-15 所示为硅光电池的光照特性曲线。由图可知，短路电流在很大范围内与光照度成线性关系，这是光电池的主要优点之一；开路电压与光照度之间的关系是非线性的，并且在照度为 2 000 lx 的照射下趋于饱和。因此，把光电池作为敏感元件时，应该把它当作电流源使用，也就是利用短路电流与光照度呈线性关系的特点。由实验可知，负载电阻越小，光电流与照度之间的线性关系越好，线性范围越宽，对于不同的负载电阻，可以在不同的照度范围内使光电流与光照度保持线性关系。所以，应用光电池作为敏感器件时，所用负载电阻的大小应根据光照的具体情况而定。

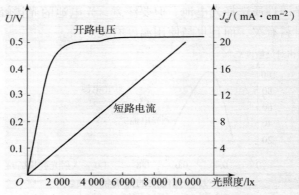

图 5 – 15 硅光电池的光照特性曲线

4）频率特性

光电池的频率特性是光的调制频率 f 与光电池的相对输出电流 I_r（相对输出电流 = 高频输出电流/低频最大输出电流）之间的关系曲线。如图 5 – 16 所示，硅光电池具有较高的频率响应，而硒光电池则较差。因此，在高速计数器、有声电影等方面多采用硅光电池。

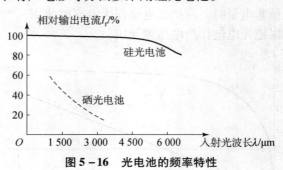

图 5 – 16 光电池的频率特性

5）温度特性

光电池的温度特性是描述光电池的开路电压 U、短路电流 I 随温度 t 变化的曲线，如图 5 – 17 所示。由于它关系到应用光电池设备的温度漂移，影响到测量精度或控制精度等主要指标，因此它是光电池的重要特性之一。由图 5 – 17 可以看出，开路电压随温度增加而下降较快，而短路电流随温度上升而增加得却很缓慢。因此，用光电池作为敏感器件时，在自动检测系统设计时就应考虑到温度的漂移，需要采取相应的补偿措施。

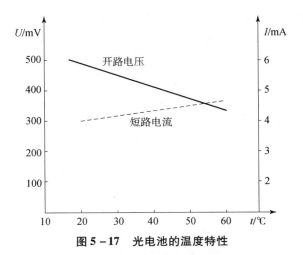

图 5 - 17 光电池的温度特性

二、 光电器件的基本应用电路

1. 光敏电阻基本应用电路

在图 5 - 18（a）中，光敏电阻与负载电阻串联后，接到电源上。当无光照时，光敏电阻 R_Φ 很大，在 R_L 上的压降 U_o 很小。随着入射光增大，R_Φ 减小，U_o 随之增大。图 5 - 18（b）的情况恰好与图 5 - 18（a）相反，入射光增大，U_o 反而减小。

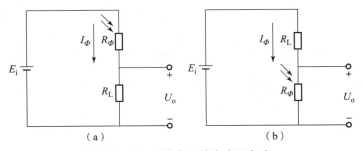

图 5 - 18 光敏电阻基本应用电路

（a）U_o 与光照变化趋势相同的电路；（b）U_o 与光照变化趋势相反的电路

2. 光敏二极管应用电路

光敏二极管在应用电路中必须反向偏置；否则其电流就与普通二极管的正向电流一样，不受入射光的控制了。在图 5 - 19 中，利用反相器可将光敏二极管的输出电压转换成 TTL 电平。

请学生逐步分析：强光照时 U_o 为何电平？

3. 光敏三极管应用电路

光敏三极管在电路中必须遵守集电结反

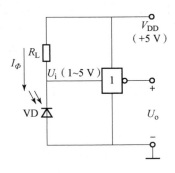

图 5 - 19 光敏二极管的
应用电路示例

偏、发射结正偏的原则，这与普通三极管工作在放大区时条件是一样的。

图 5 - 20 示出了两种常用的光敏三极管电路，表 5 - 1 是它们的输入输出状态表。

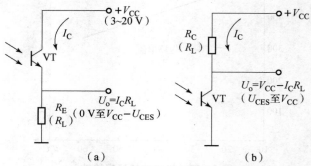

图 5 - 20 光敏三极管的两种常用电路

（a）射极输出电路；（b）集电极输出电路

表 5 - 1 输出状态比较

电路形式	无光照时			强光照时		
	三极管状态	I_C	U_o	三极管状态	I_C	U_o
射极输出	截止	0	0（低电平）	饱和	$(V_{CC} - 0.3)/R_L$	$V_{CC} - U_{CES}$（高电平）
集电极输出	截止	0	V_{CC}（高电平）	饱和	$(V_{CC} - 0.3)/R_L$	U_{CES}（0.3 V，低电平）

从表 5 - 1 中可以看出，射极输出电路的输出电压变化与光照的变化趋势相同，而集电极输出恰好相反。

4. 光电池的应用电路

为了得到光电流与光照度呈线性的特性，要求光电池的负载必须短路（负载电阻趋向于零）。可是，这在直接采用动圈式仪表的测量电路中是很难做到的。采用集成运算放大器组成的 I/U 转换电路就能较好地解决这个矛盾。图 5 - 21 是光电池的短路电流测量电路。由于运算放大器的开环放大倍数 $A_{od} \rightarrow \infty$，所以 $U_{AB} \rightarrow 0$，A 点为地点（虚地）。从光电池的角度来看，相当于 A 点对地短路，所以其负载特性属于短路电流的性质。又因为运放反相端输入电流 $I_A \rightarrow 0$，所以 $I_{Rf} = I_\Phi$，则输出电压 U_o 为

$$U_o = - U_{Rf} = - I_\Phi R_f \qquad (5 - 1)$$

从式（5 - 1）可知，该电路的输出电压 U_o 与光电流 I_Φ 成正比，从而达到电流与电压转换的目的。

若希望 U_o 为正值，可将光电池极性调换。若光电池用于微光测量时，I_Φ 可能较小，则应增加一级放大电路，并在第二级使用电位器 R_P 微调总的放大倍数，如图 5 - 21 中右边的反相比例放大器电路所示。

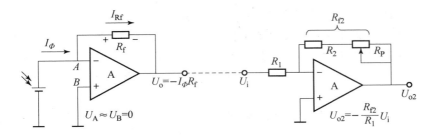

图 5 - 21　光电池短路电流测量电路

【任务实施】

光电传感器是将光量的变化转变为电量变化的一种变换器，属于非接触式测量，其理论基础是光电效应。目前广泛应用于生产的各个领域。依据被测物、光源、光电元件三者之间的关系，可以将光电传感器分为下述4 种类型。

（1）光源本身是被测物，被测物发出的光投射到光电元件上，光电元件的输出反映了光源的某些物理参数，如图 5 - 22（a）所示。典型的例子有光电高温比色温度计、光照度计、照相机曝光量控制等。

（2）恒光源发射的光通量穿过被测物，一部分由被测物吸收，剩余部分投射到光电元件上，吸收量决定于被测物的某些参数，如图 5 - 22（b）所示，典型例子如透明度计、浊度计等。

（3）恒光源发出的光通量投射到被测物上，然后从被测物表面反射到光电元件上，光电元件的输出反映了被测物的某些参数，如图 5 - 22（c）所示。典型的例子如用反射式光电法测转速、测量工件表面粗糙度、测纸张的白度等。

（4）恒光源发出的光通量在到达光电元件的途中遇到被测物，照射到光电元件上的光通量被遮蔽掉一部分，光电元件的输出反映了被测物的尺寸，如图 5 - 22（d）所示。典型的例子如振动测量、工件尺寸测量等。

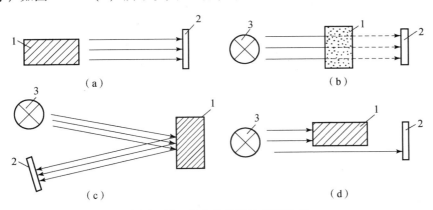

图 5 - 22　光电传感器的几种形式

（a）被测物是光源；（b）被测物吸收光通量；（c）被测物是有反射能力的表面；
（d）被测物遮蔽光通量
1—被测物；2—光电元件；3—恒光源

【问题一】 在冷轧带钢厂中，带钢在某些工艺如连续酸洗、退火、镀锡等过程中易产生走偏。在其他工业部门如印染、造纸、胶片、磁带等生产过程中也会发生类似的问题。带材走偏时，边缘经常与传送机械发生碰撞，易出现卷边，造成次品。实际中如何克服此种现象，提高产品的质量呢?

实施办法：

带材跑偏检测器是用来检测带型材料在加工过程中偏离正确位置的大小及方向，从而为纠偏控制电路提供纠偏信号。例如，在冷轧带钢厂中，带钢在某些工艺如连续酸洗、退火、镀锡等过程中易产生走偏。在其他工业部门如印染、造纸、胶片、磁带等生产过程中也会发生类似的问题。带材加工过程中的跑偏不仅影响其尺寸精度，而且会引起卷边、毛刺等质量问题。图5-23所示为带材跑偏检测装置的工作原理和测量电路。

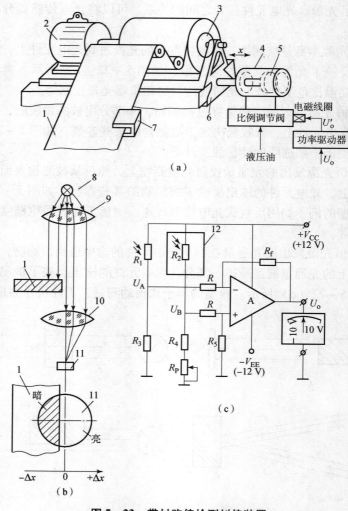

图5-23 带材跑偏检测纠偏装置

（a）原理示意图；（b）光电检测装置；（c）测量电路

1—被测带材；2—卷曲电机；3—卷曲辊；4—液压缸；5—活塞；6—滑台；

7—光电检测装置；8—光源；9，10—透镜；11—光敏电阻R_1；12—遮光罩

光源 8（可以是聚光灯泡，也可以是 LED 或激光）发出的光经透镜 9 会聚为平行光束后，再经透镜 10 会聚入射到光敏电阻 R_1 上。透镜 9、10 分别安置在带材合适位置的上、下方，在平行光束到达透镜 10 的途中，将有部分光线受到被测带材的遮挡，从而使光敏电阻受照的光通量减小。R_1、R_2 是同型号的光敏电阻，R_1 作为测量元件安置在带料下方，R_2 作为温度补偿元件用遮光罩覆盖。$R_1 \sim R_4$ 组成一个电桥电路，当带材处于正确位置（中间位置）时，通过预调电桥平衡，使放大器输出电压 U_o 为 0。如果带材在移动过程中左偏时，遮光面积减小，光敏电阻的光照面积增加，阻值变小，电桥失衡，放大器输出负压 U_o；若带材右偏，则遮光面积增大，光敏电阻的光照减弱，阻值变大，电桥失衡，放大器输出正压 U_o。输出电压 U_o 的正负及大小，反映了带材走偏的方向及大小。输出电压 U_o 一方面由显示器显示出来，另一方面被送到纠偏控制系统，作为驱动执行机构产生纠偏动作的控制信号。

【思考】 将上述装置略加改动，还可以制成什么仪器？

【问题二】 在转速测量过程中，传统的机械式转速表和接触式电子转速表均会影响被测物的旋转速度，且能够测量的旋转速度大小也有一定的限制，已不能满足自动化的要求。于是不干扰被测物转动而又能够实现高转速测量的装置应运而生。但这种功能是怎么实现的呢？

实施办法：

转速是指每分钟内旋转物体转动的圈数，单位是 r/min。光电式转速表属于反射式光电传感器，它可以在距被测物数十毫米外非接触地测量其转速。由于光电器件的动态特性较好，所以可以用于高转速的测量而又不干扰被测物的转动，图 5-24 是它的工作原理。图 5-24（a）所示为透光式，在待测转速轴上固定一带孔的调制盘，在调制盘一边由白炽灯产生恒定光，透过盘上小孔到达光敏二极管或光敏三极管组成的光电转换器上，并转换成相应的电脉冲信号，该脉冲信号经过放大整形电路输出整齐的脉冲信号，转速通过该脉冲频率测定。图 5-24（b）所示为反射式，在待测转速的盘上固定一个涂有黑白相间条纹的圆盘，它们具有不同的反射信号，并可转换成电脉冲信号。

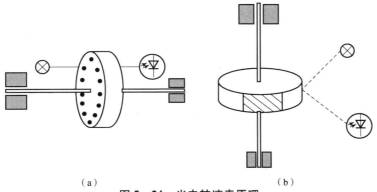

（a） （b）

图 5-24 光电转速表原理

（a）透光式；（b）反射式

转速 n 与脉冲频率 f 的关系式为

$$n = 60\frac{f}{N} \tag{5-2}$$

式中　N——孔数或黑白条纹数目。

频率可用一般的频率计测量。光电器件多采用光电池、光敏二极管和光敏三极管，以提高寿命、减小体积、减少功耗及提高可靠性。

光电脉冲转换电路如图 5-25 所示。BG_1 为光敏三极管，当光线照射 BG_1 时，产生光电流，使 R_1 上压降增大，导致晶体管 BG_2 导通，触发由晶体管 BG_3 和 BG_4 组成的射极耦合触发器，使 U_o 为高电位；反之，U_o 为低电位。脉冲信号 U_o 可送到计数电路计数。

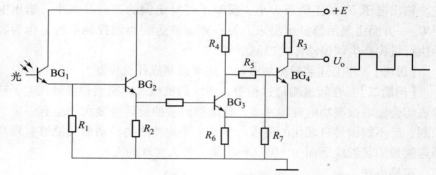

图 5-25　光电脉冲转换电路

【问题三】　环境污染是全球面临的首要问题。倡导绿色环保是人类共同的责任，在 2008 北京奥运会上得到了充分的体现。对于地表水、江河湖泊、海洋、饮用水、污水等各项指标进行快速分析，有效治理日益严重的水污染问题，是当前我国亟待解决的问题。那么实际中采用何种传感器进行水体中悬浮物浓度或淤泥浓度等浊度测量的呢？

实施办法：

水样本的浊度是水文资料的重要内容之一，图 5-26 所示为光电式浊度计原理图。光源发出的光线经过半反半透镜分成两路强度相等的光线：一路光线穿过标准水样 8（有时也采用标准衰减版），到达光电池

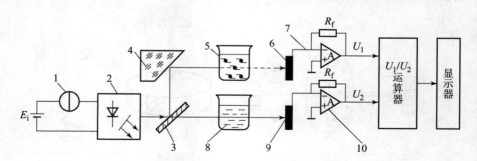

图 5-26　光电式浊度计原理图
1—恒流源；2—半导体激光器；3—半反半透镜；4—反射镜；5—被测水样；
6，9—光电池；7，10—电流/电压转换器；8—标准水样

9，产生作为被测水样浊度的参比信号；另一路光线穿过被测水样 5 到达光电池 6，其中一部分光线被样品介质吸收，样品水样越混浊，光线衰减量越大，到达光电池 6 的光通量就越小。两路光信号均转换成电压信号 U_1、U_2，由运算器计算出 U_1、U_2 的比值，并进一步计算出被测水样的浊度。

采用半反半透镜 3、标准水样 8 以及光电池 9 作为参比通道的好处是：当光源的光通量因种种原因有所变化或环境温度变化引起光电池灵敏度发生改变时，由于两个通道的结构完全一样，所以在最后运算 U_1/U_2 值（其值的范围是 0 ~ 1）时，上述误差可自动抵消，减小了测量误差。检测技术中经常采用类似上述的方法，因此从事测量工作的人员必须熟练掌握参比和差动的概念。将上述装置略加改动，还可以制成光电比色计，用于血色素测量、化学分析等。

【任务总结】

本任务主要介绍了光电式传感器的基本知识。光电式传感器是将光通量转换为电量的一种传感器，它的基础是光电转换元件的光电效应。光电测量方法一般具有结构简单、非接触、高精度、高分辨率、高可靠性和响应速度快等优点。光电效应可分为内光电效应、外光电效应和光生电动势效应等。

本任务详细介绍了光电管、光敏电阻、光电池等光电元件的工作原理及其基本特性，以及红外传感器的基本原理和红外探测器及光电传感器的一些典型应用。

任务二　光纤传感器及应用

【任务描述】

通过本任务的学习，学生应达到的教学目标如下。

【知识目标】

（1）了解光纤的基本结构和传输原理。

（2）掌握光纤传感器的工作原理。

【技能目标】

能正确安装、调试光纤传感器。

【任务分析】

光纤传感器是 20 世纪 70 年代中期发展起来的一项新技术，它是伴随着光纤及光通信技术的发展而逐步形成的。

光纤传感器与传统的各类传感器相比有一系列优点，如不受电磁干扰、体积小、质量轻、可挠曲、灵敏度高、耐腐蚀、电绝缘、防爆性好、易与微机连接及便于遥测等。它能用于温度、压力、应变、位移、速度、加速度、磁、电、声、pH 值等各种物理量的测量，具有极为广泛的应用前景。

【知识准备】

一、 光纤的结构及种类

光导纤维简称光纤，是一种传输光信息的导光纤维，是一种经特别的工艺拉成的细丝，主要由高强度石英玻璃、常规玻璃和塑料制成。光纤透明、纤细，具有把光封闭其中并沿轴向进行传播的特征。它的结构很简单，如图 5 – 27 所示，由导光的芯体玻璃（简称纤芯）、包层及外护套组成，纤芯位于光纤的中心部位，其直径为 5 ~ 100 μm，包层可用玻璃或塑料制成，两层之间形成良好的光学界面。包层外面常有 PVC 外套，可保护纤芯和包层并使光纤具有一定的机械强度。

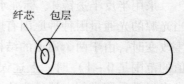

图 5 – 27 光纤的基本结构

光主要在纤芯中传输，光纤的导光能力主要取决于纤芯和包层的性质，即它们的折射率。纤芯的折射率大于包层的折射率，而且纤芯和包层构成一个同心圆双层结构。所以，可以保证入射到光纤内的光波集中在光芯内传输。

按折射率分布分类，光纤类型如图 5 – 28 所示，主要有以下 3 种。

（1）阶跃型。如图 5 – 28（a）所示，其折射率不随半径变化，各点分布均匀一致。

（2）梯度型。梯度型光纤如图 5 – 28（b）所示。其纤芯折射率近似呈平方分布，成聚焦型，即在轴线上折射率最大，离开轴线则逐步降低，又称自聚焦光纤。

（3）单孔型。单孔型光纤如图 5 – 28（c）所示。由于单孔型光纤的纤芯直径较小，光以电磁场模的原理传导，能量损失小，适宜于远距离传输，又称单模光纤。

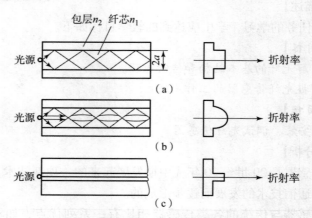

图 5 – 28 光纤的种类

（a）阶跃型多模光纤；（b）梯度型多模光纤；（c）单孔型单模光纤

此外，光纤按纤芯和包层材料性质分类，分为玻璃光纤和塑料光纤两大类；光纤还可按传输模式分类，分为单模光纤和多模光纤两类。

二、 光纤的传输原理

1. 光的全反射定律

光的全反射现象是研究光纤传光原理的基础。在几何光学中，大家知道，当光线以较小的入射角 φ_1（$\varphi_1 < \varphi_c$，φ_c 为临界角），由光密介质（折射率为 n_1）射入光疏介质（折射率为 n_2）时，一部分光线被反射，另一部分光线折射入光疏介质，如图 5 – 29（a）所示。折射角满足斯涅尔法则，即

$$n_1 \sin\varphi_1 = n_2 \sin\varphi_2 \qquad (5-3)$$

根据能量守恒定律，反射光与折射光的能量之和等于入射光的能量。

当逐渐加大入射角 φ_1，一直到 φ_c 时，折射光就会沿着界面传播，此时折射角 $\varphi_2 = 90°$，如图 5 – 29（b）所示，这时的入射角 $\varphi_1 = \varphi_c$，称为临界角，由式（5 – 4）决定，即

$$\sin\varphi_c = \frac{n_2}{n_1} \qquad (5-4)$$

当继续加大入射角 φ_1（即 $\varphi_1 > \varphi_c$）时，光不再产生折射，只有反射，形成光的全反射现象，如图 5 – 29（c）所示。

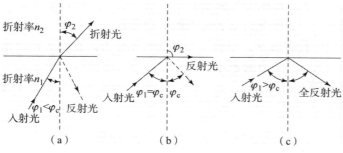

图 5 – 29　光线在临界面上发生的内反射示意图

（a）入射角小于临界角；（b）入射角等于临界角；（c）入射角大于临界角

2. 光纤的传输原理

下面以阶跃型多模光纤为例来说明光纤的传光原理。阶跃型多模光纤的基本结构如图 5 – 30 所示。设纤芯的折射率为 n_1，包层的折射率为 n_2（$n_1 > n_2$）。当光线从空气（折射率 n_0）中射入光纤的一个端面，并与其轴线的夹角为 θ_0，如图 5 – 30（a）所示，在光纤内折射成 θ_1 角。然后以 φ_1（$\varphi_1 = 90° - \theta_1$）入射到纤芯与包层的界面上。若入射角 φ_1 大于界角 φ_c，则入射的光线就能在界面上产生全反射，并在光纤内部以同样的角度反复逐次全反射地向前传播，直至从光纤的另一端射出。因光纤两端都处于同一介质（空气）中，所以出射角也为 θ_0。光纤即便弯曲，光也能沿着光纤传播。但是光纤过分弯曲，致使光射至界面的入射角小于临界角，那么大部分光将透过包层损失掉，从而不能在纤芯内部传播，如图 5 – 30（b）所示。

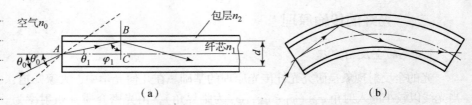

图5-30 阶跃型多模光纤中子午光线的传播

从空气中射入光纤的光并不一定都在光纤中产生全反射。图5-30（a）所示的虚线表示入射角θ_0'过大，光线不能满足临界角要求（即$\varphi_1 < \varphi_c$），这部分光线将穿透包层而逸出，称为漏光。即使有少量光被反射回纤维内部，但经过多次这样的反射后，能量已基本上损耗掉，以致几乎没有光通过光纤传播出去。因此，只有在光纤端面一定入射角范围内的光线才能在光纤内部产生全反射而传播出去。能产生全反射的最大入射角可以通过临界角定义求得。

引入光纤的数值孔径（N_A）概念，则

$$\sin\theta_c = \frac{1}{n_0}\sqrt{n_1^2 - n_2^2} = N_A \qquad (5-5)$$

式中 n_0——光纤周围介质的折射率，对于空气，$n_0 = 1$。

数值孔径是衡量光纤集光性能的主要参数，它决定了能被传播的光束的半孔径角的最大值θ_c，反映了光纤的集光能力。它表示无论光源发射功率多大，只有$2\theta_c$张角的光才能被光纤接收、传播（全反射）。N_A数值越大，光纤的集光能力越强。光纤产品通常不给出折射率，而只给出N_A的值。石英光纤的$N_A = 0.2 \sim 0.4$。

三、 光纤传感器的结构、 特点及种类

1. 光纤传感器的结构和特点

光纤传感器是20世纪70年代中期迅速发展起来的一种新型传感器，它是光纤和光通信技术迅速发展的产物。它以光学测量为基础，把被测量的变量状态转换为可测的光信号；它与常规传感器把被测量的变量状态转变为可测的电信号不同。光纤传感器作为一个新的技术领域，将不断改变传感器的面貌，并在各个领域获得广泛应用。

光纤传感器与常规传感器相比，具有以下特点。

（1）抗电磁干扰能力强。由于光纤传感器利用光传输信息，而光纤是电绝缘、耐腐蚀的，因此它不易受周围电磁场的干扰；而且电磁干扰噪声的频率与光波频率相比较低，对光波无干扰；此外，光波易于屏蔽，所以外界的干扰也很难进入光纤中。

（2）灵敏度高。很多光纤传感器都优于同类常规传感器，有的甚至高出几个数量级。

（3）电绝缘性能好。光导纤维一般是用石英玻璃制作的，具有80 kV/20 cm耐高压特性。

（4）质量轻、体积小，光纤直径仅有几十微米至几百微米。即使加上各种防护材料制成的光缆，也比普通电缆细而轻。所以，光纤柔软、可绕性好，可深入机器内部或人体弯曲的内脏进行检测，也能使光能沿需要的途径传输。

（5）适于遥控。可利用现有的光能技术组成遥测网。

（6）耐腐蚀，耐高温，防燃防爆。

因此，光纤传感器可广泛应用于位移、速度、加速度、压力、温度、液位、流量、水声、电声、磁场、放射性射线等物理量的测量。

光纤传感器构成示意图如图 5－31 所示。

图 5－31　光纤传感器构成示意图

它主要由光发送器、敏感元件、光接收器、信号处理系统及光导纤维等主要部分组成。由光发送器发出的光，经光纤引导到调制区，被测参数通过敏感元件的作用，使光学性质（如光强、波长、频率、相位、偏振态等）发生变化，成为被调制光，再经光纤送到光接收器，经过信号处理系统处理而获得测量结果。在检测过程中，用光作为敏感信息的载体，用光导纤维作为传输光信息的介质，通过检测光纤中光波参数的变化以达到检测外界被测物理量的目的。

2．光纤传感器的分类

光纤传感器种类繁多，应用范围极广，发展极为迅速。到目前为止，已相继研制出六七十种不同类型的光纤传感器。从广义上讲，凡是采用光导纤维的传感器均可称为光纤传感器，其分类方法如下。

（1）按测量对象的不同，光纤传感器可分为光纤温度传感器、光纤浓度传感器、光纤电流传感器、光纤流速传感器等。

（2）光纤传感器按光纤在传感器中所起的作用不同，可分为功能型光纤传感器即 FF（Function Fiber）型和非功能型光纤传感器即 NFF（Non Function Fiber）型。

（3）光波在光纤中传输光信息，把被测物理量的变化转变为调制的光波，即可检测出被测物理量的变化。光波在本质上是一种电磁波，因此它具有光的强度、频率、相位、波长和偏振态 5 个参数。相应地，根据被调制参数的不同，光纤传感器可以分为 5 类，即强度调制型光纤传感器、频率调制型光纤传感器、相位调制型光纤传感器、波长调制型光纤传感器、偏振调制型光纤传感器。以下主要介绍强度调制型光纤传感器和相位调制型光纤传感器。

四、 光纤传感器功能介绍

1. 强度调制型光纤传感器

强度调制型光纤传感器是应用较多的光纤传感器，它的结构比较简单，可靠性高，但灵敏度稍低。图 5 – 32 示出了强度调制型光纤传感器的几种形式。

（1）反射式。反射式的基本结构见图 5 – 32（a）。当被测表面前后移动时引起反射光强发生变化，利用该原理，可进行位移、振动、压力等参数的测量。

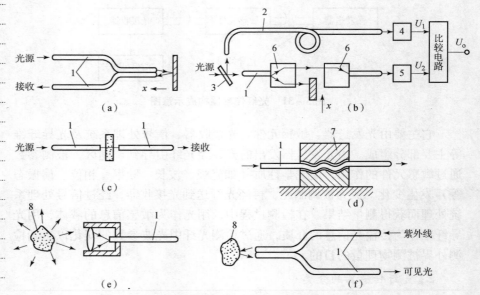

图 5 – 32 强度调制型光纤传感器的几种形式
（a）反射式；（b）遮光式；（c）吸收式；（d）微弯式；（e）接收光辐射式；（f）荧光激励式
1—传感臂光纤；2—参考臂光纤；3—半反半透镜（分束镜）；4—光电探测器 A；
5—光电探测器 B；6—透镜；7—变形器；8—荧光体

（2）遮光式。遮光式的基本结构见图 5 – 32（b）。不透光的被测物部分遮挡在两根传感臂光纤的聚焦透镜之间，当被测物上、下移动时，引起另一根传感臂光纤接收到的光强发生变化。利用该原理，也可进行位移、振动、压力等参数的测量。

（3）吸收式。吸收式的基本结构见图 5 – 32（c）。透光的吸收体遮挡在两根光纤之间，当被测物理量引起吸收体对光的吸收量发生改变时，使光纤接收到的光强发生变化。利用该原理，可进行温度等参数的测量。

（4）微弯式。微弯式的基本结构见图 5 – 32（d）。将光纤放在两块齿形变形器之间，当变形器受力时，将引起光纤发生弯曲变形，使光纤损耗增大，光电检测器接收到的光强变小。利用该原理，可进行压力、力、重量、振动等参数的测量。

（5）接收光辐射式。接收光辐射式的基本结构见图 5 – 32（e）。在这种形式中，被测物本身为光源，传感器本身不设置光源。根据光纤接收到的光辐射强度来检测与辐射有关的被测量。这种结构的典型应用是利用黑体受热发出红外辐射来检测温度，还可用于检测放射线等。

（6）荧光激励式。荧光激励式的基本结构见图5-32（f）。在这种形式中，传感器的光源为紫外线。紫外线照射到某些荧光物质上时，就会激励出荧光。荧光的强度与材料自身的各种参数有关。利用这种原理，可进行温度、化学成分等参数的测量。

大部分强度调制式光纤传感器都属于传光型，对光纤的要求不高，但希望耦合进入光纤的光强尽量大些，所以一般选用较粗芯径的多模光纤，甚至可以使用塑料光纤。强度调制式光纤传感器的信号检测电路比较简单。

2. 相位调制型光纤传感器

某些被测量作用于光纤时，将引起光纤中光的相位发生变化。由于光的相位变化难以用光电元件直接检测出来，因此通常要利用光的干涉效应，将光相位的变化量转换成光干涉条纹的变化来检测，所以相位调制型光纤传感器有时又称为干涉型光纤传感器。

相位调制型光纤传感器的灵敏度极高，并具有大的动态范围。一个好的光纤干涉系统可以检测出10^{-4} rad的微小相位变化。例如，在相位调制型光纤温度传感器中，温度每变化1 ℃，就可使长1 m的光纤中光的相位变化100 rad，所以该系统理论上可以达到10^{-6} ℃的分辨力，这样的分辨力是其他传感器所难以达到的。当然，环境参数的变化也必然对这样灵敏的系统造成干扰，因此系统必须考虑适当的补偿措施，如采用差动结构。相位调制型光纤传感器的结构比较复杂，且需要使用激光（ILD）及单模光纤。图5-33示出了双路光纤干涉仪的原理。

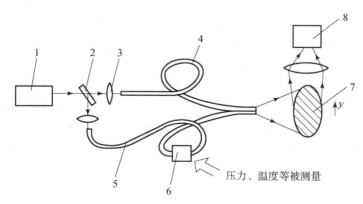

图5-33 双路光纤干涉仪

1—ILD；2—分束镜；3—透镜；4—参考光纤（参考臂）；5—传感光纤（测量臂）；
6—敏感头；7—干涉条纹；8—光电读出器

将光纤测量臂输出的光与不受被测量影响的另一根光纤（也称为参考臂）的参考光作比较，根据比较结果可以计算出被测量。

双路光纤干涉仪必须设置两条光路：一路光通过敏感头，受被测量影响；另一路通过参考光纤，它的光程是固定的。在两路光的汇合投影处，测量臂传输的光与参考臂传输的光将因相位不同而产生明暗相间的干涉条纹。当外界因素使传感光纤中的光产生光程差 Δl 时，干涉条纹将发生移动，移动的数目 $m = \Delta l / \lambda$（λ 为光的波长）。所谓的外界因素可以是被测的压力、温度、磁致伸缩、应变等物理量。根据干涉条纹的变化量，就可检测出被测量的变化，常见的检测方法有条纹计数法等。

【任务实施】

【问题一】 在工厂车间里，有许多大功率电机、交流接触器、晶闸管调压设备、感应电炉等，在防爆场合采用电气测量时，就会遇到电磁感应引起的噪声问题，在可能产生化学泄漏或可燃性气体溢出的场合，就会遇到腐蚀和防爆问题。在这些环境恶劣的场合，要求对高压变压器冷却油液位进行检测，那么采用何种传感器较合适？如何测量？

实施办法：

光纤液位传感器是利用强度调制型光纤反射式原理制成的，其工作原理如图 5-34 所示。

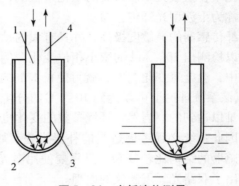

图 5-34 光纤液位测量
1—入射光纤；2—透明球形端面；3—包层；4—出射光纤

LED 发出的红光被聚焦射入到入射光纤中，经在光纤中长距离全反射，到达球形端部。有一部分光线透出端面，另一部分经端面反射回出射光纤，被另一根接收光纤末端的光敏二极管 VD 接收（图中未画出）。

液体的折射率比空气大，当球形端面与液体接触时，通过球形端面的光透射量增加而反射量减少，由后续电路判断反光量是否小于阈值，就可判断传感器是否与液体接触。该液位传感器的缺点是，液体在透明球形端面的黏附现象会造成误判。另外，不同液体的折射率不同，对反射光的衰减量也不同。因此，必须根据不同的被测液体调整相应的阈值。

光纤液位传感器高压变压器冷却油液面检测报警电路如图 5-35 所示。

当变压器冷却油液体低于光纤液位传感器的球形端面时，出射光纤的接收光敏二极管接收的光量减少。当 U_o 小于阈值 U_R 时，报警器报警。因为光纤传感器不会将高电压引入到计算机控制系统，所以绝缘问题较易解决。

如果要检测上、下限油位，可设置两个光纤液位传感器。

【问题二】 在一些易燃、易爆的化工车间进行温度测量时，就会遇到防爆问题。选用何种传感器适合于远距离防爆场所的温度检测呢？

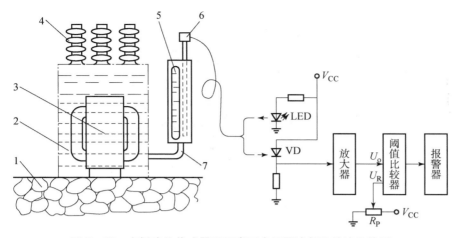

图 5 – 35 光纤液位传感器用于高压变压器冷却油的液位检测
1—鹅卵石；2—冷却油；3—高压变压器；4—高压绝缘子；5—冷却油液位指示窗口；
6—光纤液位传感器；7—连通器

实施办法：

光纤温度传感器就是一种适合于远距离防爆场所的环境温度检测传感器。光纤温度传感器是利用强度调制型光纤荧光激励式原理制成的，如图 5 – 36 所示。

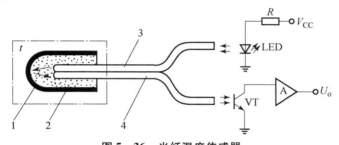

图 5 – 36 光纤温度传感器
1—感温黑色壳体；2—液晶；3—入射光纤；4—出射光纤

LED 将 0.64 μm 的可见光耦合投射到入射光纤中。感温壳体左端的空腔中充满彩色液晶，入射光经液晶散射后耦合到出射光纤中。当被测温度 t 升高时，液晶的颜色变暗，出射光纤得到的光强变弱，经光敏三极管及放大器后，得到的输出电压 U_o 与被测温度 t 成某一函数关系。

对于被测温度较高的情况可利用光纤高温传感器测量。光纤高温传感器包括端部掺杂质的高温蓝宝石单晶光纤探头、光电探测器和辐射信号处理系统，如图 5 – 37 所示。

当光纤温度传感器端部达到 400 ℃ 以上时，由于黑体腔被加热而引起热辐射（红外光），蓝宝石光纤收集黑体腔的红外热辐射，红外线经蓝宝石高温光纤传输并耦合进入低温光纤，然后射入末端的光敏二极管（两者轴线对准）。光敏二极管接收到的红外信号经过光电转换、信号放大、线性化处理、A/D 转换、微机处理后给出待测温度。为实现多点测量，加入多路开关，通过微机控制，选择测点顺序。

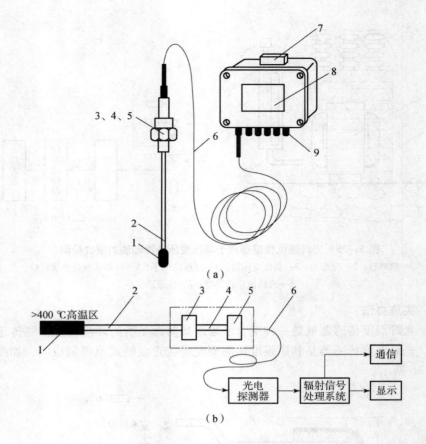

图 5 - 37 光纤高温传感器外观

（a）外观；（b）信号处理

1—黑体腔；2—蓝宝石高温光纤；3—光纤耦合器；4—低温耦合光纤；5—滤光器；

6—传导光纤；7—通信接口；8—辐射信号处理系统及显示器；9—多路输入端子

该光纤高温传感器的测温上限可达 1 800 ℃。在 800 ℃ 以上时，灵敏度优于 1 ℃；在 1 000 ℃ 以上，可分辨温度优于 0.1 ℃。因此，在现代的质量控制及工艺过程控制中具有广泛的应用。

【任务总结】

近年来，由于低损耗光纤的问世以及检测用特殊光纤的开发，在光纤应用领域继光纤通信技术之后又出现了一门崭新的光纤传感器工程技术。光纤传感器有功能型和传输型（非功能型）两大类。其中反射式光纤位移传感器是一种传输型光纤传感器，它是一种非接触式测量，具有探头小、响应速度快、测量线性化（在小位移范围内）等优点，可在小位移范围内进行高速位移检测。通过本任务的学习，主要掌握光纤传感器的结构类型、光纤的结构和传光原理，重点掌握光纤传感器的应用。

【项目评价】

根据任务实施情况进行综合评议。

评定人/任务	操作评议	等级	评定签名
自评			
同学互评			
教师评价			
综合评定等级			

【拓展提高】

【问题】 在工业生产的某些过程中，经常需要检查系统内部结构状况，而这种结构由于各种原因不能打开或靠近观察。在这种情况下，通过什么方法、采用何种仪器和原理来检查系统内部结构情况呢？

实施办法：

采用光纤图像传感器可解决这一难题。将探头事先放入系统内部，通过传像束的传输可以在系统外部观察、监视系统内部情况，其工作原理如图 5-38 所示。该传感器主要由物镜、传像束、传光束、目镜或图像显示器等组成，光源发出的光通过传光束照射到待测物体上，照明视场，再由物镜成像，经传像束把待测物体的各像素传送到目镜或图像显示设备上，观察者便可对该图像进行分析处理。另一种结构形式如图 5-39 所示，被测物体内部结构的图像通过传像束送到 CCD 器件，这样把图像信号转换成电信号，送入微机进行处理，微机输出可以控制一伺服装置，实现跟踪扫描，其结果也可以在屏幕上显示和打印。

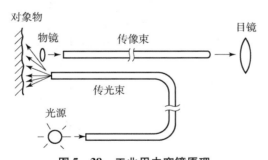

图 5-38 工业用内窥镜原理

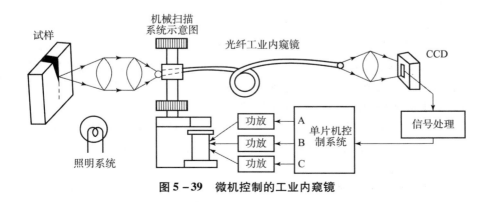

图 5-39 微机控制的工业内窥镜

【练习与思考】

1. 单项选择题

（1）晒太阳取暖利用了（　　）；人造卫星的光电池板利用了（　　）；植物的生长利用了（　　）。

A. 光电效应　　　B. 光化学效应　　C. 光热效应　　　D. 感光效应

（2）蓝光的波长比红光（　　），相同光通量的蓝光能量比红光（　　）。

A. 长　　　　　　B. 短　　　　　　C. 大　　　　　　D. 小

（3）光敏二极管属于（　　），光电池属于（　　）。

A. 外光电效应　　B. 内光电效应　　C. 光生伏特效应

（4）光敏二极管在测光电路中应处于（　　）偏置状态，而光电池通常处于（　　）偏置状态。

A. 正向　　　　　B. 反向　　　　　C. 零

（5）光纤通信中，与出射光纤耦合的光电元件应选用（　　）。

A. 光敏电阻　　　　　　　　　　B. PIN 光敏二极管

C. APD 光敏二极管　　　　　　　D. 光敏三极管

（6）温度上升，光敏电阻、光敏二极管、光敏三极管的暗电流（　　）。

A. 上升　　　　　B. 下降　　　　　C. 不变

（7）普通型硅光电池的峰值波长为（　　），落在（　　）区域。

A. 0.8 m　　　　B. 8 mm　　　　C. 0.8 μm　　　　D. 0.8 nm

E. 可见光　　　　F. 近红外光　　　G. 紫外光　　　　H. 远红外光

（8）欲精密测量光的照度，光电池应配接（　　）。

A. 电压放大器　　　　　　　　　B. A/D 转换器

C. 电荷放大器　　　　　　　　　D. I/U 转换器

（9）欲利用光电池为手机充电，需将数片光电池（　　）起来，以提高输出电压，再将几组光电池（　　）起来，以提高输出电流。

A. 并联　　　　　B. 串联　　　　　C. 短路　　　　　D. 开路

（10）欲利用光电池在灯光（约 200 lx）下驱动液晶计算器（1.5 V）工作，必须将（　　）光电池串联起来才能正常工作。

A. 2 片　　　　　B. 3 片　　　　　C. 5 片　　　　　D. 20 片

（11）超市收银台用激光扫描器检测商品的条形码是利用了（　　）的原理；用光电传感器检测复印机走纸故障（两张重叠，变厚）是利用了（　　）的原理；放映电影时，利用光电元件读取影片胶片边缘"声带"的黑白宽度变化来还原声音，是利用了（　　）的原理；而洗手间红外反射式干手机又是利用了（　　）的原理。

A. 被测物是光源　　　　　　　　B. 被测物吸收光通量

C. 被测物是具有反射能力的表面　　D. 被测物遮蔽光通量

2. 填空题

光敏晶闸管用于路灯控制的电路如图 5-40 所示，请分析并填空。

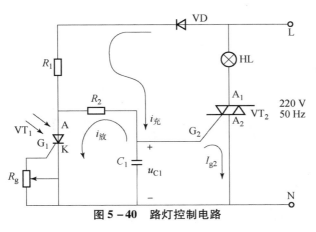

图 5 – 40 路灯控制电路

（1）图 5 – 40 中的 VT_1 是_____敏晶闸管，VT_2 是_____（单/双）向晶闸管。220 V 的 L 端为_____（火线/零线），N 端为_____线。

（2）当早晨光照度增加至一定值时，VT_1_____（导通/截止），220 V 的 L 端经 VD、R_1 再经 VT_1 的 A、K 到 N 端，VT_2 失去触发电压，电灯 HL_____。傍晚，光照度逐渐减弱至一定值时，VT_1_____，220 V 经 VD、R_1、R_2 向 C_1 充电，当 C_1 的端电压超过 VT_2 的触发电压时，VT_2_____，路灯_____。

（3）设 HL 的电流为 10 A，则 VT_2 的额定电流应选取_____（5/10/20）A，VT_1、VT_2 的反向击穿电压应高于_____（220/220 $\sqrt{2}$/220×15 $\sqrt{2}$）V 才能保证安全使用。

3. 简答题

（1）什么是光电效应？根据光电效应现象的不同可将光电效应分为哪几类？各举例说明。

（2）光电传感器可分为哪几类？请分别举出几个例子加以说明。

（3）光敏二极管和普通二极管有什么区别？如何鉴别光敏二极管的好坏？

（4）如何检测光敏电阻和光敏三极管的好坏？

（5）说明光纤的组成和光纤传感器的分类，并分析传光原理。

（6）光纤的数值孔径 N_A 的物理意义是什么？N_A 取值大小有什么作用？

（7）说明光纤传感器的结构特点。

（8）请查阅有关资料（图书、杂志或上网），估计目前传输损耗已能降到每千米多少分贝？

温度传感器及应用

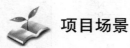

项目场景

温度是一种最基本的环境参数，人民的生活与环境的温度息息相关，在工业生产过程中需要实时测量温度，在农业生产中也离不开温度的测量，因此研究温度的测量方法和装置具有重要的意义。温度是一个十分重要的物理量，对它的测量与控制有十分重要的意义。随着现代工农业技术的发展及人们对生活环境要求的提高，人们也迫切需要检测与控制温度。例如，大气及空调房中温度的高低直接影响着人们的身体健康；在大规模集成电路生产线上，环境温度不适当会严重影响产品的质量。测温技术在生产过程中、在产品质量控制和监测、设备在线故障诊断和安全保护以及节约能源等方面发挥着重要作用。

需求分析

电子温度计是家庭生活中常用的电子产品之一，它会及时地提示天气温度的变化情况，为人们的工作、生活提供重要的气象信息。

温度与人类生活息息相关。光、声的强度即使增大10%，也不会对人们的感觉有太大的影响，但是空间温度的变化却对人类有较大影响。早在两千多年前，人类就为检测温度进行了各种努力，并开始使用温度传感器检测温度。在人类社会中，无论是工业、农业、商业、科研、国防、医学还是环保等部门都与温度有着密切的关系。在工业生产自动化流程中，温度测量点一般要占全部测量点的一半左右。因此，人类离不开温度，当然也离不开温度传感器。

温度传感器是实现温度检测和控制的重要器件。在种类繁多的传感器中，温度传感器是应用最广泛、发展最快的传感器之一。

方案设计

针对项目需求，本项目主要包含电阻式温度传感器、热电偶式温度传感器的基本概念、组成、分类、工作原理、应用及其相关参数等，本项目设置了任务一温度测量概述，任务二热电偶及应用，任务三热电阻及应用。通过本项目的学习，认识、了解温度量的检测器件，了解它们的主要特点和性能，了解温度量式传感器。本项目主要介绍了几种常用的测温仪器。

 相关知识和技能

【知识目标】

（1）了解温度的基本概念以及各种温标。

（2）掌握工业常用的温度检测方法。

（3）了解金属热电阻的工作原理。

（4）掌握铜热电阻和铂热电阻的性能、特点与应用。

（5）掌握热电效应概念。

（6）熟悉热电偶传感器的基本结构、类型及常用热电偶。

（7）理解热电偶基本定律。

（8）熟悉热电偶补偿导线的作用。

（9）掌握热电偶冷端补偿方法。

【技能目标】

（1）能熟练查找热电阻、热电偶分度表。

（2）能正确分析由温度检测元件组成的检测系统，并能设计基本的温度检测系统。

（3）能根据不同的温度测量选择合适的温度检测元件类型。

（4）能完成热电阻、热电偶的实训项目。

任务一 温度测量概述

【任务描述】

通过本任务的学习，学生应达到的教学目标如下。

【知识目标】

（1）理解国际温标含义、单位及其组成的要素。

（2）掌握常用温度测量方法及温度测量仪表种类。

【技能目标】

能根据检测需要选择合适的温度测量仪表类型。

【任务分析】

温度是国际单位制（SI）七个基本物理量之一，也是工业生产和科学实验中最普遍、最重要的工艺参数。许多生产过程都是在一定温度下进行的。例如，精馏塔利用混合物中各组分沸点不同实现组分分离，对塔釜、塔顶等温度都必须按工艺要求分别控制在一定数值范围；否则将无法生产出质量合格的产品。在氨合成工艺中，温度也是关键的控制指标之一。温度的检测和控制非常普遍。下面就有关温度、温标、测温方法等一些基本知识做一简要介绍。

【知识准备】

一、 温度和温标

温度是表征物体冷热程度的物理量，自然界中的一切过程无不与温度密切相关。从工业控制到科学研究、从环境气温到人体温度、从宇宙太空到家用电器，各个领域都离不开温度测量。

从微观上看，温度表示物质内部分子热运动平均动能的大小。温度只能通过物体随温度变化的某些特性来间接测量，而用来量度物体温度数值的标尺叫温标。它规定了温度的读数起点（零点）和测量温度的基本单位。目前国际上用得较多的温标有华氏温标、摄氏温标、热力学温标和国际实用温标。

1. 经验温标

借助某种物质的物理量与温度变化的关系，用实验方法或经验公式所确定的温标称为经验温标。常用的有摄氏温标、华氏温标等。

1）摄氏温标（℃）

摄氏温标是把在标准大气压下水的冰点定为 0 ℃，把水的沸点定为 100 ℃的一种温标。在这两固定点间划分为 100 等分，每一等分为 1 ℃，符号为 t。

2）华氏温标（℉）

人们规定在标准大气压下纯水的冰点温度为 32 ℉，水的沸点定为 212 ℉，中间划分 180 等分，每一等分为 1 ℉，符号为 θ。

摄氏温度值 t 和华氏温度值 θ 有以下关系，即

$$\theta = (1.8t + 32)\ ℉ \qquad (6-1)$$

例如，30 ℃时的华氏温度 $\theta = (1.8 \times 30 + 32)\ ℉ = 86\ ℉$。我国日常生活中常用的是摄氏温标，而西方国家普遍使用华氏温标。

2. 热力学温标（K）

1848 年威廉·汤姆首先提出以热力学第二定律为基础，建立了温度仅与热量有关而与物质无关的热力学温标，因是开尔文提出来的，故又称为开尔文温标。热力学温标是一种理想温标，规定分子运动停止时的温度为绝对零度。温度单位为开尔文（K），大小定义为水三相点的热力学温度的 1/273.16。由于热力学中的卡诺热机是一种理想的机器，实际上能够实现卡诺循环的可逆热机是没有的，所以，热力学温标是一种理想温标，是不可能实现的温标。

3. 国际实用温标

为了解决国际上温度标准的统一及实用问题，国际计量委员会在 1968 年建立了一种国际协议性温标，即 IPTS – 68 温标。这种温标与热力学温标基本吻合，其差值符合规定的范围，而且复现性好（在全世界用相同的方法，可以得到相同的温度值），所规定的标准仪器使用方便、容易制造。

1968 年国际实用温标规定，热力学温度是基本温度，用符号 T 来表

示，其单位是开尔文（K）。1 K 定义为水三相点热力学温度的 1/273.16，水三相点是指化学纯水在固态、液态及气态三相平衡时的温度，热力学温标规定水三相点温度为 273.16 K。

由于以前曾规定水三相点温度为 273.15 K，所以现在沿用这个规定，用下式进行开氏和摄氏的换算，即

$$t(\text{℃}) = T(\text{K}) - 273.15 \tag{6-2}$$

或

$$T(\text{K}) = t(\text{℃}) + 273.15 \tag{6-3}$$

例如，0 ℃时的热力学温度 $T = (0 + 273.15)\text{K} = 273.15 \text{ K}$。

这里摄氏温度的分度值与开氏温度分度值相同，即温度间隔 1 K 等于 1 ℃。T_0 是在标准大气压下冰的融化温度，$T_0 = 273.15 \text{ K}$，即水的三相点的温度比冰点高出 0.01 ℃。由于水的三相点温度易于复现，复现精度高，而且保存方便，是冰点不能比拟的，所以国际实用温度规定，建立温标的唯一基准点选用水的三相点。

二、 温度测量仪表的分类

温度测量仪表按测温方式不同，可分为接触式和非接触式两大类。通常来说，接触式测温仪表比较简单、可靠，测量精度较高；但因测温元件与被测介质需要进行充分的热交换，故需要一定的时间才能达到热平衡，所以存在测温的延迟现象，同时受耐高温材料的限制，不能应用于很高的温度测量。非接触式仪表测温是通过热辐射原理来测量温度的，测温元件不需与被测介质接触，测温范围广，不受测温上限的限制，也不会破坏被测物体的温度场，反应速度也比较快；但受到物体的发射率、测量距离、烟尘和水汽等外界因素的影响，其测量误差较大。

工业上常用的温度检测仪表的分类如表 6-1 所示。

表 6-1 常用测温方法、类型及特点

测温方式	温度计或传感器类型		测温范围/℃	精度/%	特点
接触式	热膨胀式	水银	-50~650	0.1~1	简单方便，易损坏（水银污染）
		双金属	0~300	0.1~1	结构紧凑、牢固可靠
		压力 液体	-30~600	1	耐振、坚固、价格低廉
		压力 气体	-20~350		
	热电偶	铂铑-铂	0~1 600	0.2~0.5	种类多，适应性强，结构简单，经济方便，应用广泛。须注意寄生热电势及动圈式仪表电阻对测量结果的影响
		其他	-20~1 100	0.4~1.0	

续表

测温方式	温度计或传感器类型		测温范围/℃	精度/%	特点
接触式	热电阻	铂	−260 ~ 600	0.1 ~ 0.3	精度及灵敏度均较好，须注意环境温度的影响
		镍	−500 ~ 300	0.2 ~ 0.5	
		铜	0 ~ 180	0.1 ~ 0.3	
	热敏电阻		−50 ~ 350	0.3 ~ 0.5	体积小、响应快、灵敏度高、线性差，须注意环境温度影响
非接触式	辐射式温度计		800 ~ 3 500	1	非接触测温，不干扰被测温度场，辐射率影响小，应用简便
	光学高温计		700 ~ 3 000	1	
	热探测器		200 ~ 2 000	1	非接触测温、不干扰被测温度场、响应快、测温范围大，适于测量温度分布，易受外界干扰，标定困难
	热敏电阻探测器		−50 ~ 3 200	1	
	光子探测器		0 ~ 3 500	1	
其他	示温涂料	碘化银，二碘化汞，氯化铁、液晶等	−35 ~ 2 000	< 1	测温范围大，经济方便，特别适于大面积连续运转零件上的测温，精度低，人为误差大

【任务实施】

学生进行分组，每组 5 ~ 6 人随机组合，通过网络或图书资料等方式，搜集和整理测温仪表的种类和工作原理，日常生活中温度测量和控制有哪些方法和仪器，工业生产中温度测量的意义和要求。然后进行学习和评价，并依据评价标准给出成绩。

收集的信息应是一个测温的典型案例，包括测温的意义、测量的方法和使用的测温仪表等。

【任务总结】

通过本任务的学习，让学生掌握温标的三要素是什么，目前常用的温标有哪几种、它们之间有什么关系，测温仪表有哪些分类方式，目前我国采用的温标是哪种温标，热传递方式通常有哪 3 种方式，温度测量可分为哪两大类等知识点。

任务二　热电偶及应用

【任务描述】

通过本任务的学习，学生应达到的教学目标如下。

【知识目标】

（1）理解热电偶热电动势的产生及热电偶结构种类。

（2）理解热电偶基本定律及应用。

（3）掌握热电偶冷端温度补偿。

（4）掌握热电偶安装及常见故障处理。

【技能目标】

（1）能辨识热电偶型号，能拆装热电偶。

（2）会热电偶冷端温度补偿的处理方法，能正确连接补偿导线。

（3）能进行热电偶的安装、校验等工作。

【任务分析】

热电偶温度计是众多温度计中，已形成系列化、标准化的一种。它能将温度信号转换成电动势，并且可以选用标准的显示仪表和记录仪表进行显示和记录。目前热电偶温度计在工业生产和科学研究中已得到广泛的应用。

热电偶是工业中最常用的温度检测元件之一，具有以下特点。

（1）它属于自发电型温度计，因此测量时可以不要外加电源，可直接驱动动圈式仪表。

（2）测量范围大。常用的热电偶在 - 50 ~ + 1 600 ℃ 内均可连续测量，某些特殊热电偶最低可测到 - 269 ℃ （如金铁 - 镍铬），最高可达 + 2 800 ℃ （如钨 - 铼）。

（3）构造简单，使用方便。热电偶的电极不受大小和形状的限制，可按照需要选择。

（4）机械强度好，性能可靠，使用寿命长，安装方便。

（5）测量精度高。各温区中的误差均符合国际计量委员会的标准。

通过本任务的学习，让学生掌握热电偶的测温原理及应用。

【知识准备】

一、 热电偶测温原理

1. 热电效应

通过两种不同材料的导体或半导体所组成的回路称为"热电偶"，组成热电偶的导体称为"热电极"，热电偶所产生的电动势称为热电动势（以下简称热电势）。热电偶的两个结点中，置于温度为 T 的被测对象中的结点称为测量端，又称为工作端或热端；而置于参考温度为 T_0 的另一结点称为参考端，又称为自由端或冷端。

1821 年，德国物理学家赛贝克（T. J. Seebeck）用两种不同金属组成闭合回路，并用酒精灯加热其中一个接触点（称为结点），发现放在回路中的指南针发生了偏转，如图 6 - 1 （a）所示。如果用两盏酒精灯对两个结点同时加热，指南针的偏转角反而减小。显然，指南针的偏转说明了回路中有电动势产生，并有电流在回路中流动，电流的强弱与两个结点的温差有关。

当两个结点温度不相同时，回路中将产生电动势。这种物理现象称为热电效应。

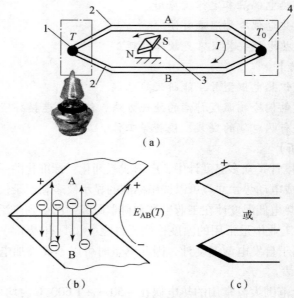

（a）

（b）　　　　　　　　或　　　　　　（c）

图 6 – 1　热电偶原理图

（a）热电效应；（b）结点产生热电动势示意；（c）图形符号

1—工作端；2—热电极；3—指南针；4—参考端

电子理论分析表明，热电偶产生的热电动势 E_{AB}（T，T_0）主要由接触电动势组成。

将两种不同的金属互相接触，由于不同金属内自由电子的密度不同，在两金属 A 和 B 的接触点处会发生自由电子的扩散现象。自由电子将从密度大的金属扩散到密度小的金属里，如图 6 – 1（b）所示。假定导体 A 的电子密度比导体 B 的大，则 A 失去电子带正电，B 得到电子就带负电，直至在结点处建立起充分强大的电场，能够阻止电子的继续扩散，而达到动态平衡，即由 A 扩散到 B 的电子数目与在静电场作用下 B 扩散到 A 的电子数目相等，从而建立起稳定的热电动势。这种在两种不同金属的结点处产生的热电动势称为珀尔帖（Peltier）电动势，又称接触电动势。根据物理学中的理论推导，接触电动势的大小可以用式（6 – 4）来表示，即

$$E_{AB}(T) = \frac{kT}{e}\ln\frac{N_{AT}}{N_{BT}} \tag{6 – 4}$$

式中　　e——单位电荷，$e = 1.6 \times 10^{-19}$C；

　　　　k——波尔兹曼常数，$k = 1.38 \times 10^{-23}$ J/K；

　　　　T—A、B 导体接触处的温度；

　　　　N_{AT}，N_{BT}——分别为导体 A、B 在 T 温度下的电子密度。

由式（6 – 4）可知，接触电动势的大小与温度和材料电子密度有关。温度越高，接触电动势越大，两金属电子密度比值越大，接触电动势也越大。

由于热电偶的两个结点均存在接触电动势，所以热电偶所产生的总的

热电动势是两个接触电动势的代数和，见式（6-5），即

$$E_{AB}(T, T_0) = E_{AB}(T) - E_{AB}(T_0) \qquad (6-5)$$

由式（6-5）可得出以下结论。

（1）热电偶回路的热电动势大小只与组成热电偶的材料及两端温度差有关，与热电极的长短和粗细无关。

（2）只有不同的导体或半导体材料才能构成热电偶，而相同材料即 $N_A = N_B$，回路的热电动势为零。

（3）尽管采用两种不同的导体或半导体材料，若热电偶两结点温度相等，即 $T = T_0$，回路的热电动势也为零。

（4）当材料选定以后，热电动势的大小仅与两端温度有关，如果设法将其一个端点温度固定，如使 $f(T_0)$ 为常数，则热电偶回路的热电动势就与 T 建立一一对应关系，这就是热电偶测温的原理。

T_0 固定后，根据 $E-T$ 关系列成的专门表格，叫热电偶分度表。不同材料的热电偶具有不同的分度表。分度表中的数值由于 T_0 值的不同也是不同的，通常 T_0 取为 0 ℃，许多低温热电偶分度表取 T_0 为 0 K。分度表中数值不是根据式（6-4）计算得到的（因为 N_A、N_B 与 T 的函数关系很难得到），而是人们根据大量的科学实验总结出来的。

为了使用方便，将标准化热电偶的热端温度与热电动势之间的对应关系都制成易于查找的表格形式，有函数表可查。这种函数表是在冷端温度为 0 ℃ 条件下，通过实验方法制定出来的，称为热电偶分度表。几种常用热电偶的分度表（ITS-90）如表 6-2 至表 6-6 所示。

2. 热电偶基本定律

使用热电偶测温，要应用以下几条基本定律为理论依据。

1）均质导体定律

两种均质金属组成的热电偶，其电动势大小与热电极直径、长度及沿热电极长度上的温度分布无关，只与热电极材料和两端温度有关。

如果材质不均匀，则当热电极上各处温度不同时，将产生附加电动势，造成无法估计的测量误差。因此，热电极材料的均匀性是衡量热电偶质量的重要指标之一。

2）中间导体定律

若在热电偶回路中插入中间导体，只要中间导体两端温度相同，则对热电偶回路的总热电动势无影响。这就是中间导体定律，如图 6-2 所示。如果热电偶回路中插入多种导体，只要保证插入的每种导体的两端温度相同，则对热电偶的热电动势也无影响。

利用热电偶实际测温时，连接导线、显示仪表和接插件等均可看成中间导体，只要保证这些中间导体两端的温度各自相同，则对热电偶的热电动势没有影响。因此，中间导体定律对热电偶的实际应用是十分重要的。在使用热电偶时，应尽量使上述元器件两端的温度相同，才能减少测量误差。

表 6-2 镍铬-镍硅（镍铝）(K) 型热电偶分度表

参考端温度：0 ℃ 单位：mV

分度表：K

温度/℃	-100	-0
-0	-3.533	0.000
-10	-3.822	-0.392
-20	-4.138	-0.777
-30	-4.410	-1.156
-40	-4.669	-1.527
-50	-4.912	-1.889
-60	-5.141	-2.243
-70	-5.354	-2.586
-80	-5.550	-2.920
-90	-5.730	-3.242
-100	-5.891	-3.553

温度/℃	0	100	200	300	400	500	600	700	800	900	1 000	1 100	1 200	1 300
0	0.000	4.095	8.137	12.207	16.395	20.640	24.902	29.128	33.277	37.325	41.269	45.108	48.828	52.393
10	0.397	4.508	8.537	12.623	16.818	21.066	25.327	29.547	33.686	37.724	41.657	45.486	49.192	52.747
20	0.798	4.919	8.938	13.039	17.241	21.493	25.751	29.965	34.095	38.122	42.045	45.863	49.555	53.093
30	1.203	5.327	9.341	13.456	17.664	21.919	26.176	30.383	34.502	38.519	42.432	46.238	49.916	53.439
40	1.611	5.733	9.754	13.874	18.088	22.346	26.599	30.799	34.909	38.915	42.817	46.612	50.276	53.782
50	2.022	6.137	10.151	14.292	18.513	22.772	27.022	31.214	35.314	39.310	43.202	46.985	50.633	54.125
60	2.436	6.530	10.560	14.712	18.938	23.198	27.445	31.629	35.718	39.703	43.585	47.356	50.990	54.466
70	2.850	6.939	10.969	15.132	19.363	23.624	27.867	32.042	36.121	40.096	43.968	47.726	51.344	54.807
80	3.266	7.338	11.381	15.552	19.788	24.050	28.288	32.455	36.524	40.488	44.349	48.095	51.697	
90	3.681	7.737	11.793	15.974	20.214	24.476	28.700	32.866	36.925	40.879	44.729	48.462	52.049	
100	4.095	8.137	12.207	16.395	20.640	24.902	29.128	33.277	37.925	41.269	45.108	48.828	52.398	

表6-3　镍铬-铜镍（E）型热电偶分度表

分度表：E　　　　　　　参考端温度：0 ℃　　　　　　　单位：mV

温度/℃	0	100	200	300	400	500	600	700	800	900
0	0.000	6.317	13.419	21.033	28.943	36.999	45.085	53.110	61.022	68.738
10	0.591	6.996	14.161	21.814	29.744	37.808	45.891	53.907	61.806	69.549
20	1.192	7.683	14.909	22.597	30.546	38.617	46.697	54.703	62.588	70.313
30	1.801	8.377	15.661	23.383	31.305	39.426	47.502	55.498	63.368	71.075
40	2.419	9.078	16.417	24.171	32.155	40.236	48.306	56.291	64.147	71.835
50	3.047	9.787	17.178	24.961	32.960	41.045	49.109	57.083	64.924	72.593
60	3.683	10.501	17.942	25.754	33.767	41.853	49.911	57.873	65.700	73.350
70	4.329	11.222	18.710	26.549	34.574	42.662	50.713	58.663	66.473	74.104
80	4.983	11.949	19.481	27.345	35.382	43.470	51.513	59.451	67.245	74.857
90	5.646	12.681	20.256	28.143	36.190	44.278	52.312	60.237	68.015	75.608
100	6.317	13.419	21.033	28.943	36.999	45.085	53.110	61.022	68.783	76.358

温度/℃	-0	-100
-0	0.000	-5.237
-10	-0.581	-5.680
-20	-1.151	-6.107
-30	-1.709	-6.516
-40	-2.254	-6.907
-50	-2.787	-7.279
-60	-3.306	-7.631
-70	-3.811	-7.963
-80	-4.301	-8.273
-90	-4.777	-8.561
-100	-5.237	-8.824

表 6-4 铜-铜镍（T）型热电偶分度表

参考端温度：0 ℃ 单位：mV

分度表：T

温度/℃	-200	-100	0
0		-3.378	0
-10	-5.603	-3.656	-0.383
-20	-5.753	-3.923	-0.757
-30	-5.889	-4.177	-1.121
-40	-6.007	-4.419	-1.475
-50	-6.105	-4.648	-1.819
-60	-6.181	-4.865	-2.152
-70	-6.232	-5.069	-2.475
-80	-6.258	-5.261	-2.788
-90		-5.439	-3.089
-100		-5.603	-3.378

温度/℃	0	100	200	300
0	0	4.277	9.286	14.86
10	0.391	4.749	9.82	15.443
20	0.789	5.227	10.36	16.03
30	1.196	5.712	10.905	16.621
40	1.611	6.204	11.456	17.217
50	2.035	6.702	12.011	17.816
60	2.467	7.207	12.572	18.42
70	2.908	7.718	13.137	19.027
80	3.357	8.235	13.707	19.638
90	3.813	8.757	14.281	20.252
100	4.277	9.286	14.86	20.869

表 6-5　铂铑$_{10}$-铂 (S) 型热电偶分度表

分度表：S　　参考端温度：0 ℃　　单位：mV

温度/℃	0	100	200	300	400	500	600	700	800	900	1 000	1 100	1 200	1 300	1 400	1 500	1 600	1 700
0	0.000	0.645	1.440	2.323	3.260	4.234	5.237	6.274	7.345	8.448	9.585	10.754	11.947	13.155	14.368	15.576	16.771	17.942
10	0.055	0.719	1.525	2.414	3.356	4.333	5.339	6.380	7.454	8.560	9.700	10.872	12.067	13.276	14.489	15.697	16.890	18.056
20	0.113	0.795	1.661	2.506	3.452	4.432	5.442	6.486	7.563	8.673	9.816	10.991	12.188	13.397	14.610	15.817	17.008	18.170
30	0.173	0.872	1.698	2.599	3.549	4.532	5.544	6.592	7.672	8.786	9.932	11.110	12.308	13.519	14.731	15.937	17.125	18.282
40	0.235	0.950	1.785	2.692	3.645	4.632	5.648	6.699	7.782	8.899	10.048	11.220	12.429	13.640	14.852	16.057	17.243	19.394
50	0.229	1.029	1.873	2.786	3.743	4.732	5.571	6.805	7.892	9.012	10.165	11.348	12.550	13.761	14.973	16.176	17.360	18.504
60	0.365	1.109	1.962	2.880	3.840	4.832	5.855	6.913	8.003	9.126	10.282	11.467	12.671	13.883	15.094	16.296	17.477	18.612
70	0.432	1.190	2.051	2.974	3.938	4.933	5.960	7.020	8.114	9.240	10.400	11.587	12.792	14.004	15.215	16.415	17.594	
80	0.502	1.273	2.414	3.069	4.036	5.034	6.064	7.128	8.225	9.355	10.517	11.707	12.913	14.125	15.336	16.534	17.711	
90	0.573	1.356	2.232	3.164	4.135	5.136	6.169	7.236	8.336	9.470	10.635	11.827	13.034	14.247	15.456	16.653	17.825	
100	0.645	1.440	2.323	3.260	4.234	5.237	6.274	7.345	8.448	9.585	10.754	11.947	13.155	14.368	15.576	16.771	17.942	

表 6-6 铂铑₃₀-铂铑₆（B）型热电偶分度表

参考端温度：0 ℃

分度表：B　　　　　　　　　　　　　　　　　　　　　　　　　　　　　　　单位：mV

温度/℃	0	100	200	300	400	500	600	700	800	900	1 000	1 100	1 200	1 300	1 400	1 500	1 600	1 700	1 800
0	0.000	0.033	0.178	0.431	0.786	1.241	1.791	2.430	3.154	3.957	4.833	5.777	6.783	7.845	8.952	10.094	11.257	12.426	13.585
10	-0.002	0.043	0.199	0.462	0.827	1.292	1.851	2.499	3.231	4.041	4.924	5.875	6.877	7.953	9.065	10.210	11.374	12.543	13.699
20	-0.003	0.053	0.220	0.494	0.870	1.344	1.912	2.569	3.308	4.126	5.016	5.973	6.991	8.063	9.178	10.325	11.491	12.659	13.814
30	-0.002	0.065	0.243	0.527	0.913	1.397	1.974	2.639	3.387	4.212	5.109	6.073	7.096	8.172	9.291	10.441	11.608	12.776	
40	0.000	0.078	0.266	0.561	0.957	1.450	2.036	2.710	3.466	4.298	5.202	6.172	7.202	8.283	9.405	10.558	11.725	12.892	
50	0.002	0.092	0.291	0.596	1.002	1.505	2.100	2.782	3.546	4.386	5.297	6.273	7.308	8.393	9.519	10.674	11.842	13.008	
60	0.006	0.107	0.317	0.632	1.048	1.560	2.164	2.855	3.626	4.474	5.391	6.374	7.414	8.504	9.634	10.790	11.959	13.124	
70	0.011	0.123	0.344	0.669	1.095	1.617	2.230	2.928	3.708	4.562	5.487	6.475	7.521	8.616	9.748	10.907	12.076	13.239	
80	0.017	0.140	0.372	0.707	1.143	1.674	2.296	3.003	3.79	4.652	5.583	6.577	7.628	8.727	9.863	11.024	12.193	13.354	
90	0.025	0.159	0.401	0.746	1.192	1.732	2.363	3.078	3.873	4.742	5.680	6.680	7.736	8.839	9.979	11.141	12.310	13.470	
100	0.033	0.178	0.431	0.786	1.241	1.791	2.430	3.154	3.957	4.833	5.777	6.783	7.845	8.952	10.094	11.257	12.426	13.585	

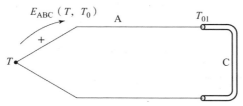

图6-2　具有中间导体的热电偶回路

3）中间温度定律

热电偶 AB 两结点的温度分别为 T、T_0 时所产生的热电动势 $E_{AB}(T, T_0)$ 等于该热电偶在 T、T_n 及 T_n、T_0 时的热电动势 $E_{AB}(T, T_n)$ 与 $E_{AB}(T_n, T_0)$ 的代数和，这就是中间温度定律，如图6-3所示。

它可用下式表示，即

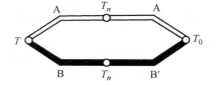

$$E_{AB}(T, T_0) = E_{AB}(T, T_n) + E_{AB}(T_n, T_0)$$
$$(6-6)$$

图6-3　中间温度

式中，T_n 为中间温度。

根据这一定律，只要给出自由端为 0 ℃时的热电动势 - 温度关系，就可以求出冷端为任意温度 T_0 的热电偶的热电动势。

4）标准电极定律

由 3 种材料成分不同的热电极 A、B、C 分别组成 3 对热电偶，如图 6 - 4 所示。在相同结点温度（T、T_0）下，如果热电极 A 和 B 分别与热电极 C（称为标准电极）组成的热电偶所产生的热电动势已知，则由热电极 A 和 B 组成的热电偶的热电动势可按下式求出，即

$$E_{AB}(T, T_0) = E_{AC}(T, T_0) - E_{BC}(T, T_0) \qquad (6-7)$$

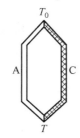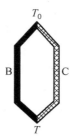

图6-4　标准电极

标准电极 C 通常用纯度很高、物理化学性能非常稳定的铂制成，称为标准铂热电极。利用标准电极定律可大大简化热电偶的选配工作，只要已知任意两种电极分别与标准电极配对的热电动势，即可求出这两种热电极配对的热电偶的热电动势，而不需要测定。

例如，当 T 为 100 ℃、T_0 为 0 ℃时，铬合金 - 铂热电偶的 $E(100\ ℃,\ 0\ ℃) = 3.13$ mV，铝合金 - 铂热电偶的 $E(100\ ℃, 0\ ℃) = -1.02$ mV，求铬合金 - 铝合金组成热电偶的热电动势 $E(100\ ℃, 0\ ℃)$。

解：设铬合金为 A，铝合金为 B，铂为 C。且 $E_{AC}(100\ ℃,0\ ℃) = 3.13\ mV$，$E_{BC}(100\ ℃,0\ ℃) = -1.02\ mV$，则

$$E_{AB}(100\ ℃,0\ ℃) = 4.15\ mV$$

二、 常用热电偶的类型及结构

1. 热电偶的类型及特点

任何不同的导体或半导体构成回路均可以产生热电效应，但并非所有导体或半导体均可作为热电极来组成热电偶，必须对它们进行严格选择。作为热电极的材料应满足以下基本要求。

（1）在测温范围内，材料的热电性能不随时间而变化，即热电特性稳定。

（2）在测温范围内，电极材料有足够的物理、化学稳定性，不易被氧化和腐蚀。

（3）在测温范围内，单位温度变化引起的热电动势变化要足够大，使测温系统具有较高灵敏度。

（4）热电动势与温度的关系要具有单调性，最好呈线性或近似线性关系，便于仪表具有均匀刻度。

（5）材料复现性好，便于大批生产和互换。

（6）材料组织均匀（为匀质），力学性能好，易加工成丝。

（7）材料的电阻温度系数小，电阻率要低。

能够完全满足上述要求的材料是很难找到的，因此在实际中应根据具体应用情况选用不同的热电极材料。广泛使用的制作热电极的材料有 40 ~ 50 种，国际电工委员会（IEC）对其中公认的性能较好的热电极材料制定了统一标准。中国大部分热电偶按 IEC 标准进行生产。

1）标准热电偶

目前，国际上有 8 种标准热电偶，其名称用专用字母表示，这个字母是热电偶型号标志，称为分度号。热电偶名称由热电极材料命名，正极写在前面，负极写在后面。下面简要介绍各种标准热电偶的性能和特点。

（1）铂铑$_{10}$ - 铂热电偶（分度号为 S）。这种热电偶由直径为 0.35 ~ 0.5 mm 的纯铂丝和相同直径的铂铑丝（铂占 90%，铑占 10%）构成，其中铂铑丝为正极，纯铂丝为负极。它可用于精密测温并作为基准热电偶，并可用于较高温度的测量，长期使用最高温度为 1 300 ℃，短期使用最高温度为 1 600 ℃。它的物理、化学性能比较稳定，尤其是在氧化性气氛中稳定性更好，但在还原性气氛中易被损坏，需加保护套管。另外，因所用材料价格高、热电动势和自身电阻都较小，这在一定程度上限制了其使用。

（2）铂铑$_{30}$ - 铂铑$_6$热电偶（分度号为 B）。铂铑$_{30}$（铂占 70%，铑占 30%）为正极，铂铑$_6$（铂占 94%，铑占 6%）为负极，故又称双铂铑热电偶。长期使用最高温度为 1 600 ℃，短期使用最高温度为 1 800 ℃。其

热电偶性能稳定、精度高，适宜于在氧化性和中性气氛中使用，也可在真空条件下短期使用，即使是在还原性气氛中，其寿命也是 S 型热电偶的十几倍。这种热电偶的热电动势较小，价格较高。

（3）镍铬 – 镍硅（镍铝）热电偶（分度号为 K）。这种热电偶的正极为镍铬合金，负极为镍硅（镍铝）合金，长期使用最高温度为 1 000 ℃，短期使用最高温度为 1 200 ℃。K 型热电偶是非贵重金属热电偶中性能最稳定的一种，可在氧化性或中性介质中长期使用，而且它的热电动势较大，热电动势与温度关系近似线性，价格又比较便宜，故应用广泛。

（4）镍铬 – 铜镍热电偶（分度号为 E）。镍铬合金为正极，铜镍合金为负极，其最大的特点是热电动势率大，灵敏度高。长期使用最高温度为700 ℃，短期使用最高温度为 800 ℃，适宜在氧化性和弱还原性气氛中使用，在温度较高时，比其他热电偶耐腐蚀。

（5）铜 – 铜镍热电偶（分度号为 T）。这种热电偶的正极为纯铜，负极为铜镍合金，长期使用最高温度为 300 ℃，短期使用最高温度为350 ℃，这种热电偶适合于氧化、还原及真空、中性等气氛，稳定性好，测量精度高，在低温测量中应用广泛。

热电偶分度号的选择主要针对使用条件，包括常用工作温度、最高工作温度、使用气氛（氧化、还原、中性）等因素。不同分度号的热电偶其可测温度不同，这是选择分度号的主要依据，其次是使用气氛，使用气氛不对将加快热电偶电极劣化速度。如 S 型和 B 型适合于氧化性气氛，在真空中可短时使用，而不能用于还原气体中测温；K 型适合于氧化性和真空、中性气氛；E 型适合于氧化性和弱还原性气氛；T 型适合于氧化、还原及真空、中性等气氛。实际应用中应综合考虑工作温度、上限温度和使用环境来确定热电偶的分度号。

常用标准热电偶技术数据见表 6 – 7。

2）非标准热电偶

非标准热电偶在生产工艺上还不够成熟，在应用范围和数量上均不如标准化热电偶。它没有统一的分度表，也没有与其配套的显示仪表。但这些热电偶具有某些特殊性能，能满足一些特殊条件下测温的需要，如超高温、极低温、高真空或核辐射环境，因此在应用方面仍有重要意义。非标准热电偶有铂铑系、铱铑系、钨铼系及金铁热电偶、双铂钼等热电偶。

2. 普通热电偶的结构

1）普通型热电偶的组成

热电偶温度传感器广泛应用于工业生产过程的温度测量，根据它们的用途和安装位置不同，具有多种结构形式。但其通常都由热电极、绝缘套管、保护管和接线盒等几部分组成。

（1）热电极。热电极作为测温敏感元件，热电偶温度传感器的核心部分，其测量端通常采用焊接方式构成。焊点的形式常用的有点焊、对焊和

表 6-7 标准热电偶技术数据

热电偶名称	分度号（新）	极性	识别	E (100℃, 0℃)/mV	长期	短期	等级	使用温度	允差
					测温范围/℃			对分度表允许偏差/℃	
		热电极识别							
铂铑10-铂	S	正	亮白较硬	0.646	0~1300	1600	Ⅱ	≤600	±1.5℃
		负	亮白柔软					>600	±0.25%t
铂铑13-铂	R	正	较硬	0.647	0~1300	1600	Ⅱ	<600	±1.5℃
		负	柔软					>1100	±0.25%t
铂铑30-铂铑6	B	正	亮白较硬	0.646	0~1300	1600	Ⅲ	≤600	±1.5℃
		负	亮白柔软					>600	±0.25%t
镍铬-镍硅	K	正	不亲磁	4.096	0~1200	1300	Ⅱ	-40~1300	±2.5℃或±0.75%t
		负	稍亲磁				Ⅲ	-200~40	±2.5℃或±1.5%t
镍铬硅-镍硅	N	正	不亲磁	2.774	-200~1200	1300	Ⅰ	-40~1100	±1.5℃或±0.4%t
		负	稍亲磁				Ⅱ	-40~1300	±2.5℃或±0.75%t
镍铬-康铜	E	正	暗绿	6.319	-200~760	850	Ⅱ	-40~900	±2.5℃或±0.75%t
		负	亮黄				Ⅲ	-200~40	±2.5℃或±1.5%t
铜-康铜	T	正	红色	4.279	-200~350	400	Ⅱ	-40~350	±1℃或±0.75%t
		负	银白色				Ⅲ	-200~40	±1℃或±1.5%t
铁-康铜	J	正	亲磁	5.269	-400~600	750	Ⅱ	-40~750	±2.5℃或±0.75%t
		负	不亲磁						

绞状点焊（麻花状）等。焊接质量好坏将影响测温的可靠性，因此要求焊接牢固、有金属光泽、表面圆滑、无沾污变质夹渣和裂纹等。为减小传热误差和动态响应误差，焊点尺寸应尽量小，通常为两倍热电极直径。

（2）绝缘套管。两热电极之间要求有良好的绝缘，绝缘套管用于防止两根热电极短路。各类绝缘材料有自身的局限性，要根据测温范围和绝缘材料特性选定。为使用方便，常将绝缘材料制成圆形或椭圆形管状绝缘套管，其结构形式通常为单孔、双孔、四孔以及其他规格。

（3）保护管。为延长热电偶的使用寿命，使之免受化学和机械损伤，通常将热电极（含绝缘套管）装入保护管内，起到保护、固定和支撑热电极的作用。作为保护管的材料应有较好的气密性，不使外部介质渗透到保护管内；有足够的机械强度，抗弯、抗压；物理、化学性能稳定，不产生对热电极的腐蚀；适合高温环境使用，耐高温和抗震性能好。保护管的选用一般根据测温范围、加热区长度、环境气氛以及测温滞后要求等条件决定。

（4）接线盒。热电偶的接线盒用来固定接线座和连接外接导线之用，起着保护热电极免受外界侵蚀和保证外接导线与接线柱良好接触的作用。热电极、绝缘套管和接线座组成热电偶的感温元件，一般制成通用性部件，可以装在不同的保护管和接线盒中。接线座作为热电偶感温元件和热电偶接线盒的连接件，将感温元件固定在接线盒上，其材料一般使用耐火陶瓷。接线盒一般由铝合金制成，根据被测介质温度对象和现场环境条件要求，设计成普通型、防溅型、防水型、防爆型等接线盒。接线盒与感温元件、保护管装配成热电偶产品，即形成相应类型的热电偶温度传感器。

2）结构形式及其选择

根据测量对象的不同，热电偶的结构形式是多种多样的。下面介绍几种典型的热电偶结构形式。

（1）普通型热电偶。普通型热电偶应用最广泛，一般情况下都要优先选用这种热电偶，其结构组成如图6-5（a）所示。其中，保护管材质的选择主要考虑被测介质的气氛、温度、流速、腐蚀性和摩擦力以及材质的化学适应性、可承受压力、可承受应力、响应速度和性价比等因素，之后再根据被测对象的结构和安装地点等实际情况确定保护套管的直径、壁厚、长度、气密性及固定方式等。此处应注意兼顾壁厚（决定耐磨性）和热容量大小（决定反应时间），在满足耐磨性要求的情况下，应尽量减小保护管壁厚，以改善动态特性。如果是化学损伤严重的高温环境，也可考虑采用双保护管。

（2）铠装型热电偶。如图6-5（b）所示。因其具有可弯曲、直径小、热容小、适应性广、响应速度快、使用寿命长以及可任意截取长度等优点而应用广泛，尤其是测温点深（如锅炉炉顶的一些温度点）或需弯曲的场合。选型时主要考虑分度号、保护套管材质、直径及长度等参数。

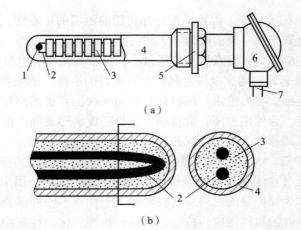

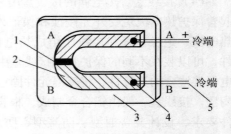

图6-5　几种热电偶结构组成示意图

（a）普通型热电偶；（b）铠装型热电偶

1—热电极焊接点；2—热电极；3—绝缘材料；4—保护套管；

5—连接法兰；6—接线盒；7—引线孔

（3）薄膜型热电偶。薄膜型热电偶如图6-6所示。它是用真空蒸镀的方法，把热电极材料蒸镀在绝缘基板上制成。测量端既小又薄，厚度约为几微米，热容量小，响应速度快，便于敷贴，适用于测量微小面积上的瞬变温度。

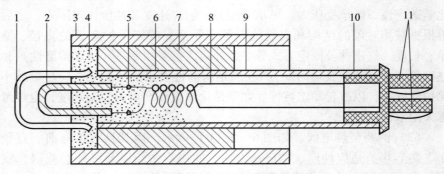

（4）快速微型热电偶。这是一种一次性使用的专门用来测量钢水和其他熔融金属温度的热电偶，其

图6-6　薄膜型热电偶

1—工作端；2—薄膜热电极；

3—绝缘基板；4—引脚接头；

5—引出线（相同材料的热电极）

结构如图6-7所示。当热电偶插入钢液后，保护钢帽迅速熔化，此时U形管和被保护的热电偶工作端暴露于钢液中，在4~6 s就可测出温度。在测出温度后，热电偶和石英保护管以及其他部件都被烧坏，因此也称其为消耗式热电偶。

图6-7　快速微型热电偶

1—钢帽；2—石英管；3—纸环；4—绝热水泥；5—热电偶冷端；6—棉花；

7—绝热纸管；8—补偿导线；9—纸管；10—塑料插座；11—簧片

热电偶测温时，沿其长度方向会产生热流，如果冷热端温差较大，就会有热损失产生，这将导致热电偶热端温度比被测实际温度偏低而产生测温误差。为了解决这种由热传导引起的误差，必须保证热电偶有足够的插入深度，插入深度至少应为保护管直径的 8～10 倍。一般而言，对于金属保护套管，因其导热性能好，插入深度应深些（应为其直径的 15～20 倍）；而对于非金属保护套管，如陶瓷材料，因其绝热性能好，可插入浅些（可为其直径的 10～15 倍），当然，具体插入深度还必须兼顾容器体积或管道内径等因素。对于实际工程测温，其插入深度还应考虑被测介质是处于静止还是流动状态，如果是流动的液体或气体，可以不受上述条件限制，插入深度可适当浅些，具体数值由实际情况分析确定。

三、 热电偶的冷端温度补偿

由热电偶测温原理可知，热电偶的输出热电动势是热电偶两端温度 T 和 T_0 差值的函数，当冷端温度 T_0 不变时，热电动势与工作端温度成单值函数关系。各种热电偶温度与热电动势关系的分度表都是在冷端温度为 0 ℃时得出的，因此用热电偶测量时，若要直接应用热电偶的分度表，就必须满足 $T_0 = 0$ ℃的条件。各种热电偶分度表详见表 6 – 2 至表 6 – 6。但在实际测温时，由于热电偶长度有限，自由端温度将直接受到被测物温度和周围环境温度的影响。例如，热电偶安装在电炉壁上，而自由端放在接线盒内，电炉壁周围温度不稳定，波及接线盒内的自由端，造成测量误差。这样 T_0 不但不是 0 ℃，而且也不恒定，因此将产生误差，一般情况下，冷端温度均高于 0 ℃，热电动势总是偏小。消除或补偿这个损失的方法，常用的有以下几种。

1. 补偿导线法（热电偶的冷端温度变化较大时采用的补偿方法）

虽然可以将热电偶做得很长，但把贵金属热电极当作导线来使用是不经济的，这将提高测量系统的成本。工业中一般选择容易获得的金属作为补偿导线来延长热电偶的冷端，使之远离高温区。只要这些金属相配后在某个有限温度范围内的热电动势与主热电偶的热电动势相同即可。

补偿导线测温电路如图 6 – 8 所示。补偿导线（A′、B′）是两种不同材料的、相对比较便宜的金属（多为铜与铜合金）导体。它们的自由电子密度比和所配接型号的热电偶的自由电子密度比相等，所以补偿导线在一定的环境温度范围内，如 0～100 ℃，与所配接的热电偶的灵敏度相同，即具有相同的温度 – 热电动势关系，即

$$E_{AB}(T, T_0) = E_{A'B'}(T, T_0) \tag{6 – 8}$$

使用补偿导线的好处有以下几个：

（1）它将自由端从温度波动区 t_0' 延长到温度相对稳定区 t_0，使指示仪表的示值（mV 数）变得稳定。

（2）购买补偿导线比使用相同长度的热电极（A、B）便宜许多，可节约大量贵金属，降低系统成本。

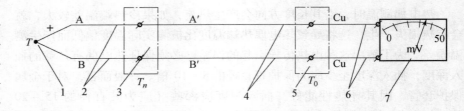

图 6-8 利用补偿导线延长热电偶的冷端

1—测量端；2—热电极；3—接线盒 1（中间温度）；4—补偿导线；
5—接线盒 2（新的冷端）；6—铜引线（中间导体）；7—毫伏表

（3）补偿导线多是用铜及铜合金制作，所以单位长度的直流电阻比直接使用很长的热电极小得多，可减小测量误差。

（4）由于补偿导线通常用塑料（聚氯乙烯或聚四氟乙烯）作为绝缘层，其自身又为较柔软的铜合金多股导线，所以易弯曲，便于敷设。

必须指出的是，使用补偿导线仅能延长热电偶的冷端，使热电偶的冷端移动到控制室的仪表端子上，虽然总的热电动势在多数情况下会比不用补偿导线时有所提高，但从本质上看，这并不是因为温度补偿引起的，而是因为使冷端远离高温区、两端温差变大的缘故，故将其称为"补偿导线"只是一种习惯用语。因此，还需采用其他修正方法来补偿冷端温度 $t_0 \neq 0$ ℃时对测温的影响。

热电偶与补偿导线的连接：热电偶的热电动势是以冷端温度为 0 ℃标定的，配套仪表的参数也是以这个条件为基础。但在实际使用中，热电偶的冷端往往处在测温点附近，不能保证冷端温度的要求条件。这样就需要通过一定的方式将冷端转移到另一个地点。由基本定律可以理解，如果没有规则地选用一段导线连接，尽管可以起到传递电信号的作用，但是会产生附加的热电动势，影响测量结果。补偿导线起到了延伸热电极的作用，达到了移动热电偶冷端位置的目的。正是由于使用补偿导线，在测温回路中产生了新的热电动势，实现了一定程度的冷端温度自动补偿。若新冷端温度不能恒定为 0 ℃，则不能实现冷端温度的"完全补偿"，还需要配以其他补偿方法。必须指出，补偿导线本身不能消除新冷端温度变化对回路热电动势的影响，应使新冷端温度恒定。补偿导线分为延伸型（X）补偿导线和补偿型（C）补偿导线。延伸型补偿导线选用的金属材料与热电极材料相同；补偿型补偿导线所选金属材料与热电极材料不同。常用热电偶补偿导线如表 6-8 所示。补偿导线是指采用廉价金属制成的，其热电特性与所配用的热电偶两电极在一定的温度范围内（一般为 0~100 ℃）相同或相近的，用于连接热电偶与二次表的一对带有绝缘层的导线。

使用补偿导线必须注意以下 4 个问题：

（1）两根补偿导线与热电偶两个热电极的接触点必须具有相同的温度。

（2）各种补偿导线只能与相应型号的热电偶配用。

（3）必须在规定的温度范围内使用（普通型小于 100 ℃，耐热型小于 200 ℃）。

表 6 – 8　常用热电偶补偿导线的特性

热电偶名称	补偿导线				工作端温度为100 ℃、冷端温度为 0 ℃时的热电势/mV
	正极		负极		
	材料	绝缘层颜色	材料	绝缘层颜色	
铂铑$_{10}$ – 铂（S）	铜	红	镍铜	绿	0.64 ± 0.03
镍铬 – 镍硅（镍铝）（K）	铜	红	康铜	蓝	4.1 ± 0.15
镍铬 – 铜镍（E）	镍铬	红	铜镍	棕	6.96 ± 0.30
铜 – 铜镍（T）	铜	红	铜镍	白	4.28 ± 0.05

（4）极性切勿接反。

补偿导线接反的影响。某工件的工艺要求淬火温度为 920 ℃，操作者也按工艺要求定值，仪表指示正常。淬火后，工件出现纹状，使一炉工件报废。分析事故中发现补偿导线接反，校正后发现炉内温度实为 973 ℃。当时 K 型热电偶自由端温度为 45 ℃，室内温度为 18 ℃。计算接反后造成温度误差。

错误接入补偿导线与正确接入相比较，仪表所测得总电动势 ΔE 相差为 $2E(45\ ℃，18\ ℃)$。

$$E(45\ ℃,0\ ℃) = 1.817\ \text{mV}$$

$$E(18\ ℃,0\ ℃) = -0.718\ \text{mV}$$

$$\Delta E = -2E\,(45\ ℃，18\ ℃) = -2.198\ \text{mV}$$

按热电特性为线性分析，-2.198 mV 相当于温度减少约 50 ℃。

以上事例说明，热电偶补偿导线接反后，能引起相当大的温度误差。

2. 冷端恒温法

（1）将热电偶的冷端置于装有冰水混合物的恒温容器中，使冷端的温度保持在 0 ℃不变。此法也称为冰浴法，它消除了 T_0 不等于 0 ℃ 而引入的误差，由于冰融化较快，所以一般只适用于实验室中。图 6 – 9 是冷端置于冰瓶中的接线布置。

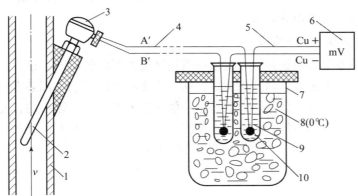

图 6 – 9　冰浴法接线

1—被测流体管道；2—热电偶；3—接线盒；4—补偿导线；5—铜质导线；

6—毫伏表；7—冰瓶；8—冰水混合物；9—试管；10—新的冷端

（2）将热电偶的冷端置于电热恒温器中，恒温器的温度略高于环境温度的上限（如40 ℃）。

（3）将热电偶的冷端置于恒温空调房间中，使冷端温度恒定。

应该指出的是，除了冰浴法是使冷端温度保持0 ℃外，后两种方法只是使冷端维持在某一恒定（或变化较小）的温度上，因此后两种方法仍必须采用下述几种方法予以修正。

3. 计算修正法

当热电偶的冷端温度 $T_0 \neq 0$ ℃时，由于热端与冷端的温差随冷端的变化而变化，所以测得的热电动势 $E_{AB}(T, T_0)$ 与冷端为 0 ℃时所测得的热电动势 $E_{AB}(T, 0℃)$ 不等。若冷端温度高于 0 ℃，则 $E_{AB}(T, T_0) < E_{AB}(T, 0℃)$。可以利用式（6-9）计算并修正测量误差，即

$$E_{AB}(T, 0℃) = E_{AB}(T, T_0) + E_{AB}(T_0, 0℃) \tag{6-9}$$

式中，$E_{AB}(T, T_0)$ 为用毫伏表直接测得的热电动势毫伏数。修正时，先测出冷端温度 T_0，然后从该热电偶分度表中查出 $E_{AB}(T_0, 0℃)$（此值相当于损失掉的热电动势），并把它加到所测得的 $E_{AB}(T, T_0)$ 上。根据式（6-9）求出 $E_{AB}(T, 0℃)$（此值是已得到补偿的热电动势），根据此值再在分度表中查出相应的温度值。计算修正法共需要查分度表两次。如果冷端温度低于 0 ℃，由于查出的 $E_{AB}(T, T_0)$ 是负值，所以仍可用式（6-9）计算修正。

例如，用镍铬-镍硅（K）热电偶测炉温时，其冷端温度 $T_0 = 30$ ℃，在直流毫伏表上测得的热电动势 $E_{AB}(T, 30℃) = 38.52$ mV，试求炉温 T？

解： 查镍铬-镍硅热电偶 K 分度表，得到 $E_{AB}(30℃, 0℃) = 1.20$ mV。根据式（6-9）有

$$E_{AB}(T_0, 0℃) = E_{AB}(T, 30℃) + E_{AB}(30℃, 0℃)$$
$$= (38.52 + 1.20) \text{mV} = 39.72 \text{ mV}$$

反查 K 分度表，求得 $T = 960$ ℃。

该方法适用于热电偶冷端温度较恒定的情况。在智能化仪表中，查表及运算过程均可由计算机完成。

4. 恒温迁移补偿法

这种方法是根据补偿导线末端所处环境温度估计值的大小，人为将显示或记录仪表的零点调到该值。目前，大多数工厂控制室都装有空调，室内温度相对恒定，因此，恒温迁移补偿法引入的误差是很小的，尤其对于高温测量，其相对（或引用）误差更小。比如，控制室温度偏差为 ±2 ℃，测量 1 000 ℃的温度时，其相对误差仅为 0.2%。

该方法在工业测量中被广泛采用，尤其是无自动冷端补偿功能的动圈温度表、有纸记录仪等。

5. 电桥补偿法

电桥补偿法是现场最常用的冷端补偿法之一，它是利用不平衡电桥产

生的电压来补偿热电偶冷端温度 T_0 的变化对输出电动势的影响，其原理如图 6 - 10 所示，在补偿导线末端放置一个电阻温度传感器 R_t，通过选择合适的补偿电桥参数，使电桥产生的输出电压的大小正好补偿因冷端温度 T_0 而引起的热电动势 $E_{AB}(T_0,0)$，使 $E_{AB}(T,0)$ 成为以 0 ℃ 为基准的热端温度 T 的单值函数。从而消除了冷端温度对测量结果的影响，实现了冷端补偿。

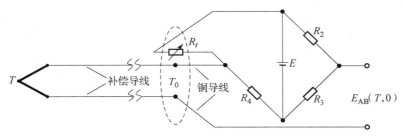

图 6 - 10　电桥补偿法原理

这种方法结构简单、使用方便、硬件投资少。但因热电偶是非线性的，而补偿电桥则是线性的，因而难以实现完全补偿，常出现欠补偿或过补偿现象。另外，还存在与分度号匹配问题，补偿电桥与热电偶的分度号必须是一一对应的，通用性差。

采用补偿电桥法时必须注意下列几点：

（1）所选冷端补偿器必须和热电偶配套。

（2）补偿器接入测量系统时正负极性不可接反。

（3）显示仪表的机械零位应调整到冷端温度补偿器设计时的平衡温度，如补偿器是按 $T_0 = 20$ ℃ 时电桥平衡设计，则仪表机械零位应调整到 20 ℃ 处。

（4）因热电偶的热电动势和补偿电桥输出电压两者随温度变化的特性不完全一致，故冷端补偿器在补偿温度范围内得不到完全补偿，但误差很小，能满足工业生产的需要。

6. 二极管补偿法

由 PN 结理论可知，在室温附近，当流经 PN 结的电流恒定时，PN 结温度每升高 1 ℃，其正向电压将减小 2 ~ 2.5 mV（具体数值由 PN 结参数确定），据此特性可设计相应热电偶冷端温度补偿电路，如图 6 - 11 所示。

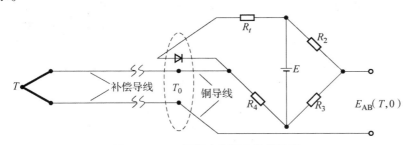

图 6 - 11　二极管冷端温度补偿原理

这种方法结构简单、使用方便，补偿精度可达 0.01 ℃，补偿范围为 −25 ~ 80 ℃，如川仪的 ER − 180 系列温度记录仪就采用该方法实现冷端温度补偿。

7. 集成温度传感器补偿法

这种方法是利用高性能半导体温度传感器实现测温和补偿，其原理是由集成温度传感器测得冷端温度，再与热电偶所测温差叠加而得到热端温度。其方法简单、精度高、功耗低、线性好、性价比高、方便易行。

目前，可用器件有电流输出型器件 AD590 和电压输出型器件 LM135、LM235、LM335 等，其中 AD590 应用广泛，其输出电流与绝对温度成正比，如将 AD590 的输出电流通过 1 kΩ 电阻，即可获得 1 mV/K 的输出电压，信号处理方便。

8. 智能补偿法

在智能温度测控系统中，常用软件方法实现冷端温度补偿，如图 6 − 12 所示，热电偶和冷端温度传感器的输出信号分别被调理成 0 ~ 5 V 的电压并经多路模拟开关选择其中之一送往 A/D 转换器，数字化后再由单片机内程序进行冷端补偿处理，这样可将温度的检测精度大大提高，而且对于不同分度号的热电偶，只要改变机内数据转换表即可，系统的适应性大大增强，使用方便。

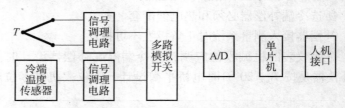

图 6 − 12 智能冷端温度补偿法硬件原理图

四、热电偶的安装

热电偶属接触式温度计，热电偶要与被测介质相接触。热电偶安装正确与否，严重影响测温精度。由于被测对象不同、环境条件不同，热电偶的安装方法和措施也不同，需要考虑多方面因素。

1. 安装位置

热电偶安装位置（即测温点）的选择是非常重要的，从生产工艺角度出发，测温点一定要具有典型性和代表性，必须能准确反映该工艺参数真值的大小；否则将失去测量与控制的意义。一般应把握以下几点。

（1）热电偶应安装在温度较均匀且能代表欲测工作温度的地方。

（2）热电偶不应装在离加热源或门太近的地方。

（3）热电偶的安装应尽可能避开强电场和强磁场，应远离仪表电源及动力电缆或采取相应的屏蔽措施，以防止由于外来因素干扰而造成测量误差。

（4）应使热电偶热端与被测介质充分接触，不能装在被测介质很少流动的区域内（对流动介质而言）。测量固体温度时，必须使热电偶热端与被测物体表面紧密接触，并尽可能减小接触点附近的温度梯度，以减小导热误差。

（5）热电偶冷端尽量避免温度过高（一般不应超过 100 ℃）。

2. 安装方式

热电偶安装方式有水平、垂直和倾斜 3 种。水平安装的热电偶较易附着灰分和氧化物，如果长时间运行而未及时清理，则会引起测量滞后并使示值偏低，动态性能变差；垂直安装的热电偶表面黏积物要比水平安装少得多，故测量精度较高。

测量管道中流体的温度时，应使热电偶的热端处于管道中流速最大处。如为小直径管道，最好使热电偶逆着流速方向倾斜安装，倾斜角以 45°为最佳，且在条件允许的情况下，应尽量安装在管道的弯曲处；如为大直径管道，热电偶应垂直安装，以防保护管在高温下变形，且保护套管末端应越过管道中心线 5～10 mm。测量小体积容器或箱体内温度时，保护套管末端应尽可能靠近其中心位置，如果采用水平安装，则露出部分应采用耐热金属支架支撑，如条件允许，在使用一段时间之后，可将热电偶旋转 180°，以避免因高温变形而缩短使用寿命。对于炉膛温度测量，保护套管和炉壁孔间的空隙用石棉绳或耐火泥等绝热材料密封，以免因炉内、外空气对流而影响测量精度。

1）热电偶在管道或设备上的安装

为确保测量的准确性，首先，根据管道或设备工作压力大小、工作温度、介质腐蚀性要求等方面，合理确定热电偶的结构形式和安装方式；其次，正确选择测温点，测温点要具有代表性，不应把热电偶插在被测介质的死角区域；热电偶工作端应处于管道流速较大处；最后，要合理确定热电偶的插入深度 L。一般若在管道上安装，取 150～200 mm；在设备上安装，可取不大于 400 mm。热电偶在不同的管道公称直径和安装方式下，插入深度如表 6－9 所示。

表 6－9　热电偶的插入深度标准

种类	普通热电偶						铠装热电偶		
安装方式	直型连接头直插		45°角连接头斜插		法兰直插	高压套管		卡套螺纹直插		卡套法兰直插
						固定套管	可换套管			
连接件标称直径	60	120	90	150	150	41	～70	60	120	60
32								75	135	75
40								75	135	75
50								75	135	100

种类 安装方式	普通热电偶							铠装热电偶		
	直型连接头直插		45°角连接头斜插		法兰直插	高压套管		卡套螺纹直插		卡套法兰直插
						固定套管	可换套管			
65						100	100	100	150	100
80	100	150	150	200	200	100	100	100	150	100
100	150	150	150	200	200	100	150	100	150	100
125	150	200	200	250	250	150	150	150	200	150
150	150	200	200	250	250	150	150	150	200	150
175	150	200	200	250	250	150	150	150	200	150
200	150	200	200	250	250	150	150	150	200	150
225	200	250	250	300	250	300		200	200	200
250	200	250	250	300	300			200	200	200
>250	200	250	250	300	300					

（1）插入深度的选取应当使热电偶能充分感受介质的实际温度。对于管道安装通常使工作端处于管道中心线 1/3 管道直径区域内。

在安装中常采用直插、斜插（45°角）等插入方式，如果管道较细，宜采用斜插。在斜插和管道肘管（弯头处）安装时，其端部应对着被测介质的流向（逆流），不要与被测介质形成顺流，如图 6 - 13 所示。

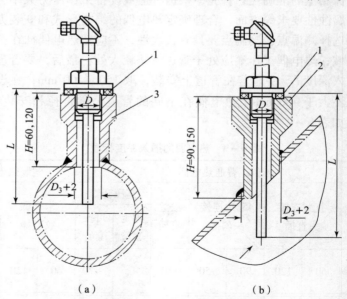

图 6 - 13　热电偶的插入方式

（a）直插；（b）斜插

1—垫片；2—45°角连接头；3—直形连接头

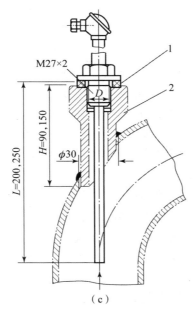

图 6 – 13　热电偶的插入方式（续）

（c）肘管安装

1—垫片；2—直形连接头

（2）在 $DN < 80$ mm 的管道上安装热电偶时，可以采用扩大管，其安装方式如图 6 – 14 所示。

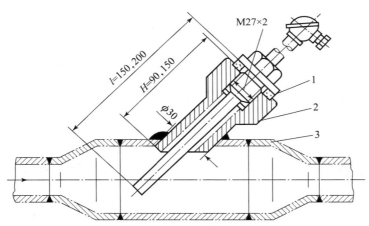

图 6 – 14　热电偶在扩大管上的安装

1—垫片；2—45°角连接头；3—温度计扩大管

（3）用热电偶测量炉膛温度时，应避免热电偶与火焰直接接触，避免安装在炉门旁或与加热物体距离过近之处。在高温设备上测温时，为防止保护套管弯曲变形，应尽量垂直安装。若必须水平安装，则当插入深度大于 1 m 或被测温度大于 700 ℃时，应用耐火黏土或耐热合金制成的支架将热电偶支撑住。

（4）热电偶的接线盒引出线孔应向下，以防因密封不良而使水汽、灰尘与脏物落入接线盒中，影响测量。

（5）为减少测温滞后，可在保护外套管与保护管之间加装传热良好的填充物，如变压器油（<150 ℃）或铜屑、石英砂（>150 ℃）等。

当电线、电缆及补偿导线的敷设仪表电气线路在安装区内时，一般采用汇线槽、托盘或金属穿线管架空敷设。汇线槽敷设是信号传送管线、电力传输线在现场敷设的一种常用手段，汇线槽为金属结构，带盖，汇线槽内装填的就是电缆及管缆。当现场仪表电气线路在安装区内时，一般采用汇线槽、托盘或金属穿线管架空敷设，电线、电缆的数量较多时，宜采用汇线槽敷设，槽内填充系数（填充物总截面面积占汇线槽截面面积的比例）一般为 20%～30%。各类电线、电缆在槽内应分类放置。对于交流 220 V 的仪表电源线路和安全联锁线路，在槽内应利用隔离板与微弱仪表信号线路分开敷设。金属穿线管常用于汇线槽至热电偶接线盒之间的敷设，穿线管宜用镀锌管或电线管，管内填充系数不超过 40%。穿线管直管段长度每超过 30 m 或弯曲角度的总和大于 270°时，应在适当位置设拉线盒。穿线管与热电偶接线盒连接时，应安装密封配件和金属软管。补偿导线截面面积为 2.5 mm² 的穿线管，其管径按表 6-10 确定。

表 6-10　补偿导线穿线管管径选择表

穿线管	导线根数											
	1	2	3	4	5	6	7	8	9	10	11	12
电线管/mm	20	25	32		40		50	70	80			—
镀锌铜管/mm	15	20	25		32		40	50	70			80
轻型聚氟乙烯管/mm	15	29	25		32		40		50		65	80

进行电线电缆敷设，首要问题是正确选择路线，应按最短途径集中成排敷设，减少弯曲，避免与各种管道相交。热电偶补偿导线最好单独敷设。信号线与动力线交叉敷设时，应尽量成直角；当平行敷设时，二者之间允许的最小距离应符合表 6-11 的规定，以避免产生噪声干扰。

表 6-11　动力线与信号线之间允许的最小距离

动力线容量		动力线与信号线之间允许的最小距离/mm	动力线容量		动力线与信号线之间允许的最小距离/mm
电压/V	电流/A		电压/V	电流/A	
125	10	300	440	200	—
250	50	460	5 000	800	—

电气线路走向应尽量避开热源、潮湿、有腐蚀性介质排放、易受机械损伤、强电磁场和强静电场干扰的区域。

2）测量表面温度时热电偶的安装

热电偶在测量绝热层表面温度时，其热结点安装在绝热层的表面，所以必然有一部分热量从热电偶导出，从而降低了热电偶结点上的温度，改变了原来的热状态，造成测量误差。因此，必须采取适当的安装方法来尽量减少这个误差。

图6-15是用热电偶测量表面温度时的一些安装方法的示意图。

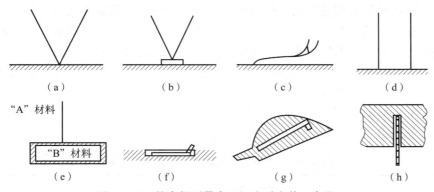

图6-15　热电偶测量表面温度时安装示意图

图6-15（a）所示为常规方法，但误差较大。图6-15（b）焊在导热性能良好的金属集热块上，再装到被测表面上，以减少被测表面与热电偶结点之间的热阻；图6-15（c）将热电偶沿壁面安装一段距离，减少了从热结点向热电偶导热的损失；图6-15（d）将两根热偶丝分别焊在壁面（金属壁）上，可以提高精度，但测出的是两点的平均温度；图6-15（e）用"B"材料作为一个引出极代替一根热电偶丝；图6-15（f）将热电偶焊在或埋在专门开的小槽里，以减少外部气流对热电偶的影响；图6-15（g）、图6-15（h）是埋设热电偶的两种方法。

图6-15（b）~（h）各种方法都是为了减小误差提高测量精度而采取的，可以根据设备及管道绝热应用技术情况选用。另外，为了减小热电偶结点与被测表面之间的热阻，往往还在其接触部位涂上硅脂或黄油等。

3．热电偶安装使用的几个问题

1）电极绝缘问题

除热端结点外，电极的其他部分应严格绝缘，如果绝缘不好或短路，将会引起测量误差甚至不能测量。安装和使用时，应检查热电偶两电极间的绝缘材料（如普通型的陶瓷管）是否完好。

使用时应注意以下几点：一是补偿导线型号与热电偶的分度号必须对应，绝不能用错；二是与热电偶的两连接点的温度应相同，且不得超过规定的使用温度（普通型小于100 ℃，耐热型小于200 ℃）；三是补偿导线和热电偶都有正、负极之分（可根据电极硬度、电极颜色或绝缘层颜色来区分），连接时极性不能接反，否则将产生反补，使测量误差大大增加。

2）热阻抗的影响

热电偶因保护套管外表面附着灰分和氧化物产生的热阻抗不仅会增加热电偶的响应时间，使其反应滞后，同时还会使示值偏低，必须重点考虑，尤其是水平安装的热电偶。在使用过程中，应根据环境状况定期检查并清理，以保持热电偶保护管外部的清洁。

3）热电特性变化的影响

热电偶经长期使用后，热电极会出现被腐蚀、氧化或晶格不均匀等现象，这将导致其热电特性发生变化，如变化显著，则会严重影响其示值准确性。解决这一问题的主要办法就是保护好热电偶接线盒，使接线盒的出线口和盖子都由橡胶垫片进行密封，防止丢失和损坏，这将会有效减缓热电特性发生变化的速度。

4）热电偶常见故障原因及处理方法

热电偶常见故障原因及处理方法见表6-12。

表6-12　热电偶常见故障原因及处理方法

故障现象	故障原因	处理方法
热电动势比实际值小（显示仪表指示值偏低）	热电极短路	找出短路原因，如因潮湿所致，则需进行干燥；如因绝缘子损坏所致，则需更换绝缘子
	热电偶的接线柱处积灰，造成短路	清扫积灰
	补偿导线线间短路	找出短路点，加强绝缘或更换补偿导线
	热电偶热电极变质	在长度允许的情况下，剪去变质段重新焊接，或更换新热电偶
	补偿导线与热电偶极性接反	重新连接正确
	补偿导线与热电偶不配套	更换相配套的补偿导线
	热电偶安装位置不当或插入深度不符合要求	重新按规定安装
	热电偶冷端温度补偿不符合要求	调整冷端补偿器
	热电偶与显示仪表不配套	更换热电偶或显示仪表使之相配套
热电动势比实际值大（显示仪表指示值偏高）	热电偶与显示仪表不配套	更换热电偶或显示仪表使之相配套
	补偿导线与热电偶不配套	更换补偿导线使之相配套
	有直流干扰信号进入	排除直流干扰

续表

故障现象	故障原因	处理方法
热电动势输出不稳	热电偶接线柱与热电极接触不良	将接线柱螺钉拧紧
	热电偶测量线路绝缘破损，引起断续短路或接地	找出故障点，修复绝缘
	热电偶安装不牢或外部振动	紧固热电偶，消除振动或采取减振措施
	热电偶将断未断	修复或更换热电偶
	外界干扰（交流漏电，电磁场感应等）	查出干扰源，采取屏蔽措施
热电动势误差大	热电极变质	更换热电极
	热电偶安装位置不当	改变安装位置
	保护管表面积灰	清除积灰

【任务实施】　热电偶的认识、选型和安装

1. 实施目的

（1）认识常用热电偶外形和结构。

（2）熟悉热电偶的选型方法。

（3）掌握热电偶的安装和使用方法。

2. 实施器材

（1）常用热电偶。

（2）安装工具。

（3）直流电位差计。

3. 实施内容

（1）热电偶外形识别。让学生识别实训室中的热电偶。

（2）热电偶的选型。让学生按照选型方法，根据教师提出的控制要求，选择合适的热电偶。

被测量对象的温度范围在 200 ℃ 以上的选用热电偶。

（3）热电偶的安装。

①首先应测量好热电偶螺牙的尺寸，车好螺牙座。

②要根据螺牙座的直径，在需要测量的管道上开孔。

③螺牙座的焊接。把螺牙座插入已开好孔内，把螺牙座与被测量的管道焊接好。

④把热电偶旋进已焊接好的螺牙座。

⑤按照接线图将热电偶的接线盒接好线，并与表盘上相对应的显示仪表连接。注意接线盒不可与被测介质管道的管壁相接触，保证接线盒内的温度不超过 0 ~ 100 ℃ 范围，接线盒的出线孔应朝下安装，以防因密封不

良、水汽灰尘等沉积造成接线端子短路。

⑥热电偶安装的位置，应考虑检修和维护方便。

【任务总结】

在温度测量中虽然有很多不同测量方法，但利用热电偶作为敏感元件应用最为广泛，其主要优点为：①结构简单，其主体实际上是由两种不同性质的导体或本导体互相绝缘并将一端焊接在一起而成的；②具有较高的准确度；③测量范围宽，常用的热电偶，低温可测到 -50 ℃，高温可以达到 $+1\,600$ ℃左右，配用特殊材料的热电极，最低可测到 -180 ℃，最高可达到 $+2\,800$ ℃的温度：④具有良好的敏感度；⑤使用方便等。

任务三　热电阻及应用

【任务描述】

通过本任务的学习，学生应达到的教学目标如下。

【知识目标】

（1）理解热电阻测温原理，熟悉热电阻的材料、结构。

（2）掌握热电阻温度测量系统。

（3）掌握热电阻故障处理。

（4）掌握热电阻安装及校验。

【技能目标】

（1）能辨识热电阻材料，能拆装热电阻。

（2）掌握热电阻三线制接线方法，会正确连接三线制。

（3）能进行热电阻的安装、校验等工作。

【任务分析】

虽然热电偶温度传感器是比较成熟的温度检测仪表，但当被测温度在中、低温时，相应热电动势较小，受干扰影响明显，对显示仪表放大器和抗干扰措施均有较高要求，仪表维修困难。同时因为热电动势小，冷端温度变化引起的相对误差显得很突出，且不容易得到完全补偿。因此，在 500 ℃以下测温，热电偶的使用受到一定限制。工业应用中，常用热电阻温度传感器来测量 $-200 \sim 600$ ℃的温度，在特殊情况下也可测量极低或高达 $1\,000$ ℃的温度。

【知识准备】

一、概述

热电阻温度传感器是利用导体或半导体的电阻随温度变化而变化的性质工作的。实验证明，大多数金属导体在温度升高 1 ℃时，其阻值要增加 $0.4\% \sim 0.6\%$，而半导体的阻值要减小 $3\% \sim 6\%$。用仪表测量出热电阻的电阻值，就可以得到与电阻值对应的温度值。热电阻温度传感器的特点是：准确度高；在中、低温下（500 ℃以下）测量时，输出信号比热电偶大得多，灵敏度高；由于其输出也是电信号，便于实现信号的远传和多点切换测量。热电阻测温系统俗称热电阻温度计，由热电阻温度传感器、连接导线和显示仪表等组成。热电阻温度传感器由电阻体、引出线、绝缘套管、保护管、接线盒等组成。其中，电阻体是测温敏感元件，有金属导体和半导体两类。半导体材料的热电阻经常被称为热敏电阻，而热电阻通常是指金属热电阻。

1. 热电阻的特性

1）金属热电阻特性

金属热电阻阻值随其温度升高而增加，当温度升高 1 ℃时，其阻值增加 0.4% ~ 0.6%，称其具有正的电阻温度系数。

电阻温度系数是指在某一温度间隔 $t \sim t_0$ 内，温度变化 1 ℃时的电阻相对变化量，单位为 1/℃。

金属材料的纯度对电阻温度系数 α 的影响很大，材料纯度越高，α 值越大；杂质越多，α 值越小且不稳定。

PTC（Positive Temperature Coefficient）是指在某一温度下电阻随温度增加而增加、具有正温度系数的热电阻现象或材料。PTC 热电阻于 1950 年出现，随后 1954 年出现了以钛酸钡为主要材料的 PTC 热电阻。PTC 热电阻在工业上可用作温度的测量与控制，也用于汽车某部位的温度检测与调节，还大量用于民用设备，如控制瞬间开水器的水温、空调器与冷库的温度等方面。

2）半导体热敏电阻特性

大多数半导体热敏电阻的阻值随温度升高而减小，当温度升高 1 ℃时，其阻值减小 3% ~ 6%，称其具有负的电阻温度系数。半导体热敏电阻阻值与温度之间通常为指数关系。

半导体热敏电阻通常用铁、镍、锰、钴、钼、钛、镁、铜等复合氧化物高温烧结而成。与金属热电阻相比，半导体热敏电阻具有以下优点。

（1）通常具有较大的负电阻温度系数，因此灵敏度比较高。

（2）半导体材料的电阻率远比金属材料大得多，可以做成体积很小而电阻很大的热电阻元件，同时热惯性小，热容量小，适合用于测量点温度与动态温度。

（3）电阻值很大，故连接导线电阻变化的影响可以忽略不计。

（4）结构简单。

它的缺点是同种半导体热敏电阻的电阻温度特性分散性大，非线性严重，使用起来很不方便。元件性能不稳定，因此互换性差、精度较低。目前，热敏电阻大多用于测量要求不高的场合以及作为仪器、仪表中的温度补偿元件。

NTC（Negative Temperature Coefficient）是指随温度上升电阻呈指数关系减小、具有负温度系数的热电阻现象和材料。早在 1834 年以前，法拉第就发现硫化银等半导体材料具有很大的负电阻温度系数。但直到 20 世纪 30 年代，才使用硫化银、二氧化铀等材料制成有实用价值的热敏电阻器。随后，由于晶体管技术的不断发展，热电阻器的研究取得重大进展。1960 年研制出了 NTC 热电阻器，NTC 热电阻器广泛用于测温、控温、温度补偿等方面。

2. 热电阻的材料

大多数金属导体的电阻值都随温度变化而变化，但并非所有金属导体都可用来制作热电阻，能制作热电阻的材料必须满足以下条件：电阻温度系数要大（以提高灵敏度）；电阻率尽量要大（以减小电阻体体积）；热容量要小（以减小时间常数）；在检测范围内阻值与温度保持单值并呈线性关系；在检测范围内具有长期稳定的物理、化学性能；容易获得较纯物质；价格便宜；易加工；复制性好等。

实际上，满足上述条件的金属材料并不多，目前，应用最广泛的热电阻材料有铜和铂，其次是镍和铁。另外，随着低温和超低温测量技术的发展，锰、铟、碳等也已开始应用于实践。图 6-16 所示为几种金属热电阻的电阻相对变化率与温度之间的关系曲线。

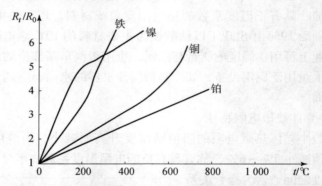

图 6-16　几种金属热电阻的电阻相对变化率与温度间的关系曲线

1）铂电阻

铂电阻是用铂制成的。铂是贵重金属，资源少，且价格比较昂贵。铂电阻的特点：检测精度高；稳定性好；性能可靠；复现性好；在氧化性介质中，即使在高温情况下仍有稳定的物理、化学性能；而在还原性介质中，尤其在高温情况下，易被从氧化物中还原出来的蒸汽所沾污，使铂丝变脆，从而改变其电阻与温度之间的关系。目前，铂电阻被人们认为是最好的热电阻，被广泛应用于温度量值基准、标准传递和工业在线测量中。

铂电阻的电阻与温度之间的关系可表示如下。

当温度在 -200~0 ℃ 内时，有

$$R_t = R_0 [1 + At + Bt^2 + C(t - 100℃)t^3] \qquad (6-10)$$

当温度在 0~850 ℃ 内时，有

$$R_t = R_0(1 + At + Bt^2) \qquad (6-11)$$

式中　R_0——温度为 0 ℃时铂电阻的电阻值，Ω；

R_t——温度为 t ℃时铂电阻的电阻值，Ω；

A——常数，$A = 3.908\ 3 \times 10^{-3}\ ℃^{-1}$；

B——常数，$B = -5.775 \times 10^{-7} \, ℃^{-2}$；

C——常数，$C = -4.183 \times 10^{-12} \, ℃^{-4}$。

由式（6-10）、式（6-11）可知，铂电阻的电阻值与温度 t 和初始电阻 R_0 有关，不同的 R_0 值，R_t 与 t 的对应关系不同，目前，工业铂电阻的 R_0 值有 $10 \, \Omega$ 和 $100 \, \Omega$ 两种，对应的分度号分别为 Pt10 和 Pt100。

2）铜电阻

与铂电阻相比，铜电阻的优点是：在测温范围（$-50 \sim +150 \, ℃$）内，其阻值与温度呈线性关系；电阻温度系数大，灵敏度高；易提纯，价格低。缺点是测量精度较低，电阻率小，易被氧化，不适合在高温及腐蚀性介质中使用。实际应用时，在被测温度较低且测量精度要求不太高的场合，常采用铜电阻温度传感器。

在 $-50 \sim 150 \, ℃$ 的温度范围内，铜电阻的电阻与温度之间的关系可表示为

$$R_t = R_0 \left[1 + \alpha t + \beta t(t - 100℃) + \gamma t^2(t - 100℃) \right] \qquad (6-12)$$

式中　R_0——温度为 $0 \, ℃$ 时铜电阻的电阻值，Ω；

R_t——温度为 $t \, ℃$ 时铜电阻的电阻值，Ω；

α——电阻温度系数，一般为 $4.25 \times 10^{-3} \sim 4.28 \times 10^{-3} \, ℃^{-1}$；

β——常数，$\beta = -9.31 \times 10^{-8} \, ℃^{-2}$；

γ——常数，$\gamma = 1.23 \times 10^{-9} \, ℃^{-3}$。

与铂电阻一样，不同的 R_0 值，R_t 与 t 的对应关系不同。目前，工业铜电阻的 R_0 值有 $50 \, \Omega$ 和 $100 \, \Omega$ 两种，对应的分度号分别为 Cu50 和 Cu100。

二、热电阻结构组成

工业用热电阻的结构形式如图 6-17 所示，主要包括电阻体支架、热电阻丝、引线、保护套管、绝缘瓷管和接线盒等部分。

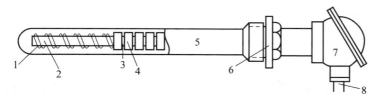

图 6-17　热电阻结构原理图

1—热电阻丝；2—电阻体支架；3—引线；4—绝缘瓷管；5—保护套管；
6—连接法兰；7—接线盒；8—引线孔

对于电阻体支架，为保证测量精度，对其要求如下：膨胀系数要小，以防止对热电阻丝产生应力；绝缘性能好；机械强度高；耐高温；对热电阻丝不起侵蚀作用。满足以上条件的常用材料有云母、石英、陶瓷和耐热塑料等，其中云母适用于 $500 \, ℃$ 以下的温度检测，石英和陶瓷适用于较高温度的检测，耐热塑料适用于 $100 \, ℃$ 以下的温度检测。对于热电阻丝在支架上的绕制，应采用双向无感绕制法，以消除电感对测量的影响。另外，为了使热电阻丝免除腐蚀性介质的侵蚀和外来的机械损伤，延长热电阻的

使用寿命，一般外面均要设置保护套管。

绝缘套管和保护套管的作用和材料与热电偶的类似。

连接电阻体引出端和接线盒之间的线称为内引线，它位于绝缘套管内，其材料与电阻丝相同（铜电阻），或与电阻丝的接触电动势较小的材料（铂电阻的内引线为镍丝或银丝）相同，以免产生附加电动势。同时内引线的线径应比电阻丝大很多，一般在 1 mm 左右，以减少引线电阻的影响。

与铠装热电偶相似，热电阻也有铠装结构。铠装热电阻的组成和特点与铠装热电偶基本相同。

目前还研制生产了薄膜型铂热电阻，如图 6－18 所示。它是利用真空镀膜法或用糊浆印刷烧结法使铂金属薄膜附着在耐高温基底上。其尺寸可以小到几平方毫米，可将其粘贴在被测高温物

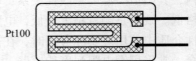

图 6－18　薄膜型铂热电阻

体上，测量局部温度，具有热容量小、反应快的特点。

目前我国全面施行"1990 国际温标"。按照 ITS－90 标准，国内统一设计的工业用铂热电阻在 0 ℃时的阻值 R_0 有 25 Ω、100 Ω 等几种，分度号分别用 Pt25、Pt100 等表示。薄膜型铂热电阻有 100 Ω、1 000 Ω 等数种。同样，铜热电阻在 0 ℃时的阻值 R_0 值为 50 Ω、100 Ω 两种，分度号分别用 Cu50、Cu100 表示。

从实验可知，金属热电阻的阻值 R_t 与温度 t 之间成非线性关系。因此必须每隔 1 ℃测出铂热电阻和铜热电阻在规定的测温范围内的 R_t 与 t 之间的对应电阻值，并列成表格，这种表格称为热电阻分度表。

Pt100 热电阻分度表见 6－13。

表 6－13　Pt100 热电阻分度表

分度号：Pt100　　　　　　　$R_0 = 100.00$ Ω　　　　　　　单位：Ω

t/℃	0	1	2	3	4	5	6	7	8	9
－200	18.49									
－190	22.8	22.37	21.94	21.51	21.08	20.65	20.22	19.79	19.36	18.93
－180	27.08	26.65	26.23	25.8	25.37	24.94	24.52	24.09	23.66	23.23
－170	31.32	30.9	30.47	30.05	29.63	29.2	28.78	28.35	27.93	27.5
－160	35.53	35.11	34.69	34.27	33.85	33.43	33.01	32.59	32.16	31.74
－150	39.71	39.3	38.88	38.46	38.04	37.63	37.21	36.79	36.37	35.95
－140	43.87	43.45	43.04	42.63	42.21	41.79	41.38	40.96	40.55	40.13
－130	48	47.59	47.18	46.76	46.35	45.94	45.52	45.11	44.7	44.28
－120	52.11	51.7	51.29	50.88	50.47	50.06	49.64	49.23	48.82	48.41
－110	56.19	55.78	55.38	54.97	54.56	54.15	53.74	53.33	52.92	52.52
－100	60.25	59.85	59.44	59.04	58.63	58.22	57.82	57.41	57	56.6
－90	64.3	63.9	63.49	63.09	62.68	62.28	61.87	61.47	61.06	60.66

续表

t/℃	0	1	2	3	4	5	6	7	8	9
−80	68.33	67.92	67.52	67.12	66.72	66.31	65.91	65.51	65.11	64.7
−70	72.33	71.93	71.53	71.13	70.73	70.33	69.93	69.53	69.13	68.73
−60	76.33	75.93	75.53	75.13	74.73	74.33	73.93	73.53	73.13	72.73
−50	80.31	79.91	79.51	79.11	78.72	78.32	77.92	77.52	77.13	76.73
−40	84.27	83.88	83.48	83.08	82.69	82.29	81.89	81.5	81.1	80.7
−30	88.22	87.83	87.43	87.04	86.64	86.25	85.85	85.46	85.06	74.67
−20	92.16	91.77	91.37	90.98	90.59	90.19	89.8	89.4	89.01	88.62
−10	96.09	95.69	95.3	94.91	94.52	94.12	93.73	93.34	92.95	92.55
0	100	99.61	99.22	98.83	98.44	98.04	97.65	97.26	96.87	96.48
0	100	100.39	100.78	101.17	101.56	101.95	102.34	102.73	103.13	103.51
10	103.9	104.29	104.68	105.07	105.46	105.85	106.24	106.63	107.02	107.4
20	107.79	108.18	108.57	108.96	109.35	109.73	110.12	110.51	110.9	111.28
30	111.67	112.06	112.45	112.83	113.22	113.61	113.99	114.38	114.77	115.15
40	115.54	115.93	116.31	116.7	117.08	117.47	117.85	118.24	118.62	119.01
50	119.4	119.78	120.16	120.55	120.93	121.32	121.7	122.09	122.47	122.86
60	123.24	123.62	124.01	124.39	124.77	125.16	125.54	125.92	126.31	126.69
70	127.07	127.45	127.84	128.22	128.6	128.98	129.37	129.75	130.13	130.51
80	130.89	131.27	131.66	132.04	132.42	132.8	133.18	133.56	133.94	134.32
90	134.7	135.08	135.46	135.84	136.22	136.6	136.98	137.36	137.74	138.12
100	138.5	138.88	139.26	139.64	140.02	140.39	140.77	141.15	141.53	141.91
110	142.29	142.66	143.04	143.42	143.8	144.17	144.55	144.93	145.31	145.68
120	146.06	146.44	146.81	147.19	147.57	147.94	148.32	148.7	149.07	149.45
130	149.82	150.2	150.57	150.95	151.33	151.7	152.08	152.45	152.83	153.2
140	153.58	153.95	154.32	154.7	155.03	155.45	155.82	156.19	156.57	156.94
150	157.31	157.69	158.06	158.43	158.81	159.18	159.55	159.93	160.3	160.67
160	161.04	161.42	161.79	162.16	162.53	162.9	163.27	163.65	164.02	164.39
170	164.76	165.13	165.5	165.87	166.24	166.6	166.98	167.35	167.72	168.09
180	168.46	168.83	169.2	169.57	169.94	170.31	170.68	171.05	171.42	171.79
190	172.16	172.53	172.9	173.26	173.63	174	174.37	174.74	175.1	175.47
200	175.84	176.21	176.57	176.94	177.31	177.68	178.04	178.41	178.78	179.14
210	179.51	179.88	180.24	180.61	180.97	181.34	181.71	182.07	182.44	182.8
220	183.17	183.53	183.9	184.26	184.63	184.99	185.36	185.72	186.09	186.45
230	186.82	187.18	187.54	187.91	188.27	188.63	189	189.36	189.72	190.09
240	190.45	190.81	191.18	191.54	191.9	192.26	192.36	192.99	193.35	193.71

t/℃	0	1	2	3	4	5	6	7	8	9
250	194.07	194.44	194.8	195.16	195.52	195.88	196.24	196.6	196.96	197.33
260	197.69	198.05	198.41	198.77	199.13	199.49	199.85	200.21	200.57	200.93
270	201.29	201.65	202.01	202.36	202.72	203.08	203.44	203.8	204.16	204.54
280	204.88	205.23	205.59	205.95	206.31	206.67	207.02	207.38	207.74	208.1
290	208.45	208.81	209.17	209.52	209.88	210.24	210.59	210.95	211.31	211.66
300	212.02	212.37	212.73	213.09	213.44	213.8	214.15	214.51	214.86	215.22
310	215.57	215.93	216.28	216.64	216.99	217.35	217.7	218.05	218.41	218.76
320	219.12	219.47	219.82	220.18	220.53	220.88	221.24	221.59	221.94	222.29
330	222.65	223	223.35	223.7	224.06	224.41	224.76	225.11	225.46	225.81
340	226.17	226.52	226.87	227.22	227.57	227.92	228.27	228.62	228.97	229.32
350	229.67	230.02	230.37	230.72	231.07	231.42	231.77	232.12	232.47	232.82
360	233.17	233.52	233.87	234.22	234.56	234.91	235.26	235.61	235.96	236.31
370	236.65	237	237.35	237.7	238.04	238.39	238.74	239.09	239.43	239.78
380	240.13	240.47	240.82	241.17	241.51	241.86	242.2	242.55	242.9	243.24
390	243.59	243.93	244.28	244.62	244.97	245.31	245.66	246	246.35	246.69
400	247.04	247.38	247.73	248.07	248.41	248.76	249.1	249.45	249.79	250.13
410	250.48	250.82	251.16	251.5	251.85	252.19	252.53	252.88	253.22	253.56
420	253.9	254.24	254.59	254.93	25.27	255.61	255.95	256.29	256.64	256.98
430	257.32	257.66	258	258.34	258.68	259.62	259.36	259.7	260.04	260.38
440	260.72	261.06	261.4	261.74	262.08	262.42	262.76	263.1	263.43	263.77
450	264.11	264.45	264.79	265.13	265.47	265.8	266.14	266.48	266.82	267.15
460	267.49	267.83	268.17	268.5	268.84	269.18	269.51	269.85	270.19	270.52
470	270.86	271.2	271.53	271.87	272.2	272.54	272.88	273.21	273.35	273.88
480	274.22	274.55	274.89	275.22	275.56	275.89	276.23	276.56	276.89	277.23
490	277.56	277.9	278.23	278.56	278.9	279.23	279.56	279.9	280.23	280.56
500	280.9	281.23	281.56	281.89	282.23	282.56	282.89	283.22	283.55	283.89
510	284.22	284.55	284.88	285.21	285.54	285.87	286.21	286.54	286.87	287.2
520	287.53	287.86	288.19	288.52	288.85	289.18	289.51	289.84	290.17	290.5
530	290.83	291.16	291.49	291.81	292.14	292.47	292.8	293.13	293.46	293.79
540	294.11	294.44	294.77	295.1	295.43	295.75	296.08	296.41	296.74	297.06
550	297.39	297.72	298.04	298.37	298.7	299.02	299.35	299.68	300	300.33
560	300.65	300.98	301.31	301.63	301.96	302.28	302.61	302.93	303.26	303.58
570	303.91	304.23	304.56	304.88	305.2	305.53	305.85	306.18	306.5	306.82
580	307.15	307.47	307.79	308.12	308.44	308.76	309.09	309.41	309.73	310.05

续表

t/℃	0	1	2	3	4	5	6	7	8	9
590	310.38	310.7	311.02	311.34	311.67	311.99	312.31	312.63	312.95	313.27
600	313.59	313.92	314.24	314.56	314.88	315.2	315.52	315.84	316.16	316.48
610	316.8	317.12	317.44	317.76	318.08	318.4	318.72	319.04	319.36	319.68
620	319.99	320.31	320.63	320.95	321.27	321.59	321.91	322.22	322.54	322.86
630	323.18	323.49	323.81	324.13	324.45	324.76	325.08	325.4	325.72	326.03
640	326.35	326.66	326.98	327.3	327.61	327.93	328.25	328.56	328.88	329.19
650	329.51	329.82	330.14	330.45	330.77	331.08	331.4	331.71	332.03	332.34

Cu50、Cu100 热电阻分度表分别见表 6-14 和表 6-15。

表 6-14 Cu50 热电阻分度表

分度号：Cu50 $R_0 = 50\ \Omega$ $\alpha = 0.004\ 280$

温度/℃	0	1	2	3	4	5	6	7	8	9
	电阻值/Ω									
-50	39.29	—	—	—	—	—	—	—	—	—
-40	41.4	41.18	40.97	40.75	40.54	40.32	40.1	39.89	39.67	39.46
-30	43.55	43.34	43.12	42.91	42.69	42.28	42.27	42.05	41.83	41.61
-20	45.7	45.49	45.27	45.06	44.34	44.63	44.41	44.2	43.98	43.77
-10	47.85	47.64	47.42	47.21	46.99	46.78	46.56	46.35	46.13	45.92
0	50	49.78	49.57	49.35	49.14	48.92	48.71	48.5	48.28	48.07
0	50	50.21	50.43	50.64	50.86	51.07	51.28	51.5	51.71	51.93
10	52.14	52.36	52.57	52.78	53	53.21	53.43	53.64	53.86	54.07
20	54.28	54.5	54.71	54.92	55.14	55.35	55.57	55.78	56	56.21
30	56.42	46.64	56.85	57.07	57.28	57.49	57.71	57.92	58.14	58.35
40	58.56	58.78	58.99	59.2	59.42	59.63	59.85	60.06	60.27	60.49
50	60.7	60.92	61.13	61.34	61.56	61.77	61.98	62.2	62.41	62.63
60	62.84	63.05	63.27	63.48	63.7	63.91	64.12	64.34	64.55	64.76
70	64.98	65.19	65.41	65.62	65.83	66.05	66.26	66.48	66.69	66.9
80	67.12	67.33	67.54	67.76	67.97	68.19	68.4	68.62	68.83	69.04
90	69.26	69.47	69.68	69.9	70.11	70.33	70.54	70.76	70.97	71.18
100	71.4	71.61	71.83	72.04	72.25	72.47	72.68	72.9	73.11	73.33
110	73.54	73.75	73.97	74.18	74.4	74.61	74.83	75.04	75.26	75.47
120	75.68	75.9	76.11	76.33	76.54	76.76	76.97	77.19	77.4	77.62
130	77.83	78.05	78.26	78.48	78.69	78.91	79.12	79.34	79.55	79.77
140	79.98	80.2	80.41	80.63	80.84	81.06	81.27	81.49	81.7	81.92
150	82.13	—	—	—	—	—	—	—	—	—

表 6-15　Cu100 热电阻分度表

分度号：Cu100　　　　　　　　$R_0 = 100\ \Omega$　　　　　　　　$\alpha = 0.004\ 280$

温度/℃	0	1	2	3	4	5	6	7	8	9
	电阻值/Ω									
-50	78.49	—	—	—	—	—	—	—	—	—
-40	82.8	82.36	81.94	81.5	81.08	80.64	80.2	79.78	79.34	78.92
-30	87.1	88.68	86.24	85.82	85.38	84.95	84.54	84.1	83.66	83.22
-20	91.4	90.98	90.54	90.12	89.68	86.26	88.82	88.4	87.96	87.54
-10	95.7	95.28	94.84	94.42	93.98	93.56	93.12	92.7	92.26	91.84
0	100	99.56	99.14	98.7	98.28	97.84	97.42	97	96.56	96.14
0	100	100.42	100.86	101.28	101.72	102.14	102.56	103	103.43	103.86
10	104.28	104.72	105.14	105.56	106	106.42	106.86	107.28	107.72	108.14
20	108.56	109	109.42	109.84	110.28	110.7	111.14	111.56	112	114.42
30	112.84	113.28	113.7	114.14	114.56	114.98	115.42	115.84	116.28	116.7
40	117.12	117.56	117.98	118.4	118.84	119.26	119.7	120.12	120.54	120.98
50	121.4	121.84	122.26	122.68	123.12	123.54	123.96	124.4	124.82	125.26
60	125.68	126.1	126.54	126.96	127.4	127.82	128.24	128.68	129.1	129.52
70	129.96	130.38	130.82	131.24	131.66	132.1	132.52	132.96	133.38	133.8
80	134.24	134.66	135.08	135.52	135.94	136.33	136.8	137.24	137.66	138.08
90	138.52	138.94	139.36	139.8	140.22	140.66	141.08	141.52	141.94	142.36
100	142.8	143.22	143.66	144.08	144.5	144.94	145.36	145.8	146.22	146.66
120	151.36	151.8	152.22	152.66	153.08	153.52	153.94	154.38	154.8	155.24
130	155.66	156.1	156.52	156.96	157.38	157.82	158.24	158.68	159.1	159.54
140	159.96	160.4	160.82	161.28	161.68	162.12	162.54	162.98	163.4	163.84
150	164.27	—	—	—	—	—	—	—	—	—

该分度表是根据 ITS-90 标准所规定的实验方法而得到的，不同国家、不同厂商的同型号产品均需符合国际电工委员会（IEC）给出的分度表。

普通型热电阻的型号命名规则：WR?—1 2 3。

其中第一节为字母，代号含义：W—温度仪表；R—热电阻；?—热电阻分度号及材料（P—Pt；C—Cu）。

第二节为数字，代号含义与热电偶命名规则相同。

三、 热电阻温度测量系统

在实际使用时，应根据使用场合和测量精度要求，并结合投资成本，综合确定具体的连接方法。两种连接方法中，三线制连接法应用最多。目前热电阻的引线主要有以下 3 种方式。

1. 二线制

在热电阻的两端各连接一根导线来引出电阻信号的方式叫二线制。这种引线方法很简单，但由于连接导线必然存在引线电阻 r，r 的大小与导线的材质和长度因素有关，因此这种引线方式只适用于测量精度较低的场合。

2. 三线制

在热电阻根部的一端连接一根引线，另一端连接两根引线的方式称为三线制，这种方式通常与电桥配套使用，是工业过程控制中最常用的。

热电阻采用三线制接法是为了消除连接导线电阻引起的测量误差。这是因为测量热电阻的电路一般是不平衡电桥。热电阻作为电桥的一个桥臂电阻，其连接导线（从热电阻到中控室）也成为桥臂电阻的一部分，这部分电阻是未知的且随环境温度变化，造成测量误差。采用三线制时，将导线中的一根接到电桥的电源端，其余两根分别接到热电阻所在的桥臂及与其相邻的桥臂上，这样消除了导线线路电阻带来的测量误差。

3. 四线制

在热电阻的根部两端各连接两根导线的方式称为四线制，其中两根引线为热电阻提供恒定电流 I，把 R 转换成电压信号 U，再通过另两根引线把 U 引至二次仪表。可见，这种引线方式可完全消除引线的电阻影响，主要用于高精度的温度检测。

在实际使用时，一般用普通铜导线将热电阻的输出信号引到控制室（或位于现场的仪表盘、控制柜等），然后与温度变送器或显示、记录仪等仪表相接即可，如图 6 - 19 所示。

温度变送器或显示、记录仪

图 6 - 19　热电阻温度测量系统

值得注意的是热电阻与仪表之间的接线问题。热电阻的测量电路通常采用电桥电路，而二者之间的连接又有两线制和三线制两种，如图 6 - 20 所示，图中 R_1、R_2、R_3 是固定电阻，R_a 是调零电阻，R_t 是测量热电阻，r_1、r_2、r_3 是连接导线电阻。对于两线制接法，优点是节省导线，缺点是会引入因环境温度变化引起连接导线电阻阻值变化而产生的测量误差，这种误差有时会超出允许的误差范围，所以应用比较少，一般可用在连接导线较短、环境温度变化不大且测量精度要求不高的场合。对于三线制接法，r_2 加到电源的负端，对电桥的输出 U_o 不产生影响，r_1 加到电桥的左上桥臂，r_3 则加到与之相邻的左下桥臂。这样，当环境温度变化时，左侧两个桥臂电阻变化对电桥输出 U_o 的贡献相互抵消，这就大大削弱甚至消除了环境温度变化对测量结果的影响，提高了测量精度。三线制接法所用导线比两线制接法增加了 50%，初次投资成本有所增加。

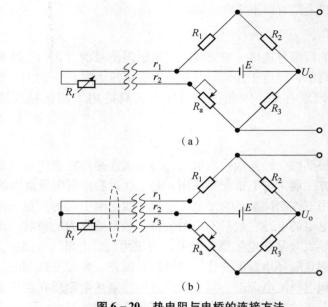

图 6 – 20　热电阻与电桥的连接方法

（a）两线制接法；（b）三线制接法

四、　热电阻故障处理

热电阻感温元件的好坏直接影响测量结果，所以在使用前必须检查。检查时，最简单的办法是将热电阻从保护管中抽出，用万用表欧姆挡测量其电阻值。热电阻的常见故障是热电阻的短路和断路。一般断路更常见，这是因为热电阻丝较细所致。断路和短路是很容易判断的，如测得的阻值为 0 或小于 R_0，则可能有短路的地方；若万用表指示为无穷大，可断定电阻体已断路。电阻体短路一般较易处理，只要不影响电阻丝的长短和粗细，找到短路处进行吹干，加强绝缘即可。电阻体的断路修理必然要改变电阻丝的长短而影响电阻值，因此以更换新的电阻体为好；若采用焊接修理，焊后要校验合格才能使用。

热电阻测温系统在运行中常见故障及处理方法如下。

（1）热电阻元件阻值比实际值偏小或不稳定。

原因分析：

①热电阻丝之间短路或接地。

②热电阻元件保护套管内积水。

③热电阻接线盒间引出导线短路。

④热电阻保护套管磨损。

修理方法：

①用万用表检查热电阻丝接地部位进行绝缘修复。若热电阻丝之间短路，应进行更换。

②清除保护套管内的积水，将保护套管与热电阻分别进行烘干处理。

③对热电阻接线盒间引出导线进行绝缘处理。

④检查保护套管是否渗漏，对不符合要求的保护套管进行更换。

防范措施：

①加强现场热电阻元件的检查维护。

②定期检查热电阻保护套管。

③加强热电阻接线盒的防雨、防潮措施。

（2）电阻表（万用表）指针指向标尺终端。

原因分析：热电阻断路。

修理方法：如热电阻本身断路，应予以更换；若连接导线断开，应予以修复。

（3）电阻表（万用表）指针指向标尺始端。

原因分析：热电阻短路。

修理方法：如热电阻短路，应予以维修或更换；若连接导线短路，应重新连接。

五、 热电阻安装及校验

1. 热电阻的安装

通常热电阻的基本结构除了感温元件外，其余的保护套管、安装固定装置、接线盒等与热电偶相似，热电阻测温元件的安装形式和安装原则与热电偶也基本相同。

2. 热电阻的校验

为确保热电阻测温的准确性，应按检定规程的规定，定期对热电阻感温元件进行检定。

检定项目包括：装配质量和外观检查；绝缘电阻的检测；R_0、R_{100} 及 R_t 的检定；稳定度检定。

检定时所需仪器和设备包括：二等标准铂电阻温度计（或二等标准水银温度计）；成套工作的 0.02 级测温电桥，直流低电动势电位差计或其他同等准确度的电测设备；冰点槽；水沸点槽或恒温油槽：水沸点槽插孔之间的最大温差不大于 0.01 ℃。油恒温槽工作区域内的垂直温差不大于 0.02 ℃；水平温差不大于 0.01 ℃；高温炉：高温炉在 t ℃ 时，工作区域内的垂直和水平温差应分别不大于 t ℃ 时铂热电阻允许偏差的 1/8 和 1/10；水三相点瓶；读数望远镜；100 V 兆欧表。

工业热电阻具体检定步骤和方法以及检定结果的数据处理可参见《工业铂、铜热电阻检定规程》（JJG 229—1998）。

标准、工业用热电偶、热电阻的检定多数是在检定室或实验室完成。以下介绍的热工仪表多数是用于在线测量，因此，根据测量现场工艺参数的指标要求以及测量设备的计量特性，采用现场校准的方法对热工仪表进行量值传递。这类热工仪表通常按有关技术要求进行安装，应满足紧固件不得有松动和损伤、可动部件应灵活可靠等要求。在校准前，通常要对外形结构完好性、仪表的名称、型号、规格、量程范围、制造厂名、出厂编号、出厂时间、准确度等级及外观明确标识进行确认。

校验方法有比较法和两点法。

1）比较法

校验热电阻的接线如图6－21所示。利用可调的加热恒温器保持温度的恒定，用标准水银温度计或标准电阻温度计进行检测，将被校热电阻插入恒温槽中，在需要或规定的几个稳定温度下，用电位差计测量并计算各校验点的 R_t 值，在同一校验点应反复测量几次，然后取其平均值。读取标准温度计和被校温度计的示值并进行比较，其偏差不能超过最大允许误差。在校验时使用的恒温器有冰点槽、恒温水槽或恒温油槽，根据所需校验的温度范围选取恒温器。热电阻值的测量可以用电桥，也可以用直流电位差计测量恒电流（小于6 mA）流过热电阻和标准电阻的电压降，然后计算出热电阻的阻值。

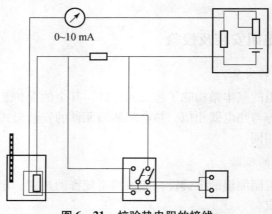

图6－21　校验热电阻的接线

2）两点法

比较法虽然可用调整恒温器温度的办法对温度计刻度值逐个进行比较校验，但所用的恒温器规格多，一般实验室多不具备。因此，工业电阻温度计可用两点法进行纯度校验，只需要冰点槽和水沸点槽，分别测得 R_0 和 R_{100}，检查 R_0 值和 R_{100}/R_0 的比值是否满足技术数据指标即可。

六、应用问题

（1）应根据测温范围及被测温度场气氛等因素选择热电阻的类型和规格参数。

（2）安装地点应避开加热源和炉门，接线盒处的环境温度应相对恒定且不超过100 ℃。

（3）热电阻最好垂直安装，一方面可防止其高温下弯曲变形，另一方面其表面黏积物要比水平安装少得多，这样可缩短测量滞后时间，提高测量精度。

（4）热电阻的插入深度应大于其保护套管外径的8～10倍，具体数值可根据现场情况确定。

（5）使用中应保持电阻丝与保护套管之间具有良好的绝缘，以防带来测量误差，甚至使仪表不能正常工作。

【任务实施】 热电阻的认识与校验

1. 实施目的

（1）认识常用热电阻外形和结构。

（2）热电阻初步检测。

（3）热电阻校验。

注意：校验时调节分压器使毫安表指示为 2~9 mA，确保电流不超过 9 mA。

2. 实施器材

（1）加热恒温器。

（2）被校验电阻体。

（3）标准温度计。

（4）毫安表。

（5）标准电阻体。

（6）分压器。

（7）双刀双头开关。

（8）电位差计。

3. 实施内容

将校验数据填入表 6 – 16 中。

表 6 – 16　热电阻校验记录表

室温＿＿＿＿＿＿＿＿＿＿；湿度＿＿＿＿＿＿＿＿＿＿＿＿＿；

型号＿＿＿＿＿＿＿＿＿＿；外观检查结果＿＿＿＿＿＿＿＿＿；

电阻值＿＿＿＿＿＿＿＿＿；是否短路或断路＿＿＿＿＿＿＿＿。

次数	校验点 t/℃	R/Ω（标准）	R_t/Ω
1			
2			
3			
4			
5			
6			
7			
8			

结论：＿＿＿＿＿＿＿＿＿＿（合格/不合格）。

【任务总结】

电阻温度计的工作原理是利用金属线的电阻随温度几乎呈线性变化的关系获得测量数据。但电阻温度计在检测温度时，有时间延迟的缺点。与电阻温度计相比，热电偶温度计能够测更高的温度；测温电阻体和热电偶都是插入保护管使用的，因此保护管的构造和材质必须慎重选定。

铠装热电阻是由金属保护管、绝缘材料和电阻体三者经冷拔、旋锻加工而成的组合体，电阻体多数用的铂丝（也有用镍丝的），绝缘材料用氧化镁粉末，金属套管通常用不锈钢。特点是：热惰性小，反应迅速；具有可挠性，适用于结构复杂或狭小设备的温度测量；耐振动和冲击；寿命长，因为热电阻受到绝缘材料和气密性很好的套管保护，所以不易氧化。

【项目评价】

根据任务实施情况进行综合评议。

评定人/任务	操作评议	等级	评定签名
自评			
同学互评			
教师评价			
综合评定等级			

【拓展提高】

一、 新型热电偶测温装置——一体化热电偶温度变送器

1. 工作原理

一体化热电偶温度变送器是国内新一代超小型温度检测仪表。它主要由热电偶和热电偶温度变送器模块组成，可用以对各种液体、气体、固体的温度进行检测，应用于温度的自动检测、控制的各个领域，也适用于各种仪器以及计算机系统的配套使用。

一体化温度变送器的特点是将传感器（热电偶）与变送器综合为一体。变送器的作用是对传感器输出的温度变化信号进行处理，转换成相应的标准统一信号输出，送到显示、运算、控制等单元，以实现生产过程的自动检测和控制。

热电偶温度计将被测温度转换成电信号，再将该信号送入一体化热电偶温度变送器的变送模块，即变送器的输入网络，该网络包含调零和热电偶补偿等相关电路。经调零后的信号输入到滤波放大器进行信号的滤波、放大、非线性校正、U/I 转换等电路处理后，变送成与温度呈线性关系的 $4\sim20$ mA 标准电流信号输出。它的原理框图如图 6-22 所示。

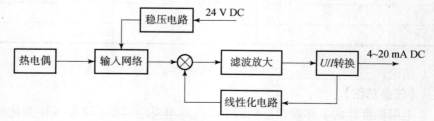

图 6-22　一体化热电偶温度变送器工作原理框图

另一路经 A/D 转换器处理后送到表头显示。变送器的线性化电路有

两种，均采用反馈方式。对热电偶温度计，用多段折线逼近法进行校正。一体化数字显示温度变送器有两种显示方式：LCD 显示的温度变送器用两线制方式输出；LED 显示的温度变送器用三线制方式输出。

2. 一体化热电偶温度变送器的结构

一体化热电偶温度变送器的变送单元置于热电偶的接线盒里，取代接线座。安装后的一体化热电偶温度变送器外观结构如图 6 – 23 所示。变送器模块采用全密封结构，用环氧树脂浇注，具有抗振动、防腐蚀、防潮湿、耐温性能好的特点，可用于恶劣的环境。

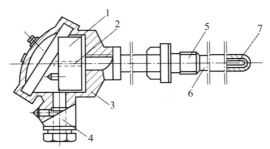

图 6 – 23 一体化热电偶温度变送器外观结构
1—变送器模块；2—穿线孔；3—接线盒；4—进线孔；
5—固定装置；6—保护套管；7—热电极

变送器模块外形如图 6 – 24 所示。图中"1""2"分别代表热电偶正负极连接端子；"4""5"分别为电源和信号线的正负极接线端子；"6"为零点调节；"7"为量程调节。一体化热电偶温度变送器采用两线制，在提供直流 24 V 电源的同时，输出直流 4 ~ 20 mA 的电流信号。

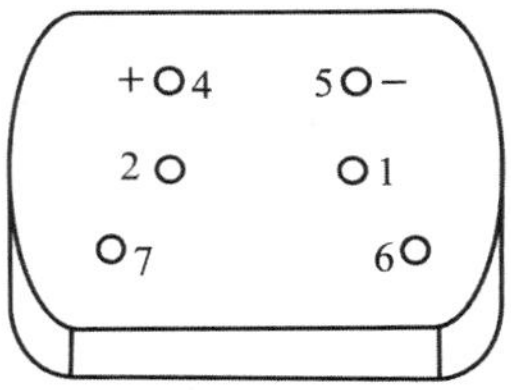

两根热电极从变送器底下的两个穿线孔中进入，在变送器上面露一点弯下，对应插入"1"和"2"接线柱，拧紧螺钉。将变送器固定在接线盒内，接好信号线，封接线盒盖后，则一体化温度变送器组装完毕。

图 6 – 24 变送器模块外形

变送器在出厂前已经调校好，使用时一般不必再做调整。当使用中产生误差时，可以用"6""7"两个电位器进行微调。若单独调校变送器模块时，必须用精密信号电源提供模拟电动势信号，多次重复调整零点和量程即可达到要求。

一体化热电偶温度变送器的安装与其他热电偶安装要求基本相同，但特别要注意感温元件与大地间应保持良好的绝缘；否则将直接影响检测结果的准确性，严重时甚至会影响仪表的正常运行。

二、 一体化热电阻温度变送器

1. 工作原理

一体化热电阻温度变送器与一体化热电偶温度变送器一样，将热电阻与变送器融为一体，将被测温度转换成电信号，再将该信号送入变送器的输入网络，经调零后的信号输入到运算放大器进行信号放大，放大的信号一路经 U/I 转换器计算处理后转换成直流 $4 \sim 20$ mA 的标准信号输出。热电阻温度变送器的线性化电路用正反馈方式校正。变送器原理框图与图 $6-22$ 相类似，仅将热电偶改为热电阻，同样经过转换、滤波、运算放大、非线性校正、U/I 转换等电路处理输出。在此不再给出。

2. 一体化热电阻温度变送器的结构

一体化热电阻温度变送器的变送模块与一体化热电偶温度变送器一样，也置于接线盒中，热电阻与变送器融为一体组装，消除了常规耐温方式中连接导线所产生的误差，提高了抗干扰能力。

采用一体化结构形式的两线制热电阻温度变送器。现场安装时将变送器直接安装在铠装式的热电阻传感器的接线盒内。

根据被测对象的温度和不同的环境条件，热电阻温度变送器可分为两种结构形式，如图6-25所示。

图 $6-25$ 中，"1""2"为热电阻引线接线端子，"3"为热电阻三线输入的引线补偿端接线柱。若采用二线制输入，则"3"与"2"必须短接。

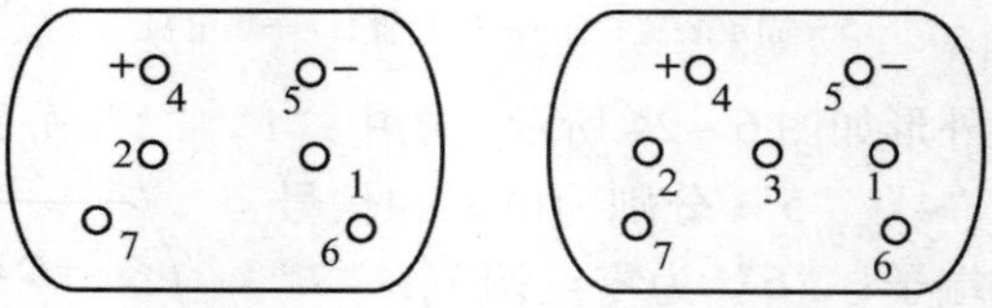

图 6 – 25　变送器模块外形
（a）一体化结构；（b）分离式结构

【练习与思考】

1. 单项选择题

（1）正常人的体温为 37 ℃，则此时的华氏温度约为（　　），热力学温度约为（　　）。

A. 32 ℉，100 K　　　　　　　　　　B. 99 ℉，236 K

C. 99 ℉，310 K　　　　　　　　　　D. 37 ℉，310 K

（2）热电偶中热电动势由（　　）组成。

A. 感应电动势　　　　　　　　　　B. 温差电动势

C. 接触电动势　　　　　　　　　　D. 切割电动势

（3）工程（工业）中，热电偶冷端处理方法有（　　）。

A. 热电动势修正法　　　　　　　　B. 温度修正法

C. 0 ℃恒温法　　　　　　　　　　D. 冷端延长法

（4）实用热电偶的热电极材料中，使用较多的是（　　）。

A. 纯金属　　　　B. 非金属　　　　C. 半导体　　　　D. 合金

（5）热电偶热电动势数值大小取决于两种导体的（　　）。

A. 自由电子密度和结点温差

B. 导体形状

C. 导体尺寸

（6）（　　）越大，热电偶输出电动势就越大。

A. 热端的温度

B. 冷端的温度

C. 热端和冷端的温差

D. 热电极电导率

（7）由一种均质导体组成的闭合回路，当两端温度相差很大时，其产生的热电动势（　　）。

A. 很大　　　　　　B. 一般　　　　　　C. 为零

（8）下列定律或效应中，与热电偶测温有关的是（　　）。

A. 光电效应　　　　　　　　　B. 普朗克定律

C. 塞贝克效应　　　　　　　　D. 基尔霍夫定律

（9）由两种导体组成的热电偶闭合回路中，当两端温度相同时，其热电动势（　　）。

A. 能产生　　　　　B. 较小　　　　　C. 为零

2. 填空题

（1）温标是衡量温度高_____的标尺，是描述温度数值的统一表示方法（或定义方法）。温标明确了温度的单_____、定义固定点的数值、内插标准仪器和标准的插补公_____。各类温度计的刻_____均由温标确定。

（2）国际上常用的温标有：摄_____温标、华氏温标、热_____温标、19 _____国际温标等。

（3）热电偶是两种不同材料的_____体所组成的回路，当两端结点温度_____时，就会在回路内产生热电动势和电流。

（4）热电偶的冷端温度补偿方法有冷端恒_____法、计_____修正法、仪表机械零点调整法、电桥补偿法等。

（5）在炼钢厂中，可以直接将廉价热电极（易耗品，如镍铬、镍硅热偶丝，时间稍长即损坏）插入钢水中测量钢水的_____，如图 6 - 26 所示。由于钢水是导_____的，可以与消耗型快速热电偶的两根热电极形成回路，所以_____必将工作端焊在一起。如果被测物是熔化的塑料，则_____能形成导电回路，不可以使用消耗型快速热电偶。图 6 - 26 中热电极的接线盒温度 t_1、t_2 必须相_____，才不影响测量准确度。

（6）金属热电阻简称热电阻，是利用金属电阻随温度升高而_____这一特性来测量温度的传感器。目前应用较为广泛的热电阻材料是_____和铜。

（7）半导体热敏电阻简称_____敏电阻，是一种半导体测温元件。按其温度系数，可分为_____温度系数热敏电阻（NTC）和_____温度系数热敏电阻（PTC）两大类。

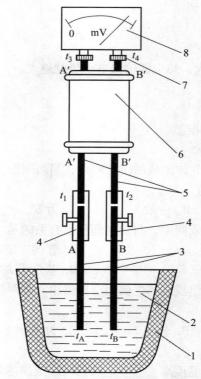

图 6 - 26 用浸入式热电偶测量熔融金属示意图

1—钢水包；2—钢熔融体；3—热电极 A、B；4，7—补偿导线接线柱；
5—补偿导线；6—保护管；8—毫伏表

（8）PTC 热敏电阻的电阻变化趋势与温度的变化趋势_____，属于_____突变型热敏电阻。在电子线路中多起限流、保护作用，如可以用作"自恢复熔断器"。

3. 简答题

（1）热电偶测温原理是什么？热电偶回路产生热电动势的必要条件是什么？

（2）热电偶的基本特性有哪些？工业上常用的测温热电偶有哪几种？

（3）热电偶测温时为什么要进行冷端温度补偿？其冷端温度补偿方法常采用哪几种？

（4）热电偶补偿导线的作用是什么？

（5）补偿导线分为哪两类？其中 X 表示什么？C 表示什么？

（6）试述热电阻测温原理。常用热电阻有哪几种？它们的分度号和 R_0 各为多少？

（7）介绍电阻温度计的主要优点。

（8）铜热电阻测温范围是什么？

（9）绘图说明热电阻测温电桥电路三线制接法如何减小环境温度变化对测温的影响。

项目七

流量传感器及应用

项目场景

在工业自动化生产过程中，流量是需要经常测量和控制的重要参数之一。随着科学和生产的发展，人们对于流量检测精度的要求也越来越高，需要检测的流体品种也越来越多，检测对象从单相流到双相流、多相流，工作条件有高温、低温、高压、低压等。因此，根据不同测量对象的物理性能，运用不同的物理原理和规律设计制造出的各类流量仪表，应用于工艺流程中流量测量和配比参数的控制及油、气、水等能源的计量，是工业生产过程中自动检测和控制的重要环节。因此，流量检测已成为生产过程检测中的重要组成部分。

需求分析

在工业现场，测量流体流量的仪表统称为流量计或流量表，是工业测量中最重要的仪表之一。随着工业的发展，对流量测量的准确度和范围要求越来越高，为了适应多种用途，各种类型的流量计相继问世，广泛应用于石油天然气、石油化工、水处理、食品饮料、制药、能源、冶金、纸浆造纸和建筑材料等行业。

方案设计

针对项目需求，本项目主要包含了差压式流量计、转子流量计、电磁流量计、涡轮流量计、涡街流量计、容积式流量计、超声波流量计、质量流量计等的基本概念、组成、分类、工作原理、应用及其相关参数等。本项目设置了：任务一流量测量概述；任务二差压式流量计及应用；任务三转子流量计及应用；任务四超声波流量计及应用；任务五电磁流量计及应用；任务六其他流量计及应用。通过本项目的学习，认识、了解检测流量的各种检测仪表，了解它们的主要特点、性能及应用。因此，本项目主要介绍流量检测仪表的各项知识。

相关知识和技能

【知识目标】

(1) 理解流量的概念和单位。

(2) 了解各种流量测量仪表的结构及原理。

(3) 掌握流量测量方法和测量仪表的种类。

(4) 掌握流量测量仪表的选择原则。

(5) 掌握各种流量计的安装、一般故障判断及排除方法。

【技能目标】

(1) 能根据测量要求正确选择合适的流量计。

(2) 会安装与检修差压式流量计，判断差压式流量计的一般故障并进行排除。

(3) 会安装电磁流量计，能根据故障现象判断电磁流量计故障原因并正确处理。

(4) 会安装涡街流量计，能根据故障现象判断涡街流量计故障原因并正确处理。

(5) 能对检修专用工具进行规范操作使用。

(6) 能结合安装与检修安全注意事项进行文明施工。

(7) 会检索与阅读各种电子手册及资料，能用英语分析技术资料。

(8) 会规范书写检修记录报告。

任务一　流量测量概述

【任务描述】

通过本任务的学习，学生应达到的教学目标如下。

【知识目标】

(1) 理解流量的概念和单位。

(2) 掌握流量测量方法和测量仪表的种类。

(3) 掌握流量测量仪表的选择原则。

【技能目标】

能根据检测需要选择合适的流量计。

【任务分析】

在工业生产过程中，为了有效地进行生产操作和控制，经常需要检测生产过程中各种介质（液体、气体、蒸汽等）的流量，以便为生产操作和控制提供依据。同时，为了进行经济核算，经常需要知道在一段时间内流过的介质总量。所以，流量测量是控制生产过程达到优质高产和安全生产以及经济核算所必需的一个重要参数。检测流量的目的，一方面是掌握设备运行情况和实现汽包液位等参数自动控制的重要依据；另一方面是为热效率计算和成本核算提供必要的数据。所以，流量测量具有非常重要的意义。通过本任务的学习，要学会根据工艺要求和流体性质选用适宜的流量计并进行流量测量。

【知识准备】

一、 流量的概念

流量是指流经管道或设备某一截面的流体数量。

1. 瞬时流量

单位时间内流经某一截面的流体数量称为瞬时流量，可以分别用体积流量和质量流量来表示。

（1）体积流量指单位时间内流过某一截面的流体体积，国际单位为 m^3/s，还常用 m^3/h、L/h 等单位。

$$q_v = \bar{v}A \qquad (7-1)$$

式中 $\bar{v}$——截面 A 上的平均流速。

（2）质量流量指单位时间内流经某一截面的流体质量，国际单位为 kg/s，还常用 t/h、kg/h 等单位。

$$q_m = q_v \rho = \rho v A \qquad (7-2)$$

2. 累积流量

累积流量是指一段时间内流经某截面的流体数量的总和，也称总量。可用体积和质量来表示，即

$$V = \int_{t_1}^{t_2} q_v dt \qquad M = \int_{t_1}^{t_2} q_m dt \qquad (7-3)$$

习惯上把检测瞬时流量的仪表叫流量计，而把检测总量的仪表叫计量表。工艺生产中，流量表兼有显示总量的作用。

二、 流量测量仪表的分类

流量测量仪表按流量测量原理分类如下。

1. 速度式流量计

以流体在管道内的平均流动速度作为测量依据，根据 $q_v = \bar{v}A$ 原理测量流量。测量平均流速的方法有差压式、电磁式、旋涡式、声学式、热学式、涡轮式等。

（1）差压式。又称节流式，利用节流件前后的差压和流速关系，通过差压值获得流体的流速。

（2）电磁式。导电流体在磁场中运动产生感应电动势，感应电动势大小与流体的平均流速成正比。

（3）旋涡式。流体在流动中遇到一定形状的物体会在其周围产生有规则的旋涡，旋涡释放的频率与流速成正比。

（4）涡轮式。流体作用在置于管道内部的涡轮上使涡轮转动，其转动速度在一定流速范围内与管道内流体的流速成正比。

（5）声学式。根据声波在流体中传播速度的变化得到流体的流速。

（6）热学式。利用加热体被流体的冷却程度与流速的关系来检测流速。

基于速度法的流量检测仪表有节流式流量计、靶式流量计、弯管流量计、转子流量计、电磁流量计、旋涡流量计、涡轮流量计、超声流量计等。

2. 容积式流量计

以流体在流量计内连续通过的标准体积 V_0 的数目 N 作为测量依据，根据 $V = NV_0$ 进行累积流量的测量。容积式测量法受流体流动状态影响较小，适用于测量高黏度、低雷诺数的流体。雷诺数是流体流动中惯性力与黏性力比值的量度，依据雷诺数的大小可以判别流动特征。这类仪表有椭圆齿轮流量计、旋转活塞式流量计和刮板流量计。

3. 质量式流量计

质量式流量计直接利用流体的质量流量 q_m 为测量依据。测量精度不受流体的温度、压力、黏度等变化的影响。

流量计的性能比较见表 7-1。

表 7-1 流量计的性能比较表

类别	工作原理	仪表名称		可测流体种类	适用管径/mm	测量精度/%	安装要求、特点
体积流量计	差压式流量计	流体流过管道中的阻力件时产生的压力差与流量之间有确定关系，通过测量差压值求得流量	节流式	孔板	液、气、蒸汽	50~1 000	±(1~2)	需直管段，压损大
				喷嘴		50~500		需直管段，压损中等
				文丘里管		100~1 200		需直管段，压损小
			均速管		液、气、蒸汽	25~9 000	±1	需直管段，压损小
			转子流量计		液、气	4~150	±2	垂直安装
			靶式流量计		液、气、蒸汽	15~200	±(1~4)	需直管段
			弯管流量计		液、气		±(0.5~5)	需直管段，无压损
	容积式流量计	直接对仪表排出的定量流体计数以确定流量	椭圆齿轮流量计		液	10~400	±(0.2~0.5)	无直管段要求，需装过滤器，压损中等
			腰轮流量计		液、气			
			刮板流量计		液		±0.2	无直管段要求，压损小

类别		工作原理	仪表名称	可测流体种类	适用管径/mm	测量精度/%	安装要求、特点
体积流量计	速度式流量计	通过测量管道截面上流体平均流速来测量流量	涡轮流量计	液、气	4~600	±(0.1~0.5)	需直管段，装过滤器
			涡街流量计	液、气	150~1 000	±(0.5~1)	需直管段
			电磁流量计	导电液体	6~2 000	±(0.5~1.5)	直管段要求不高，无压损
			超声波流量计	液	>10	±1	需直管段，无压损
质量流量计	直接式质量流量计	直接检测与质量流量成比例的量来计算质量流量	热式质量流量计	气		±1	
			冲量式质量流量计	固体粉料		±(0.2~2)	
			科式质量流量计	液、气		±0.15	
	间接式质量流量计	同时测体积流量和流体密度来计算质量流量	体积流量精密度补偿	液、气		±0.5	
			温度、压力补偿				

三、 流量测量仪表的选择

流量测量仪表的选择与安装是关系流量测量准确性和仪表使用寿命的重要条件。流量测量仪表的种类繁多，其选择与安装也不尽相同。一般而言，流量测量仪表的选择主要应考虑被测流体的性质和状态（如液体、气体、蒸汽、粉末、导电性、温度、压力、黏度、重度、腐蚀性、多相流及脉动流等）、使用环境条件、工艺允许压力损失及最大最小额定流量等因素。选择的一般原则如下。

1. 类型选择

在测量管道内径大于 50 mm 的各种性质和状态的液体、气体及蒸汽流量时，可选择差压式流量计，测量干净液体、气体及蒸汽流量可选标准孔板，测量含沉淀物或悬浮物的流体流量可选偏心孔板或圆缺孔板，测量黏度大、流速低、雷诺数小的流体流量可选 1/4 圆缺孔板；测量高压及过热蒸汽流量可选喷嘴；精密测量干净或脏污的液体或气体流量可选文丘里管；测量流量较大且不允许有显著压力损失的流量可选毕托管，毕托管的测量精度较低；大管径、大流量的流量测量可选阿牛巴管流量计，其测量精度较高；测量导电性液体（如电厂的生水、酸液及碱液）流量可选用电磁流量计等。

2. 量程选择

对于方根刻度流量计（如差压式流量计和靶式流量计等），其最大流量不应超过仪表满刻度的 95%，正常流量为满刻度的 70%~85%，最小流量不小于满刻度的 30%；对于线性刻度流量计（如电磁流量计、超声波流量计及旋涡流量计等），其最大流量不应超过仪表满刻度的 90%，正常流量为满刻度的 50%~70%，最小流量不小于满刻度的 10%。

3. 精度等级选择

根据仪表的测量范围及工艺上允许的最大绝对误差，计算出仪表允许的最大引用误差，然后根据国家规定的工业仪表标准精度等级，确定仪表的精度等级。仪表精度等级不是越高越好，应在满足误差要求的情况下，选择精度等级最低的一级，这样有利于降低设备成本。

【任务实施】

查阅资料，辨识不同种类流量计，结合所学知识填写表 7-2。

表 7-2 流量测量仪表认识及应用表

流量计实物图片	流量仪表类型及特点

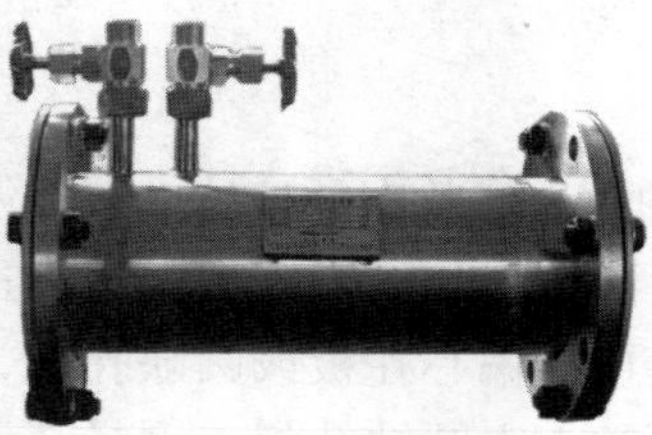	

续表

流量计实物图片	流量仪表类型及特点

【任务总结】

在工业现场，测量流体流量的仪表统称为流量计或流量表，是工业测量中最重要的仪表之一。随着工业的发展，对流量测量的准确度和范围要求越来越高，为了适应多种用途，各种类型的流量计相继问世，广泛应用于石油天然气、石油化工、水处理、食品饮料、制药、能源、冶金、纸浆造纸和建筑材料等行业。

任务二 差压式流量计及应用

【任务描述】

通过本任务的学习，学生应达到的教学目标如下。

【知识目标】

（1）掌握差压式流量计的测量原理。

（2）理解流量公式。

（3）理解标准节流装置基本要求。

（4）了解标准节流装置的几种取压方式。

（5）掌握用孔板构成的流量测量系统。

（6）掌握差压式流量计的安装及投运顺序。

（7）了解一体化节流式流量计。

【技能目标】

（1）能认识标准节流件。

（2）能调试节流式流量测量系统。

（3）能将差压式流量计正确投入运行。

【任务分析】

差压式流量计是目前工业生产中检测气体、蒸汽、液体流量最常用的一种检测仪表。据统计，在石油化工厂、炼油厂以及一些化工企业中，所用流量计70%～80%是差压式流量计。它因为检测方法简单，没有可动部件，工作可靠，适应性强，可不经实流标定就能保证一定的精度等优点，广泛应用于生产流程中。

【知识准备】

差压式流量计是基于被测流体流动的节流原理，利用流体流经节流装置时在节流装置前后产生的压力差与流量间的定量关系来检测流体流量的。它的突出特点是结构简单、坚固耐用、工作可靠、适应范围广、标准节流件不需单独标定等。目前，它是流量测量领域最成熟、最常用的一种流量计，可广泛用于液体、气体和蒸汽等单相流体的流量测量。

一、 差压式流量计的组成

差压式流量计的组成框图如图 7 – 1 所示，差压式流量计主要由三部分组成，第一部分为节流装置，它将被测流量值转换成差压值；第二部分引压导管为信号的传输管线，取节流装置前后产生的差压，传送给差压变送器；第三部分为差压变送器，用来检测差压并转换成标准电流信号，由显示仪显示出流量。

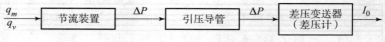

图 7 – 1   差压式流量计组成框图

差压式流量计是发展较早，研究比较成熟且比较完善的检测仪表。目前国内外已把工业中常用的孔板、喷嘴、文丘里喷嘴和文丘里管 4 种节流装置标准化，称为"标准节流装置"。此外在工业上还应用着许多其他形式的节流装置。

二、 差压式流量计的测量原理

流体在有节流装置的管道中流动时，在节流装置前后的管壁处，流体的静压力产生差异的现象称为节流现象。节流装置就是在管道中放置的一个局部收缩元件，应用最广泛的是孔板，其次是喷嘴、文丘里管。

具有一定能量的流动流体在经过管道中的节流装置（此处以孔板为例）时，由于节流装置的流通面积比管道的流通面积小，如图 7 – 2（a）所示，这样流体的流动截面积就突然变小，流束收缩，流速增大，挤过节流孔；之后，由于流束不断扩大，致使流速逐渐减小至节流前的大小。在流体的整个流动过程中，其静压力又会伴随着流速的变化而相应变化。由于流体有流动速度，因而具有动能，又因流体有静压力，因而具有静压能（也叫位能），动能和静压能是流动流体能量的两种形式，这两种能量在一定条件下又可互相转换，即动能可转化为静压能，反过来静压能也可转化为动能。根据能量守恒定律，在没有外加能量的情况下，流体所具有的动能、静压能以及由于克服流动阻力的能量损失之和是保持不变的。图 7 – 2（b）、（c）分别表示在节流装置前后流体的速度和静压力的分布情况。

在管道截面 I 之前，流体以速度 v_1 流动，此时压力为 p_1；在靠近节流装置时，因节流装置的阻挡作用，使得一部分动能转化为静压能，在节流装置前断面的管壁处静压力升高到最大值 p_2，而此时流通面积减小，流速加快；由于惯性的作用，最小流束并不出现在节流装置的孔处，而是经过孔后继续缩小，直到在截面 II 处达到最小值，此时的速度为 v_2。相应

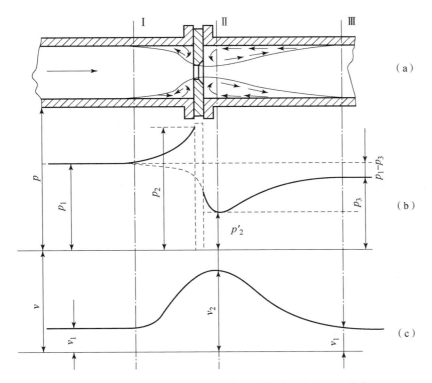

图 7 − 2 节流现象及流体流经节流装置时压力和流速分布

地，在管壁处静压力减小到最小值 p'_2；随后，流束又逐渐增大，并在截面 III 处恢复为原值，速度也变为原来的 v_1，但静压力 p_3 却要比原值 p_1 小，产生了压力差，这是由于在节流装置前后，因流束的突然缩小与扩大而产生了涡流，而且流体流经节流装置时，又要克服摩擦力，这都需要消耗一部分能量，所以出现了静压力减小的现象。

由进一步的理论分析可知，节流装置前后的压力差 $\Delta p = p_2 - p'_2$ 与流体流量具有一定的定量关系，这样，通过检测节流装置前后管壁处的静压差 Δp 就能得知流体的流量大小。

三、流量基本方程式

流量基本方程式是定量地表示节流装置的输出差压与流量之间数学关系的方程式。

流量基本方程式是以节流原理、伯努利方程式和流体流动连续性方程式为理论依据推导出来的。体积流量方程式为

$$Q = \alpha \varepsilon A_0 \sqrt{2 \frac{\Delta p}{\rho}} \qquad (7-4)$$

质量流量方程式为

$$M = \alpha \varepsilon A_0 \sqrt{2 \frac{\rho}{\Delta p}} \qquad (7-5)$$

式中 α——流量系数，它与节流装置的结构形式、取压方式、开孔面积

与管道截面积之比、管道粗糙度、孔口边缘锐度及流体雷诺数等有关；

ε——膨胀校正系数，对不可压缩流体，$\varepsilon=1$，对可压缩流体，$\varepsilon<1$；

A_0——节流装置的开孔面积；

Δp——节流装置前后实际测得的压力差；

ρ——工作状态下在节流装置前的流体密度。

四、节流装置

节流装置是差压式流量计的核心装置。它包括节流件、取压装置以及前后相连的配管。当流体流经节流装置时，将在节流件的上、下游两侧产生与流量有确定关系的差压。其组成如图 7 - 3 所示。

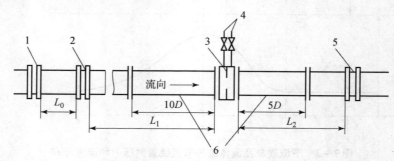

图 7 - 3　节流装置的管段和管件
1，2—节流件上游侧第二、第一局部阻力件；3—节流件和取压装置；4—差压信号管路；
5—节流件下游侧第一个局部阻力件；6—节流件前后的测量管
L_0—上游侧两个局部阻力件之间的直管段；L_1，L_2—节流件上、下游侧的直管段

"标准节流装置"是在某些确定的条件下，规定了节流件的标准形式以及取压方式和管道要求，无须对该节流装置进行单独标定，也能在规定的不确定度（表征被测量的真值在某个测量范围内的一种估计）范围内进行流量测量的节流装置。

国家标准《流量测量节流装置》（GB/T 2624—1993）规定，标准节流装置中的节流件为孔板、喷嘴和文丘里管；取压方式为角接取压法、法兰取压法、径距取压法（D 和 $D/2$ 取压法）；适用条件为：流体必须是充满圆管和节流装置，流体通过测量段的流动必须是保持亚音速的、稳定的或仅随时间缓慢变化的，流体必须是单相流体或者可以认为是单相流体；工艺管道公称直径为 50 ~ 120 mm；管道雷诺数高于 3 150。

1．标准孔板

标准孔板是用不锈钢或其他金属材料制造，具有圆形开孔、开孔入口边缘尖锐的薄板。

标准孔板的基本结构如图 7 - 4 所示。图中所注尺寸在标准中均有具体规定。标准孔板的结构最简单，体积小，加工方便，成本低，因而在工业上应用最多。但其测量准确度较低，压力损失较大，而且只能用于清洁的流体。

标准孔板的进口圆筒形部分应与管道同心安装，其中心线与管道中心线的偏差不得大于 $0.015D$，无毛刺和可见的反光，即进口边缘应很尖锐。圆筒厚度 e 和孔板厚度 E 不能过大，$E = (0.02 \sim 0.05)D$，$e = (0.005 \sim 0.02)D$。这种孔板的全称为同心薄壁锐缘孔板。

标准孔板各部分的加工要求：孔板前端面 A 不允许有明显的划痕，其加工表面粗糙度要求：$50 \text{ mm} \leqslant D \leqslant 500 \text{ mm}$ 时，为 $Ra3.2 \text{ μm}$；$500 \text{ mm} \leqslant D \leqslant 750 \text{ mm}$ 时，为 $Ra6.3 \text{ μm}$；$750 \text{ mm} \leqslant D \leqslant 1\,000 \text{ mm}$ 时，为 $Ra12.5 \text{ μm}$。孔板的后端面 B 应与 A 平行，其表面粗糙度可适当降低。上游侧入口边缘 G 和圆筒形下游侧出口边缘 I 应无刀痕和毛刺，入口边缘 G 要求十分尖锐。

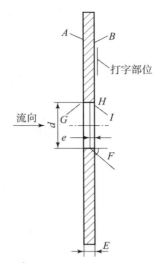

图 7 - 4　标准孔板

标准孔板各部分的尺寸要求：孔板开孔圆筒形的长度 e 要求是 $0.005D \leqslant e \leqslant 0.02D$，表面粗糙度不能低于 $Ra1.6 \text{ μm}$，其出口边缘无毛刺。孔板的厚度 E 应为 $e \leqslant E \leqslant 0.05D$，当管道直径为 $50 \sim 100 \text{ mm}$ 时，允许 $E = 3 \text{ mm}$。随着管道直径 D 的增加，E 也要适当加厚，当 $E > e$ 时，其斜面倾角 F 应为 $30° \leqslant F \leqslant 45°$，表面粗糙度为 $Ra3.2 \text{ μm}$，孔板的不平度在 1% 以内。孔板开孔直径 d 的加工要求非常精确，当 $\beta \leqslant 0.67$ 时，d 的公差为 $\pm 0.001d$；当 $\beta \geqslant 0.67$ 时，d 的公差为 $\pm 0.000\,5d$。

标准孔板的开孔直径 d 是一个重要尺寸，安装前应实际测量。测量在上游端面进行，最好是在 4 个大致相等的角度上测量直径，求其平均值。要求各个单测值与平均值之差应在 $\pm 0.05\%$ 之内。

标准孔板直角入口边缘：可用模铸法或铝箔模压法实测直角入口边缘的倒角半径 r_{h} 和垂直度。

孔板开孔直角入口边缘的锐利度，在例行检验时，允许采用下述方法：将孔板倾斜 45°，使日光或人工光源射向直角入口边缘，当 $d \geqslant 125 \text{ mm}$ 时，采用 4 倍放大镜观察，当 $d < 125 \text{ mm}$ 时，采用 12 倍放大镜观察，均应无光线反射。

2. 标准喷嘴结构组成并检验标准喷嘴

1）ISA1932 喷嘴结构及校验

ISA1932 喷嘴如图 7 - 5 所示。喷嘴的型线由进口端面 A、收缩部分第一圆弧面 c_1、第二圆弧面 c_2、圆筒形喉部 E 和圆筒形出口边缘保护槽 H 等五部分组成。圆筒形喉部长度为 $0.3d$，其直径就是节流件开孔直径 d，d 值应是不少于 8 个单测值的算术平均值，其中 4 个是在圆筒形喉部的始端测得，另外 4 个是在其终端测得，并且是在大致相距 45° 角的位置上测得的，要求任何一个单测值与平均值的差不得超过 $\pm 0.05\%$。各段型线之间必须相切，不得有不光滑部分。

喷嘴的形状适应流体收缩的流形，所以压力损失较孔板小，在同样的流量和相同的 β 值时，喷嘴的压力损失只有孔板的 30%~50%，测量准确度较高。但它的结构比较复杂，体积大，加工困难，成本较高。

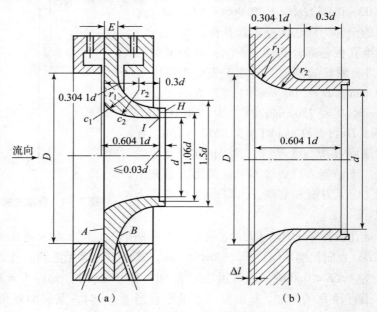

图 7 - 5   ISA1932 喷嘴

喷嘴样板校检：喷嘴入口收缩曲面 c_1 和 c_2 的轮廓及其半径，用两个曲面和 A 面及圆筒形喉部 B 面做成一体的样板检验，该样板必须在投影仪上检验合格后，才能用来检验喷嘴的 A 面、圆筒形喉部 B 面和入口收缩曲面的轮廓，样板和各面之间应不透光。

喷嘴圆筒形喉部出口边缘的毛刺和机械损伤的检验方法同孔板的规定。特别注意，该出口边缘不应有明显的圆弧或直径扩大。

2）长径喷嘴结构及检验

长径喷嘴有两种形式，即高比值 β 和低比值 β 喷嘴，如图 7-6 所示。

高比值喷嘴由以下部分组成：入口收缩部分 A、圆筒形喉部 B、下游端平面 C，如图 7-6（a）所示。

（1）收缩段 A 的曲面形状为 1/4 椭圆，椭圆圆心距喷嘴的轴线为 $D/2$。椭圆的长轴平行于喷嘴的轴线，长半轴为 $D/2$，短半轴为 $(D-d)/2$。

（2）喉部 B 的直径为 d，长度为 $0.6d$。喉部外表面到管道内壁之间的距离应不小于 3 mm。

（3）喷嘴厚度 H 应不小于 3 mm，并不大于 $0.15D$。喉部壁厚 F 应不小于 3 mm，$D \leqslant 65$ mm 时 F 应不小于 2 mm。壁厚应足够，以防止因机械加工应力而损坏。下游侧表面的形状不作具体规定，但应符合上述厚度的规定。

低比值喷嘴如图 7-6（b）所示。收缩段 A 具有 1/4 椭圆的形状。椭圆的圆心到喷嘴轴线的距离为 $7/6d$。椭圆的长轴平行于喷嘴轴线，长轴

半径等于 d；短轴半径等于 $2/3d$。其余还应满足与高比值喷嘴相同的规定。

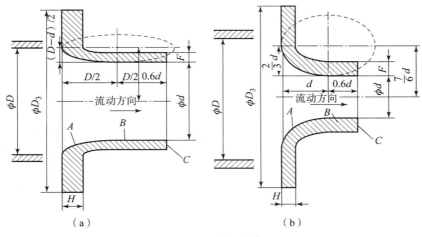

图 7-6 长径喷嘴

(a) 高比值（$0.25 \leqslant \beta \leqslant 0.8$）；(b) 低比值（$0.20 \leqslant \beta \leqslant 0.5$）

喷嘴实测与检验：喉部直径 d 值应取相互之间大致相等角度的 4 个直径的测量结果的平均值。任意横截面上任意直径与直径平均值之差为直径平均值的 0.05%。

收缩段廓形应使用样板进行检验，在垂直于喷嘴轴线的同一平面内，两个直径彼此相差为直径平均值的 0.1%。

喷嘴内表面粗糙度应为 $Ra \leqslant 10^{-4}d$。

3. 经典文丘里管的结构并检验文丘里管

经典文丘里管的轴向截面如图 7-7 所示。

经典文丘里管由以下部分组成：入口圆筒段 A、圆锥收缩段 B、圆筒形喉部 C、圆锥扩散段 E。

圆筒段 A 的直径为 D，与管道直径之差不大于 $0.01D$，其长度等于 D，按照文丘里管的不同形式，其长度可略有不同。

直径比及 D 值的确定：在每对取压口附近测量直径，也应在取压口平面外的其他平面上测量直径，

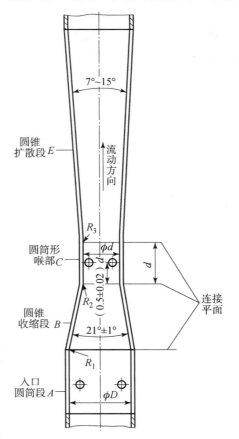

图 7-7 经典文丘里管的轴向截面

所有这些测量值的平均作为 D 值，任何一直径与直径平均值之差不超过直径平均值的 0.4%。

收缩段 B 为圆锥形，并有 $21° \pm 1°$ 的夹角。收缩段与圆筒段 A 的连接曲面的半径为 R_1，R_1 值取决于经典文丘里管的形式。

喉部 C 为直径为 d 的圆形管段。上游始端起自收缩段与喉部的相交线平行，下游终端止于喉部与扩散段的相交线平行。喉部 C 的长度等于 $d \pm 0.02d$，喉部与收缩段 B 的连接曲面的半径为 R_2，与扩散段的连接曲面的半径为 R_3，R_2、R_3 的值与文丘里管的形式有关。

扩散段为圆锥形，其最小直径应不小于喉部 C 的直径，扩散角为 $7° \sim 15°$。扩散段 E 可截去其长度的 35%，其压力损失无明显变化。扩散段是粗铸的，其内表面应清洁而光滑。

文丘里管压力损失较孔板、喷嘴显著减少，在同样差压下，经典文丘里管和文丘里喷嘴的压力损失为孔板与喷嘴的 $1/6 \sim 1/4$，并有较高的测量准确度。但其各部分尺寸都有严格要求，加工需要精细，因而造价较高。管径越大，这种差别越显著。一般用在有特殊要求，如低压损、高准确度测量的场合。它的流道连续变化，所以可以用于脏管污流体的流量测量，并在大管径流量测量方面应用较多。

文丘里管实测与检验：喉部直径 d 是取压口平面上测得值的平均值，测量数目应至少等于喉部取压口的数目（最少为 4 个），还应在取压口平面之外的其他平面上测量直径。在喉部各处测得的直径与直径平均值之差不得超过直径平均值的 0.1%。应分别检验半径 R_2、R_3 的连接曲面是否为旋转表面。喉部 C 以及其邻近的连接曲面的表面粗糙度 $Ra \leqslant 10^{-4} d$。曲率半径 R_2 和 R_3 之值应采用样板检验。

圆筒段 A 的长度从收缩段 B 与圆筒段 A 的相交线的所在平面量起，圆筒段 A 的直径 D 从垂直于轴线的上游取压口所在的平面上测量，测量数目至少应等于取压口的数目（最少为 4 个）。

收缩段内，在垂直于轴线的同一平面上，任意测量两个直径，其值与平均值之差不得超过直径平均值的 0.4%，这样才认为内表面为旋转表面。用同样的方法检验半径为 R_1 的连接曲面是否为旋转表面。收缩段的廓形应用样板检验。

五、 取压方式

标准节流装置规定了由节流件前后引出差压信号的几种取压方式，有角接取压、法兰取压、径距取压等，如图 7 - 8 所示。

图 7 - 8（a）所示为角接取压的两种结构，适用于孔板和喷嘴。上部为环室取压，可以得到均匀取压；下部表示钻孔取压，取压孔开在节流件前后的夹紧环上，这种方式在大管径（$D > 500$ mm）时应用较多。

环室取压是在节流件上下游各装一环室，压力信号由节流件与环室空腔之间的缝隙 a 引到环室空腔，再通到压力信号管道。对于任何 β，环室取压的隙缝宽度应在 $1 \sim 10$ mm 范围，单独钻孔取压的应在 $4 \sim 10$ mm 范

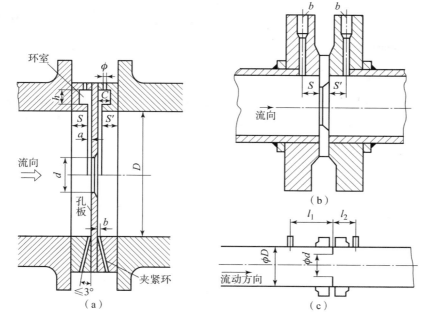

图 7 - 8　取压装置

（a）角接取压；（b）法兰取压；（c）径距取压

围。如环室或夹紧环和节流件之间有太厚的垫片时将增加隙缝宽度值，并且还可能使节流件与管轴之间的垂直度偏差超过 1°，所以垫片厚度不要超过 1 mm。为起到均压作用，环腔截面积的值应不小于 $1/2\pi Da$。环腔与导压管之间的连通孔至少有 2ϕ 长度为等直径圆筒形，ϕ 为连通孔直径，其值应为 4 ~ 10 mm。

前后环室和垫片的开孔直径 D' 应等于管道内径 D。绝不允许小于管道内径，即绝不允许环室或垫片突入管道内。也可使用不连续缝隙，此时断续缝隙数至少为 4，等角距配置。

单独钻孔取压可以钻在法兰上，也可以钻在法兰之间的夹紧环上。取压孔在夹紧环内壁的出口边缘必须与夹紧环内壁平齐，并有不大于取压孔直径 1/10 的倒角，无可见的毛刺和突出部分，取压孔应为圆筒形，其轴线应尽可能与管道轴线垂直。允许与上下游孔板端面形成不大于 3° 的夹角，取压孔直径规定与环室取压的缝隙宽度一样。

图 7 - 8（b）所示为法兰取压，上、下游侧取压孔开在固定节流件的法兰上，适用于孔板。孔板夹持在两块特制的法兰中间，其间加两片垫片，厚度不超过 1 mm。取压口只有一对，在离节流件前后端面各为 1 英寸（25.4 mm ±1 mm）处法兰外圆上钻取。取压口直径不得大于 $0.08D$，最好为 6 ~ 12 mm。取压孔必须符合单独钻孔取压的全部要求，取压口的中心线必须与管道中心线垂直。

图 7 - 8（c）所示为径距取压，取压孔开在前、后测量管段上，适用于标准孔板和长径喷嘴。上游取压口的间距 l_1 名义上等于 D，但允许在

$(0.9 \sim 1.1)D$ 内变化，下游取压口的间距 l_2 名义上等于 $D/2$，当 $\beta \leqslant 0.6$ 时，$l_2 = (0.48 \sim 0.52)D$，$\beta > 0.6$ 时，$l_2 = (0.49 \sim 0.51)D$；l_1、l_2 间距均取自孔板的上游端面。

六、 测量系统构成及原理

采用孔板的流量测量系统如图 7-9 所示，图 7-9（a）所示为采用流量变送器的情况，该变送器包含开平方功能，图 7-9（b）所示为采用差压变送器的情况，在配电器后需加开方器。

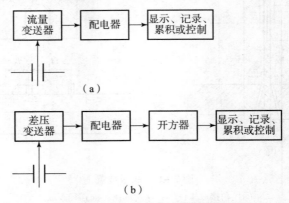

图 7-9　采用孔板的流量测量系统
（a）采用流量变送器的流量测量系统；（b）采用差压变送器的流量测量系统

上述系统的工作原理与压力测量系统类似，不同之处在于采用孔板的流量测量系统需对测量信号进行开平方运算，这是由于孔板的输出差压与实际流量的平方成正比的缘故。

目前，广泛使用的是图 7-9（a）所示的方案，它比图 7-9（b）少了一台开方器，这不仅降低了成本，也在一定程度上提高了系统的可靠性。

七、 差压式流量计的安装

节流件前后要有足够长的直管段长度，以使流体稳定流动，并在节流件前 D 处达到充分的紊流。但是在工业管道上常常会有拐弯、分叉、汇合、闸门等阻流件出现，原来平稳的流束流过这些阻流件时会受到严重的扰乱，而后要经过很长一段距离才会恢复平稳。因此，要根据阻流件的不同情况，在节流件前后设置最短的直管段。

1. 节流件上、下游侧直管段长度的要求

节流装置前后必须有足够长的直管段，一般孔板前为 $(10 \sim 20)D$，孔板后为 $5D$（D 为管道内径）。具体数值可参考表 7-3。

表7-3　孔板、喷嘴和文丘里喷嘴所要求的最短直管段长度

直径比 β, $\leqslant$	节流件上游侧阻流件形式和最短直管段长度							节流件下游最短直管段长度（包括本表中的所有阻流件）
	单个90°弯头或三通（流体仅从一个支管流出）	在同一平面上的两个或多个90°弯头	在不同平面上的两个或多个90°弯头	渐缩管（在 $1.5D\sim3D$ 的长度内由 $2D$ 变为 D）	渐扩管（在 $1D\sim2D$ 的长度内由 $0.5D$ 变为 D）	球形阀全开	全孔球阀或闸阀全开	
0.20	10 (6)	14 (7)	34 (17)	5	16 (8)	18 (9)	12 (6)	4 (2)
0.25	10 (6)	14 (7)	34 (17)	5	16 (8)	18 (9)	12 (6)	4 (2)
0.30	10 (6)	16 (8)	34 (17)	5	16 (8)	18 (9)	12 (6)	5 (2.5)
0.35	12 (6)	16 (8)	36 (18)	5	16 (8)	18 (9)	12 (6)	5 (2.5)
0.40	14 (7)	18 (9)	36 (18)	5	16 (8)	20 (10)	12 (6)	6 (3)
0.45	14 (7)	18 (9)	38 (19)	5	17 (9)	20 (10)	12 (6)	6 (3)
0.50	14 (7)	20 (10)	40 (20)	6 (5)	18 (9)	22 (11)	12 (6)	6 (3)
0.55	16 (8)	22 (11)	44 (22)	8 (5)	20 (10)	24 (12)	14 (7)	6 (3)
0.60	18 (9)	26 (13)	48 (24)	9 (5)	22 (11)	26 (13)	14 (7)	7 (3.5)
0.65	22 (11)	32 (16)	54 (27)	11 (6)	25 (13)	28 (14)	16 (8)	7 (3.5)
0.70	28 (14)	36 (18)	62 (31)	14 (7)	30 (15)	32 (16)	20 (10)	7 (3.5)
0.75	36 (18)	42 (21)	70 (35)	22 (11)	38 (19)	36 (18)	24 (12)	8 (4)
0.80	46 (23)	50 (25)	80 (40)	30 (15)	54 (27)	44 (22)	30 (15)	8 (4)

对于所有的直径比 β	阻流件		上游侧最短直管段长度
	直径比不小于0.5的对称骤缩异径管		30 (15)
	直径不大于 $0.03D$ 的温度计套管和插孔		5 (3)
	直径在 $0.03D$ 和 $0.13D$ 之间的温度计套管和插孔		20 (10)

注：1. 表中数值为位于节流件上游或下游和各种阻流件与节流件之间所需要的最短管段长度。

2. 不带括号的值为"零附加不确定度"的值。

3. 带括号的值为"0.5%附加不确定度"的值。

4. 直管段长度均以管道内径 D 的倍数表示，它应从节流件上游端面量起

2. 节流件安装及使用的注意事项

（1）节流装置安装时应注意介质的流向，节流装置上一般用箭头标明流向。

（2）节流装置的安装应在工艺管道吹扫后进行。

（3）节流装置的垫片要根据介质来选用，并且不能小于管道内径。

（4）节流装置安装前要进行外观检查，孔板的入口和喷嘴的出口边缘

应无毛刺和圆角，并按有关标准规定复验其加工尺寸。

（5）节流装置安装不正确，也是引起差压式流量计测量误差的重要原因之一。在安装节流装置时，还必须注意节流装置的安装方向。一般地，节流装置露出部分所标注的"＋"号一侧，应当是流体的入口方向。当用孔板作为节流装置时，应使流体从孔板90°锐口的一侧流入。

（6）在使用中，要保持节流装置的清洁，如在节流装置处有沉淀、结焦、堵塞等现象，也会引起较大的测量误差，必须及时清洗。

（7）孔板入口边缘的磨损。当节流装置使用日久，特别是在被测介质夹杂有固体颗粒等机械物的情况下，或者由于化学腐蚀，都会造成节流装置的几何形状和尺寸的变化。对于使用广泛的孔板来说，其入口边缘的尖锐度会由于冲击、磨损和腐蚀变钝。这样，在相等数量的流体经过时所产生的压差 Δp 将变小，从而引起仪表指示值偏低。因此，应注意检查、维修，必要时应更换新的孔板。

3. 差压式流量计的安装

采用差压式流量计进行流量测量时，正确合理地选用，认真、准确地进行设计和加工固然重要，但同时按规定的各项技术要求，正确安装仪表，才能保证整个流量测量系统的测量误差在允许的 $\pm(1\% \sim 2\%)$ 范围内。根据原化工部制定的标准《自控安装图册温度测量元件安装图册》（HG/T 21581—1995）的要求，主要内容如下。

（1）安装时必须保证节流件开孔与管道同心，节流件端面与管道轴线垂直。节流件上、下游侧必须有一定长度直管道。

（2）连接节流装置与差压仪表的导压管的长度，应尽量使差压仪表靠近节流装置，一般不超过 10 m。导压管主要采用无缝钢管制成，外径为 $\phi 14$ mm，壁厚 2 ~ 4 mm。

（3）差压仪表与节流装置的相对位置如图 7 - 10 所示。

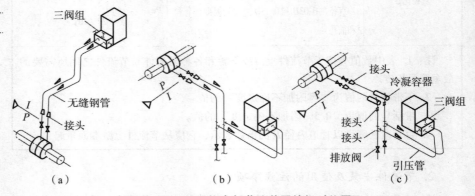

图 7 - 10　差压仪表与节流装置的相对位置

（a）测量气体流量管路连接图（差压仪表高于节流装置　三阀组）；
（b）测量液体流量管路连接图（差压仪表低于节流装置　三阀组）；
（c）测量蒸汽流量管路连接图（差压仪表低于节流装置　三阀组）

测量气体时，应优先选择差压仪表高于节流装置，以利于管道内冷凝液回流到工艺管道内，如图7-10（a）所示。

测量液体和蒸汽流量时，应优先选择差压仪表低于节流装置，这样可使测量管道内不易有气泡存在，也可节省导压管（引压管）最高点的排气阀，如图7-11（b）、（c）所示。

当导压管水平安装时，导压管必须保持一定的坡度。在一般情况下，应保持（1:10）～（1:20），测量气体时导压管应从检测点向上倾斜，测量液体和蒸汽时，导压管应从检测点向下倾斜。

（4）测量管路排放阀的位置如图7-11所示。

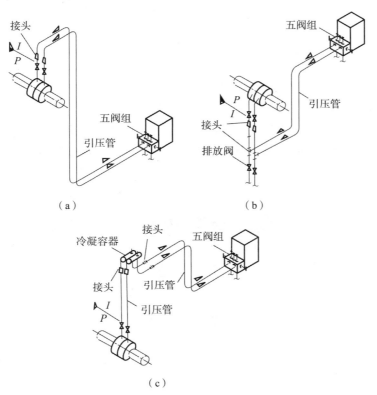

图7-11　测量管路排放阀的位置

（a）测量气体流量管路连接图（差压仪表低于节流装置　五阀组）；
（b）测量液体流量管路连接图（差压仪表高于节流装置　五阀组）；
（c）测量蒸汽流量管路连接图（差压仪表高于节流装置　五阀组）

从安装、维护、减少管件的角度出发，优选五阀组的连接方式，其次为三阀组，尽量不用分散的阀门连接方式。

测量气体流量时，若差压仪表高于节流装置，在安装时可不设排放阀；若差压仪表低于节流装置，采用五阀组排液，或采用三阀组同时最低点设置直孔式排放阀。

测量液体时，若差压仪表低于节流装置，可采用五阀组排液，或在导压管的最低处设排液阀；差压仪表高于节流装置时除按上述连接外，还需在最高点处设置直孔式排放阀。

测量蒸汽时，差压仪表不论高低，均需采用五阀组排液或在最低点设置排液阀，同时必须在导压管的最高点设置冷凝容器，使蒸汽冷凝成液体后将测量信号传递给差压变送器，减少测量误差。其结构如图 7 - 12 所示。

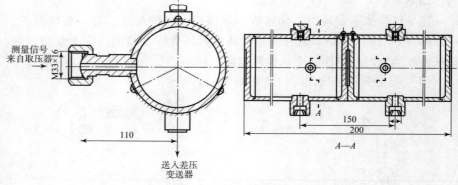

图 7 - 12　冷凝容器

（5）对高黏度、有腐蚀、易结晶、结冻的流体，应采用隔离器和隔离液，使被测介质的信号通过隔离液送给差压变送器，如图 7 - 13 所示。

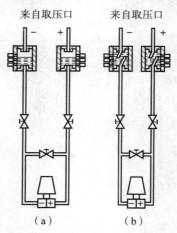

图 7 - 13　隔离器

（a）被测介质的密度小于隔离液；（b）被测介质的密度大于隔离液

（6）对含尘多或有危险的流体流量，采用冲液法或吹气法等方法进行测量，如图 7 - 14 所示。

（7）节流装置在水平管道或垂直管道上时，取压口方位如图 7 - 15 所示。

1）三阀组与五阀组

用节流件 + 差压变送器测流量时，变送器通常配置三阀组或五阀组，主要作用是保护膜片及调零。

差压计一般都装有 3 只阀门，其中两只作隔离阀，一只作平衡阀，打开平衡阀可检查差压计的零点，另两只是用于冲洗信号管路和现场校验差压计。操作阀门时应首先打开平衡阀，特别注意防止差压计单向受压而造成损坏。

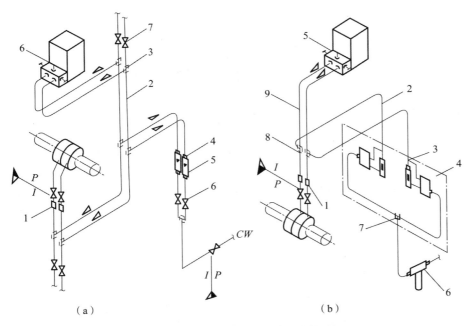

图 7 – 14 测量液体流量管路连接图

（a）冲液法测量液体流量管路连接（差压仪表高于节流装置 三阀组）

1，3，4—接头；2—引压管；5—玻璃转子流量计；6—三阀组；7—排放阀

（b）吹气法测量气体流量管路连接（差压仪表高于节流装置 三阀组）

1，3，7，8—接头；2，9—引压管；4—吹气系统；5—三阀组；6—空气过滤减压阀

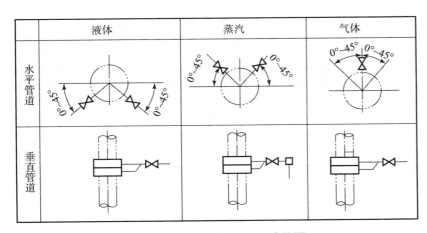

图 7 – 15 节流装置取压口方位图

五阀组的作用是两个切断、两个排放、一个平衡。五阀组在三阀组的基础上集成了高低压排污阀，便于维护时处理故障排污用。

（1）三阀组。

①QFF3 三阀组。QFF3 系列三阀组有 6 种规格，如表 7 – 4 所示。连接形式为卡套式。配管范围为 $\phi6 \sim \phi18$ mm。

表7-4 QFF3 系列三阀组

型号	公称压力/MPa	通径/mm	适用介质	型号	公称压力/MPa	通径/mm	适用介质
QFF3 - 320C	32	5	微腐蚀	QFF3 - 160P	16	5	有腐蚀
QFF3 - 320P	32	5	有腐蚀	QFF3 - 64C	6.4	5	微腐蚀
QFF3 - 160C	16	5	微腐蚀	QFF3 - 64P	6.4	5	有腐蚀

　　QFF3 三阀组是国产差压变送器配套的三阀组,应用范围很广。它由高压阀、低压阀和平衡阀 3 个阀组成。高压阀接差压变送器正压室,低压阀接差压变送器负压室。它的作用是将差压变送器正、负压室与引压导管导通或切断,或将正、负压室导通或切断。公称压力为 32 MPa 的三阀组与导压管连接处,应用焊接为妥。

　　②1151 - 150 型三阀组。1151 - 150 三阀组是专为 1151 电容式差压变送器配套的三阀组。它只有两种规格,见表 7 - 5。

表7-5 1151 - 150 型三阀组

型号	公称压力/MPa	通径/mm	适用温度/℃	适用介质	阀体材质
1151 - 150 - 1	≤40	5	≤100	非腐蚀	35 号钢
1151 - 150 - 2	≤25	5	≤250	有腐蚀	镍镉钛钢

　　③其他型号三阀组。除上述两种应用较广的三阀组外,还有其他型号的三阀组可供使用,其作用原理基本相同,见表 7 - 6。

表7-6 其他型号三阀组

型号	公称压力/MPa	通径/mm	适用介质	适用温度/℃	阀体材质
SF - 1H - 200C	20	5	非腐蚀	- 20 ~ 240	碳钢
SF - 1W - 200P	20	5	有腐蚀	- 70 ~ 240	1Cr18Ni9Ti
SF - 1H - 400C	40	5	非腐蚀	- 20 ~ 240	碳钢
SF - 1W - 400P	40	5	有腐蚀	- 70 ~ 240	1Cr18Ni9Ti
SF - 2H - 200C	20	5	非腐蚀	- 20 ~ 240	碳钢
SF - 2W - 200P	20	5	有腐蚀	- 70 ~ 240	1Cr18Ni9Ti
SF - 2H - 400C	40	5	非腐蚀	- 20 ~ 240	碳钢
SF - 2W - 400P	40	5	有腐蚀	- 70 ~ 240	1Cr18Ni9Ti
SF - 3H - 200C	20	5	非腐蚀	- 20 ~ 240	碳钢
SF - 3W - 200P	20	5	有腐蚀	- 70 ~ 240	1Cr18Ni9Ti
SF - 3H - 400C	40	5	非腐蚀	- 20 ~ 240	碳钢
SF - 3W - 400P	40	5	有腐蚀	- 70 ~ 240	1Cr18Ni9Ti

（2）五阀组。五阀组能与各种差压变送器配套使用。它有与三阀组同样的作用，即将差压变送器正、负压室与引压电切断或导通，或将正、负压室切断或导通。它的特点是：可随时进行在线仪表的检查、校验、标定或排污、冲洗，减少施工安装的麻烦。

五组阀由高压阀、低压阀、平衡阀和两个校验阀组成，结构紧凑，设计合理，采用球锥密封，密封性能可靠，使用寿命长。正常工作时，将两组校验阀关闭，平衡阀关闭。若需校验仪表，只要将高、低压阀切断，打开平衡阀与两个校验阀，然后再关闭平衡阀即可对在线仪表进行校验。五阀组型号规格见表 7-7。

表 7-7　常用五阀组

型号	公称压力/MPa	通径/mm	适用温度/℃	阀体材质
WF-1	32	5	-20~450	35 号钢
WF-2	25	5	-70~200	1Cr18Ni9Ti
WF-3H-200C	20	5	-20~240	碳钢
WF-3W-200P	20	5	-70~240	1Cr18Ni9Ti
WF-3H-400C	40	5	-20~240	碳钢
WF-3W-400P	40	5	-70~240	1Cr18Ni9Ti
WF-4H-200C	20	5	-20~240	碳钢
WF-4W-200P	20	5	-70~240	1Cr18Ni9Ti
WF-4H-400C	40	5	-20~240	碳钢
WF-4H-400P	40	5	-70~240	1Cr18Ni9Ti

2）差压变送器的投运顺序

先打开平衡阀，使正、负压室连通；然后再依次逐渐打开正压侧的切断阀和负压侧的切断阀，使差压计的正、负压室承受同样的压力；最后再渐渐地关闭平衡阀，差压计即投入运行。当差压计需要停用时，应先打开平衡阀，然后再关闭两个切断阀。

八、 使用差压式流量计的注意事项

（1）节流装置前后必须有足够长的直管段，具体数值可参考表 7-3。

（2）节流装置的几何尺寸必须符合设计要求。

（3）节流装置的开孔必须与管道的轴线同心，且节流装置前后长度为 $2D$ 的管道内不得有任何凸出物（如测温装置等）。

（4）孔板安装方向必须正确，即流体从圆柱形一侧流入，从圆锥形一侧流出。如果装反，则显示值比实际值偏小。

（5）导压管路应尽量短，且其走向必须符合有关的规范要求，必要时必须安装集气器、排气阀或排污阀等。

（6）被测介质应充满管道，流速应尽量平稳，且通过节流装置时不发生相变。

（7）被测介质在节流装置前后应始终保持单向流体。

（8）使用中要保证导压管路畅通，并不得泄漏，要根据待测介质定期进行排气或排污。

（9）测量如人工煤气等易引起节流装置几何尺寸变化甚至堵塞的介质流量时，必须进行定期清刷。

九、 一体化节流式流量计

近年来，随着电子技术的迅猛发展，差压变送器和流量显示技术有了突破性的进展，同时节流件加工工艺提高，特别是一体化节流流量计的出现，给传统的节流装置注入了新的活力，使其综合技术经济指标达到一个新的高度。一体化节流流量计集合了定值节流装置、新型差压变送器、流量显示设备、计算机软件、先进的加工工艺等现代技术，使差压式流量计跨上了一个新台阶。

一体化节流式流量计将节流装置、差压变送器与流量显示装置融为一体，差压变送器与流量显示设备通过模拟信号（4～20 mA）或数字信号（HART 协议）的通信，构成流量检测系统。将节流件、环室（或夹紧环）和上游侧 10D 及下游侧 5D 长的测量管先行组装，检验合格后再接入主管道，它可消除现场安装偏心或不垂直等带来的附加误差，不仅保证了安装准确性和测量准确度，而且缩短了引压管线，减少了故障率，改善了动态特性，这对于自动控制系统具有重要的意义。

一体化节流式流量计的测量原理仍然是节流的原理，系统构成如图7-16 所示。一体化节流式流量计可采用多种节流件，如图7-17 所示。配置智能型差压变送器的一体化节流式流量计，可实现宽量程检测；一体化节流式流量计可方便地对在线节流装置进行量程迁移和扩展，流量测量范围可达 10∶1 或更宽。根据不同的计量要求可分为高档型、中档型和普通型。

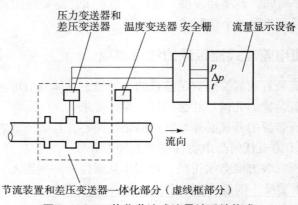

图7-16 一体化节流式流量计系统构成

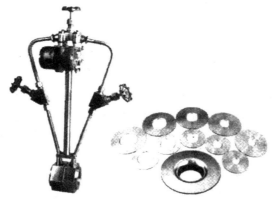

图 7 - 17　一体化节流式流量计及可选用节流件

　　高档型节流式流量计，节流装置配宽量程差压变送器、带 HART 协议的流量计算机或智能仪表。当工况流量、温度、压力等参数发生变化时，流量显示设备可通过 HART 协议与差压变送器联系，直接读取差压值。

　　传统的差压式流量计在一定的范围内（其范围度为 3 : 1）流出系数为定值，当超出流量范围时，其精度便不能保证。而一体化节流式流量计由于将流量计算机作为流量显示设备，它不仅可通过 HART 协议来实现宽量程检测，还可在允许的雷诺数范围内逐点计算流出系数，使其精度在全量程范围内保证在 1% 以内。

　　中档型节流式流量计，配可变量程差压变送器及智能仪表或流量计算机（不带 HART 协议）。在某些应用场所，当流量变化范围较大或流量随季节变化时，可通过调节差压变送器的量程，并将变化的有关参数置入智能仪表或流量计算机中，从而保证计量准确度。

　　节流装置与差压式流量计的引压管线是一个薄弱环节。据统计，70%的故障发生在这部分，因此把这两部分做成一体，缩短引压管线是解决此问题的根本办法，这对于自动控制也有着重要意义。当然，对一些极特殊的场所，也可沿用传统的引压方法，一体化节流式流量计考虑了与这些引压方式的兼容。

　　定值节流装置是指对每种通径测量管道配以有限数量的节流件，节流件的孔径按优选系数选取确定。定值节流装置彻底改变了传统节流装置的应用模式，使节流装置的设计、制造从"量体裁衣"变成了"成衣选用"。定值节流装置符合大批量生产的要求，可以采用专用加工设备及先进的加工工艺，使产品生产效率大为提高，制造成本大幅度下降。采用定值的方式，制造质量容易得到保证，使廓形节流件的广泛应用成为可能。一体化节流装置通常优选 ISA1932 喷嘴作为节流件。

　　一体化节流式流量计严格按《流量测量节流装置》（GB/T 2624—1993）和《差压式流量计检定规程》（JJG 640—1994）设计、制造，流量显示设备的数学模型按照有关标准来设计。为了提高流量计的测量精度，一般的流量显示设备都采用了对流出系数、可压缩性系数和密度的修正。流出系数和可压缩性系数采取实时计算，密度进行查表修正，使流出系数、可压缩性系数和密度变化造成的附加误差降至可忽略不计的程度，使其测量精度得到大幅度提高。

差压式流量计对直管段的长度、圆度和内径等都有严格的规定，传统的差压式流量计结构分散，对现场的安装要求高，节流件偏心、节流件不垂直、节流件附件及环室尺寸产生台阶、偏心等都会使流出系数偏离标准值，影响测量精度。一体化节流式流量计提供序列化直管段，节流装置在生产厂制作时即已安装完毕，并与差压变送器做成一体，从而消除了现场安装可能带来的安装附加误差。

【任务实施】 差压式流量计的调校

调校的内容包括差压式流量计的结构尺寸及外观检查、常规检查、变换器基本误差、变换器积算精度等。

（1）依据有关标准和规范，对孔板、喷嘴、文丘里管等一次元件进行结构尺寸复验和外观检查。

（2）调零点。当差压等于零时，指针应指在零刻度线上，其偏差不得大于最基本误差的绝对值的一半。如果零位偏差不大时，可松开指示仪表指针座螺钉，将指针移到零位上，然后旋紧指针座螺钉即可。零位偏差较大时，可松开扇形板上的螺钉，移动弯臂来改变它和扇形板的相对位置。零位偏低时，将扇形板向右移；零位偏高时，将扇形板向左移。调整好后旋紧螺钉即可。

（3）调线性和量程。用捏手或用定值器向仪表的高压室加压，使指针稳定后，记录U形管差压计的读数，此即为校验第一点的实际值。读数后指针不应改变原来的位置。用同样方法，慢慢升压，依次校验其余各点。

【任务总结】

差压式流量计是根据安装于管道中的流量检测件产生的差压、已知的流体条件和检测件与管道的几何尺寸来测量流量的仪表。差压式流量计由一次装置（检测件）和二次装置（差压转换和流量显示仪表）组成。通常以检测件的形式对差压式流量计进行分类，如孔板流量计、文丘里管流量计及均速管流量计等。二次装置为各种机械、电子、机电一体式差压计，差压变送器和流量显示及计算仪表，已发展为三化（系列化、通用化及标准化）程度很高的种类、规格庞杂的一大类仪表。差压计既可用于测量流量参数，也可测量其他参数（如压力、物位、密度等）。

任务三 转子流量计及应用

【任务描述】

通过本任务的学习，学生应达到的教学目标如下。

【知识目标】

（1）掌握转子流量计的测量原理。

（2）了解转子流量计的特点及分类。

（3）理解转子流量计安装及选择注意事项。

（4）掌握转子流量计应用中的常见故障处理。

【技能目标】

（1）会安装使用转子流量计测量流量。

（2）能对转子流量计常见故障进行处理。

【任务分析】

转子流量计是工业上和实验室最常用的一种流量计。它具有结构简单、直观、压力损失小、量程比大（10：1）、维修方便等特点，可广泛用于复杂、恶劣环境及各种介质条件的流量测量与过程控制中。

【知识准备】

一、 概述

转子流量计，又称浮子流量计，通过测量设在直流管道内的转动部件（位置）来推算流量的装置。在一根由下向上扩大的垂直锥管中，圆形横截面浮子的重力是由液体动力承受的，浮子可以在锥管内自由上升和下降。在流速和浮力作用下上下运动，与浮子重量平衡后，通过磁耦合传到刻度盘指示流量。由于流量不同，浮子的高度不同，即环形的流通面积要随流量变化，所以一般称这种流量测量方法为变面积法。常用的转子流量计以及冲塞式流量计、气缸活塞式流量计都属于这种测量方法。

为了使转子在锥形管的中心线上下移动时不碰到管壁，通常采用两种方法。一种是在转子中心装有一根导向芯棒，以保持转子在锥形管的中心线做上下运动，另一种是在转子圆盘边缘开有一道道斜槽，当流体自下而上流过转子时，一面绕过转子，同时又穿过斜槽产生一反推力，使转子绕中心线不停地旋转，就可保持转子在工作时不致碰到管壁。转子流量计的转子材料可用不锈钢、铝、青铜等制成。

转子流量计适用于测量通过管道直径 $D < 150$ mm 的小流量，也可以测量腐蚀性介质的流量。使用时流量计必须安装在垂直走向的管段上，流体介质自下而上地通过转子流量计。

二、 转子流量计的组成及工作原理

转子流量计由两个部件组成，如图 7-18 所示。其中一个部件是从下向上逐渐扩大的锥形管；另一部件是置于锥形管中且可以沿管的中心线上下自由移动的转子。当测量流体的流量时，被测流体从锥形管下端流入，流体的流动冲击着转子，并对它产生一个作用力（这个力的大小随流量大小而变化）；当流量足够大时，所产生的作用力将转子托起，并使之升高。同时，被测流体流经转子与锥形管壁间的环形断面，这时作用在转子上的力有 3 个，即流体对转子的动压力、转子在流体中的浮力和

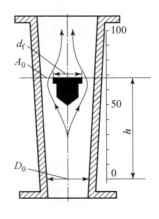

图 7-18 转子流量计原理示意图

转子自身的重力。流量计垂直安装时，转子重心与锥管管轴互相重合，作用在转子上的 3 个力都沿平行于管轴的方向。当这 3 个力达到平衡时，转子就平稳地浮在锥管内某一位置。对于给定的转子流量计，转子大小和形状已经确定，因此它在流体中的浮力和自身重力都是已知常量，唯有流体对浮子的动压力是随来流流速的大小而变化的。因此，当被测流体流速变大或变小时，转子将做向上或向下的移动，相应位置的流动截面积也发生变化，直到流速变成平衡时对应的速度，转子就在新的位置上稳定。对于一台给定的转子流量计，转子在锥管中的位置与流体流经锥管的流量的大小成一一对应关系。

根据流体连续性方程和伯努利方程，转子流量计的体积流量可表示为

$$q_v = \alpha A \sqrt{\frac{2}{\rho} \Delta p} \qquad (7-6)$$

式中　α——流量系数；

A——转子与锥形管间的环形流通面积；

ρ——流体密度；

Δp—差压。

三、 转子流量计的分类及特点

1. 分类

一般分为玻璃转子流量计和金属转子流量计。金属转子流量计是工业上最常用的，对于小管径腐蚀性介质通常用玻璃材质。

（1）玻璃转子流量计。主要由玻璃锥形管、转子和支撑结构组成，流量示值刻在锥形管上 ，如图 7-19 所示。

（2）金属转子流量计。金属转子流量计的锥形管采用金属材料制成（图 7-20），其流量检测原理与玻璃转子流量计相同。金属转子流量计有就地指示型和电气信号远传型两种。

图 7-19　玻璃转子流量计外观　　　　**图 7-20　金属转子流量计外观**

2. 特点

（1）适用于小管径和低流速。

（2）工作可靠、维护量小、寿命长。

（3）对于下游直管段要求不高。

（4）有较宽的流量范围度（10∶1）。

（5）就地型指针指示接近于线性。

（6）智能型指示器带有 LCD 液晶显示，可显示瞬时、累积流量，还可输出脉冲、输出报警。

（7）带有温度补偿。

（8）有就地型、远传型、夹套型、水平型、防爆型、耐腐型等。

四、 转子流量计安装与选型的注意事项

1. 安装注意事项

为了让转子流量计正常工作且能达到一定的测量精度，在安装流量计时要注意以下几点。

（1）转子流量计必须垂直安装在无振动的管道上。流体自下而上流过流量计，且垂直度优于 2%，水平安装时水平夹角优于 2°。

（2）为了方便检修和更换转子流量计、清洗测量管道，安装在工艺管线上的金属转子流量计应加装旁路管道和旁路阀。

（3）安装转子流量计的位置应保证入口有不小于 5D 的直管段，出口有不大于 250 mm 的直管段。

（4）如果介质中含有铁磁性物质，应安装磁过滤器；如果介质中含有固体杂质，应考虑在阀门和直管段之间加装过滤器。

（5）当用于气体测量时，应保证管道压力不小于 5 倍转子流量计的压力损失，以使浮子稳定工作。

（6）为了避免由于管道引起的转子流量计变形，工艺管线的法兰必须与转子流量计的法兰同轴并且相互平行，管道支撑以避免管道振动和减小转子流量计的轴向负荷，测量系统中控制阀应安装在转子流量计的下游。

（7）测量气体时，如果气体在转子流量计的出口直接排放大气，则应在仪表的出口安装阀门；否则将会在浮子处产生气压降而引起数据失真。

（8）安装 PTFE 衬里的仪表时，法兰螺母不要随意不对称拧得过紧，以免引起 PTEF 衬里变形。

（9）带有液晶显示的仪表，要尽量避免阳光直射显示器，以免降低液晶使用寿命；带有锂电池供电的仪表，要尽量避免阳光直射、高温环境（≥65 ℃），以免降低锂电池的容量和寿命。

（10）测控系统中的控制阀，应安装在转子流量计的下游。用于气体测量时，应保证工作压力不小于转子流量计压损的 5 倍，以使转子流量计稳定工作。

（11）安装金属转子流量计前，应将管道内焊渣吹扫干净；安装时要

取出转子流量计中的止动元件；安装后使用时，要缓慢开启控制阀门，避免冲击损坏转子流量计。

2. 选型注意事项

（1）对于远传型金属转子流量计的选用，要选择适合使用场所防爆类型要求的转子流量计；安装时还应注意仪表通电后的外壳紧固及接线口的密封，以达到防爆、防护、防侵蚀的要求。

（2）对于被测介质温度过高（大于 120 ℃）或过低的场所，通常要对转子流量计的传感器部分采取保温或隔热措施，为保证信号转换器指示器正常工作的环境温度，应选择高温指示器。

（3）对于有些需采取保温或冷却的被测介质，要选择夹套型转子流量计。标准金属转子流量计的伴热或冷却接口采用 DIN2501、DN15、PN1.6 法兰连接，如需其他法兰或螺纹连接，订货时需注明。

（4）对于转子流量计入口介质的压力不稳，尤其用于气体测量，为保证精度和使用寿命，应选用阻尼结构。

（5）对于介质要求的压力等级较高，超过标准压力等级时，在选型时应选择高压型结构，高压型采用 HG20595 - 97 RF 带颈对焊钢制管法兰。如采用其他标准，订货时需注明。

【任务实施】 转子流量计的常见故障及处理

转子流量计具有结构简单、工作可靠、适用范围广、测量准确、安装方便、具有耐高温、耐高压等特点。转子流量计运行中常见的故障及处理方法如下。

1. 无电流输出

（1）首先看接线是否正确。

（2）液晶是否有显示，若有显示无输出，多为输出管坏，需更换线路板。

（3）丢失标校值。由于 E^2PROM 故障，造成仪表标定数据丢失，也会引起无输出电流，电流会保持不变。解决办法：可用数据恢复操作，如果不起作用，可先设定密码 2000 中的数据，再设定密码 4011 中数据，方法是用手推指针标定从 RP 至 100% 中的数据。

2. 无现场显示

（1）检查接线是否正确。

（2）检查供电电源是否正确。

（3）将液晶模块重新安装，检查接触是否良好。

（4）对于多线制供电方式，检查 12、13 端子是否接电流表或短路。

3. 报警不正确

（1）检查偏差设定 d 值不能太大。

（2）FUN 功能中，检查逻辑功能是否正确。HA - A 表示上限正逻辑，LA - A 表示下限正逻辑。

（3）检查 SU 中报警值设定大小。

（4）若液晶条码指示正确，输出无动作，可检查外部电源及外部电源的负极是否与仪表供电的负极相连。

4. 滚动

（1）轻微指针抖动。一般由于介质波动引起。可采用增加阻尼的方式来克服。

（2）中度指针抖动。一般由于介质流动状态造成。对于气体一般由于介质操作压力不稳造成。可采用稳压或稳流装置来克服或加大转子流量计气阻尼。

（3）剧烈指针抖动。主要由于介质脉动，气压不稳或用户给出的气体操作状态的压力、温度、流量与转子流量计实际的状态不符，有较大差异造成转子流量计过量程。

5. 转子流量计指针停在某一位置不动

主要原因是转子流量计的浮子卡死。

一般由于转子流量计使用时开启阀门过快，使得浮子飞快向上冲击止动器，造成止动器变形而将浮子卡死。但也不排除由于浮子导向杆与止动环不同心，造成浮子卡死。处理时可将仪表拆下，将变形的止动器取下整形，并检查与导向杆是否同心，如不同心可进行校正，然后将浮子装好，手推浮子，感觉浮子上下通畅无卡阻即可。另外，在转子流量计安装时一定要垂直或水平安装，不能倾斜；否则也容易引起卡表并给测量带来误差。

6. 转子流量计测量误差大

（1）安装不符合要求。

①对于垂直安装，转子流量计要保持垂直，倾角不大于20°。

②对于水平安装，转子流量计要保持水平，倾角不大于20°。

③转子流量计周围 100 mm 空间不得有铁磁性物体。

④安装位置要远离阀门变径口、泵出口、工艺管线转弯口等。要保持前 5D 后 250 mm 直管段的要求。

（2）液体介质的密度变化较大也是引起误差较大的一个原因。由于仪表在标定前，都将介质按用户给出的密度进行换算，换算成标校状态下水的流量进行标定，因此如果介质密度变化较大，会对测量造成很大误差。解决方法：可将变化以后的介质密度代入公式，换算成误差修正系数，然后再将转子流量计测出的流量乘以系数换算成真实的流量。

（3）气体介质由于受到温度压力影响较大，建议采用温压补偿的方式来获得真实的流量。

（4）由于长期使用及管道震动等多因素引起转子流量计传感磁钢、指针、配重、旋转磁钢等活动部件松动，造成误差较大。解决方法：可先用手推指针的方式来验证。首先将指针按在 RP 位置，看输出是否为 4 mA，流量显示是否为 0%，再依次按照刻度进行验证。若发现不符，可对部件进行位置调整；一般要求专业人员调整，否则会造成位置丢失，需返回厂家进行校正。

7. 累积脉冲输出不正确

（1）检查选择累积脉冲输出的那一路报警值是否设为零。

（2）线路板故障，更换线路板。

8. 金属转子流量计现场液晶总显示 0 或满量程

（1）检查 2000 密码中设定量程、零点参数。要求 ZERO 要小于 SPAN 的值，两值不能相等。

（2）检查采样数据是否上升，用手推指针看采样值是否变化，若无变化，一般为线路板采样电路故障，需更换线路板。

（3）线路板故障，更换线路板。

【任务总结】

总结该任务实施过程和注意事项，并进行适当的拓展和提高。

任务四 超声波流量计及应用

【任务描述】

通过本任务的学习，学生应达到的教学目标如下。

【知识目标】

（1）理解超声波流量计的特点及结构组成。

（2）掌握超声波流量计的工作原理。

（3）掌握超声波流量计换能器。

（4）了解 SP－2 系列智能型超声波流量计。

【技能目标】

（1）能安装调试超声波流量计。

（2）能使用超声波流量计检测流量。

【任务分析】

超声波流量计是利用超声波来测量流体速度、流量的技术。目前，它已广泛应用于工业、医疗、海洋观测等行业，在流量测量中占有重要地位。

【知识准备】

一、 超声波流量计的特点

（1）超声波流量计的优点：①非接触测量，在管道内部无测量部件，故不改变流体流动状态，不产生压力损失，且安装使用方便；②测量结果不受被测流体黏度、电导率及腐蚀性等因素的影响，可测各种气体和液体的流量，适应范围广；③可测大口径管道内的流体流量，甚至包括河流流量；④输出信号与流量呈线性关系；⑤量程比较宽，最高可达 5∶1。

（2）超声波流量计的缺点：①结构比较复杂，成本较高；②超声波在流体中的传播速度会随流体温度变化而变化，这会对测量结果产生较大影响，必要时应予以修正；③流体中的气泡或杂音会对测量结果产生较大影响，使用时应注意。

二、 超声波流量计测量原理

利用超声波测量流量的方法有多种，比较典型的有时差法、相差法、频差法、多普勒频移法及声速偏移法等。下面介绍前 3 种。

1. 时差法测量原理

如图 7-21 所示，在相距 L 的两处分别放置两组超声波发生器和接收器（T_1、R_1 和 T_2、R_2。实际安装时，发生器和接收器在管道上为斜对角布置，此处为分析方便而将其沿管道方向平行布置），且令静止流体中的超声波速度为 c，流体流速为 u。当超声波方向与流体流动方向一致（即顺流）时，其传播速度为 $c+u$，而当超声波传播方向与流体流动方向相反（即逆流）时，其传播速度为 $c-u$。这样，超声波顺流方向从发射到接收所需要的时间 t_1 为

$$t_1 = \frac{L}{c+u} \tag{7-7}$$

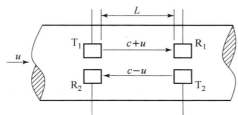

图 7-21　超声波流量计测量原理示意图

超声波逆流方向从发射到接收所需要的时间 t_2 为

$$t_2 = \frac{L}{c-u} \tag{7-8}$$

由于流体流速比声波速度小得多，所以，逆流与顺流的时间差 Δt 为

$$\Delta t = t_2 - t_1 = \frac{2Lu}{c^2} \tag{7-9}$$

由式（7-9）可知，当静止流体中的超声波速度 c 已知时，只要测出时间差 Δt，即可求出流体流速 u，进而就能求得流量的大小。

2. 相差法测量原理

让超声波发生器发射连续超声脉冲或周期较长的脉冲序列，则在顺流和逆流两种情况下所接收到的信号之间会产生一定的相位差 $\Delta\phi$，其计算公式为

$$\Delta\phi = \omega \times \Delta t = \frac{2\omega Lu}{c^2} \tag{7-10}$$

式中　ω——超声波的角频率。

从式（7-10）可知，由于 ω、c 及 L 为已知量，则测出 $\Delta\phi$ 即可求得

u，也就可计算出流量大小。

3. 频差法测量原理

由时差法中的有关公式可求出顺流和逆流时接收器接收到的超声波频率之差 Δf 为

$$\Delta f = \frac{c+u}{L} - \frac{c-u}{L} = \frac{2u}{L} \qquad (7-11)$$

由式（7-11）可知，只要测得 Δf，即可求出流速 u，进而求得流量 Q。

三、 超声波流量计换能器

超声波流量计换能器的压电元件常制成圆形薄片，沿厚度方向振动。薄片直径超过厚度的 10 倍，以保证振动的方向性。压电元件材料多采用锆钛铅酸。为固定压电元件，使超声波以合适的角度射入流体中，需把元件放入声楔中，构成换能器整体。声楔的材料不仅要求强度高、耐老化，而且要求超声波经声楔后能量损失小，即透射系数接近 1。常用的声楔材料是有机玻璃，因为它透明，可以观察到声楔中压电元件的组成情况。另外，某些橡胶、塑料及胶木也可以作声楔材料。

四、 SP-2 系列智能型超声波流量计简介

SP-2 系列智能型超声波流最计，是参照当前世界上最先进的超声波流量计的原理，结合我国的实际情况而设计生产的一种高级超声波流量计。它具有以下特点。

（1）采用了最先进的数学模式作为设计指导思想，所有公式全由微机自动选择调整。

（2）为提高测量精度，仪表不仅具有严密的温度补偿，还可对不同管道、不同流速、不同黏度的各种介质进行自动的雷诺数补偿。

（3）采用人机对话形式，各种参数均由按键输入。

（4）不同管道所需的不同参数均由软件自动调整。

（5）具有保证仪表安装到正确位置的指示装置。

（6）充分发挥了仪表软件功能。仪表具有灵敏的自动跟踪的"学习机能"和智能化的抗干扰功能，以保证仪表能长期、稳定、可靠地工作。

（7）有完备的显示和打印功能，可随时显示和定时打出时间、流速、瞬时流量、累积流量以及流量差值等参数。

（8）可输出直流 4~20 mA 标准信号，以便远传。

（9）可在管外或管内安装，这种流量计可在直径为 100~2 200 mm 的管道上测量 $t=0~50$ ℃，流速为 ±0~9 m/s，不含过多杂质和气泡，能充满管道的水及其黏度不过大的介质流量，此种仪表安装时，一般上游要有 10D 以上、下游 5D 以上的直管段。

【任务实施】 超声波流量计的安装和调试

1. 超声波流量计的安装方式

通常采用 3 种安装方式，即 W 型、V 型、Z 型。根据不同的管径和流体特性来选择安装方式，通常 W 型适用于小管径（25～75 mm），V 型适用于中管径（25～250 mm），Z 型适用于大管径（250 mm 以上）。

为了保证仪表的测量准确度，应选择满足一定条件的场所定位。通常选择上游 10D、下游 5D 以上直管段；上游 30D 内不能装泵、阀等扰动设备。

以 Z 型安装为例说明超声波流量计探头的安装方法。具体采用坐标法安装，即先将管道外表面处理干净，涂上专用耦合剂；首先固定其中一个探头的位置，用纸带绕管道一周，量出周长做好对折标记；在周长 1/2 处确定另一个探头轨道的位置，同样该轨道应与管道轴心平行。再根据仪表显示的安装距离，确定两探头在轨道上的相对距离，保证超声波有足够的信号强度，通常使得面板上显示的信号强度大于 2%，待读数显示稳定，说明安装调试结束，仪表便可正常工作。

2. 超声波流量计的调试

1）零流量的检查

当管道液体静止，而且周围无强磁场干扰、无强烈振动的情况下，表头显示为零，此时自动设置零点，消除零点漂移，运行时需做小信号切除，通常流量小于满程流量的 5% 时，自动切除。

2）仪表面板键盘操作

启动仪表运行前，首先要对参数进行有效设置，如使用单位制、安装方式、管道直径、管道壁厚、管道材料、管道粗糙度、流体类型、两探头间距、流速单位、最小速度、最大速度等。只有所有参数输入正确，仪表方可正确显示实际流量值。

3. 超声波流量计的定期校验

为了保证超声波流量计的准确度，应进行定期校验。通常采用更高精度的便携式超声波流量计进行直接对比，利用所测数据进行计算：误差 =（测量值 − 标准值）/标准值。利用计算的相对误差、修正系数，使得测量误差满足 ±2% 的误差，即可满足计量要求。该操作简单方便，可有效提高计量的准确度。

【任务总结】

超声波是一种频率高于 20 000 Hz 的声波，它的方向性好，穿透能力强，易于获得较集中的声能，在水中传播距离远，可用于测距、测速、清洗、焊接、碎石、杀菌消毒等。在医学、军事、工业、农业上有很多的应用。超声波因其频率下限大于人的听觉上限而得名。

超声波流量计是通过检测流体流动对超声束（或超声脉冲）的作用以测量流量的仪表。

原理：根据对信号检测的原理，超声波流量计测量流量可采用传播速度差法（时差法、相位差法和频差法）、多普勒法等。

超声流量计和电磁流量计一样，因仪表流通通道未设置任何阻碍件，均属无阻碍流量计，是适于解决流量测量困难问题的一类流量计，特别在大口径流量测量方面有较突出的优点，它是发展迅速的一类流量计之一。

任务五　电磁流量计及应用

【任务描述】

通过本任务的学习，学生应达到的教学目标如下。

【知识目标】

（1）了解电磁流量计的特点。

（2）掌握电磁流量计的工作原理。

（3）理解电磁流量计测量过程。

（4）了解电磁流量计安装及型号与规格。

【技能目标】

（1）能使用电磁流量计构成流量检测系统。

（2）能处理电磁流量计在流量监测中遇到的问题。

【任务分析】

电磁流量计是基于法拉第电磁感应定律工作的流量测量仪表，可用来测量具有一定电导率（电导率不小于 $10^{-6} \sim 10^{-5}$ L/(cm·Ω)）的液体流量，在流量计量中发挥着巨大的作用，现已被广泛应用于冶金、石化、化工、电力、环保、废水处理及城市公用事业等许多领域，如火电厂的酸流量、碱流量及生水流量即可用电磁流量计来测量。

【知识准备】

一、电磁流量计的特点

（1）无节流装置，无可动部件，结构简单，反应灵敏，性能可靠。

（2）输出信号与被测流量呈线性关系，且在一定范围内不受被测介质的物理特性（如温度、压力、密度、黏度等）的影响。

（3）测量范围宽，且在一定范围内可随意改变量程，其量程比一般为10∶1，流速范围一般为 1～6 m/s（也可扩展到 0.5～10 m/s）。

（4）可测量含固体颗粒、悬浮物或酸、碱、盐溶液等具有一定电导率的液体体积流量，并可进行双向测量。

（5）可根据被测介质的物理、化学性能选择合适的衬里和电极材料，耐腐蚀性好。

（6）安装方便，变送器可以水平安装，也可以垂直安装，且对直管段要求较低（直管段不能太短；否则会使流速分布不均匀，进而产生较大的测量误差）。

（7）使用寿命长，维护简单方便。

（8）不能用来测量气体、蒸汽、石油等非导电性流体的流量。

（9）使用温度和压力不能太高。

（10）流速过低时，干扰信号的影响会非常明显，这将产生很大的测量误差，流速下限一般不得低于 0.3 m/s。

二、 电磁流量计的型号与规格

电磁流量计的型号与规格见表 7 - 8。

表 7 - 8　电磁流量计的型号规格

名称	型号	测量量程 /(mm³·h⁻¹)	输出信号	主要用途 与功能	备注
电磁流量计	LD - 25□	0 ~ 1.0…16	①0 ~ 10 mA DC（负载阻抗 0 ~ 1 500 Ω） ②4 ~ 20 mA DC（负载阻抗 0 ~ 750 Ω） ③0 ~ 1 000 Hz（负载阻抗≥3 000 Ω）	由电磁流量传感器（LDG - 型）和电磁流量转换器（LDZ - 42型）配套组成的电磁流量计（LD 型），用于测量管道中各种成分的酸碱液或含有纤维及固体悬浮物等导电液体的流量	配套精度：±0.5% FS（DN≤150 mm 时）；±1% FS（DN > 200 mm 时）
	LD - 32□	0 ~ 1.6…25			
	LD - 40□	0 ~ 2.5…40			
	LD - 50□	0 ~ 4.0…60			
	LD - 65□	0 ~ 6.0…100			
	LD - 80□	0 ~ 10…160			
	LD - 100□	0 ~ 16…250			
	LD - 125□	0 ~ 25…400			
	LD - 150□	0 ~ 40…500			
	LD - 200□	0 ~ 60…1 000			
	LD - 250□	0 ~ 80…1 200			
	LD - 300□	0 ~ 160…2 500			

三、 电磁流量计的工作原理

电磁流量计的基本原理是法拉第电磁感应定律，即导体在磁场中做切割磁力线运动时，在其两端产生感应电动势。对于电磁流量计，如图 7 - 22 所示，当导电性液体在垂直于磁场的非磁性测量管内流动时，在与流向和磁场垂直方向上会产生感应电动势，此感应电动势的方向可由右手定则来判断，其大小与流量成正比，可用公式表示为

$$E = kBDv \qquad (7 - 12)$$

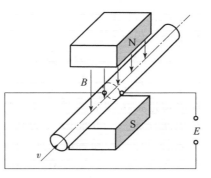

图 7 - 22　电磁流量计工作原理示意图

式中　E——感应电动势，V；

　　　k——系数；

　　　B——磁感应强度，T；

　　　D——两电极间距离（此处为测量管内径），m；

　　　v——流体流动速度，m/s。

如令流体体积流量为 q_V，则有

$$q_V = \frac{1}{4}\pi D^2 v \qquad (7 - 13)$$

将式（7 - 13）代入式（7 - 12）得

$$E = \frac{4kB}{\pi D}q_V = k'q_V \qquad\qquad (7-14)$$

由此可见，感应电动势 E 与瞬时体积流量 q_V 成正比，这就是电磁流量计的基本工作原理。

基于此，如果在与流向和磁场垂直方向的管道两侧各安装一个电极（电极处在磁场中），将感应电动势引出，再经过一系列运算之后，即可由仪表指示出被测液体体积流量的大小。

四、 电磁流量计的测量系统及流量监测中的问题

电磁流量计由传感器和转换器两部分组成，再加上流量显示、记录或累积仪即可构成电磁流量计测量系统，如图 7-23 所示。传感器安装在工艺管道上，其作用是将流经管道的液体流量线性地变换成感应电动势，并将此信号传送到转换器；转换器一般安装在控制室或现场的箱体内，其作用是将传感器送来的感应电动势进行一系列处理后变成统一的标准直流信号 4 ~ 20 mA 输出；显示、记录或累积仪接收转换器送来的直流 4 ~ 20 mA 信号即可实现对被测流体流量的指示、记录或积算。

图 7 - 23　电磁流量计测量系统

由式（7-14）可知，k、B 和 D 的变化以及磁场方向、电极连线与流体流向三者的垂直度都会引起测量误差，也就是说，造成电磁流量计产生测量误差的原因很多，包括仪表选型、安装环境、安装方法、使用及维护等诸多因素。在实际应用中，电磁流量计具有非常严格的使用要求，如果设备选型、安装或使用不当，则会引起测量误差增大、示值不稳，甚至会达到不能允许的地步。因此，研究电磁流量计测量误差产生的原因及相应的解决办法就显得尤为重要，具体分析如下。

1. 待测液体中含有气泡

这是一种常见现象，气泡的形成有外界吸入（如泵轴密封性变坏、负压端管道连接垫圈泄漏等）或液体中溶解气体（空气）转变成游离状气泡析出两种途径，此时测量结果包括气泡体积的流量，这就导致测量误差。同时，如果气泡直径不小于电极直径，还可造成测量值不稳定，使测量显示值波动，如一台 DN2200 电磁流量计因气泡造成的波动可达 20% ~ 50%。

解决办法：①更换安装位置，最好将变送器垂直安装，以预防液体流过电极时形成气泡而造成测量误差；②如安装位置不易更换，可在流量计上游安装集气器，定期排气。

2. 待测液体非满管

非满管是含有气泡的一种极端情况，此时，如果液面高于电极水平面，前后直管段（可取前 10D、后 5D）比较理想，测量一般是稳定的，

但测量结果包含了管内上半部的气体体积，测量误差大；如果液面低于电极水平面，则测量回路处于开路状态，测量结果严重失真。

解决办法：①尽量将电磁流量计安装在自下而上流动的垂直管道上；②很多情况下电磁流量计水平安装，此时应安装在管道最低端，且电极轴线应平行于地平线（否则处于低位的电极易被沉积物覆盖）；③传感器应安装在泵的下游、控制阀的上游，以防止测量管内产生负压；④传感器安装口应有一定的背压，别离直接排放口太近；⑤现在已有新型电磁流量计，可用来测量非满管等自由表面自由流动液体流量，如市政工程下水、工业废水排放计量等。

3. 待测液体电导率剧变

如果被测液体电导率高频率大幅度剧变，则会造成显示值高频大幅波动，甚至无法正常监视或相应控制系统无法正常工作。这种现象多见于化工行业。

解决办法：尽量从流量计下游注入化学物质，如果必须从上游注入时，则要在上游装上足以完成化学反应或保证物料充分混合的直管段或反应器，以保证混合分布足够均匀。

4. 待测液体电导率太低

被测液体电导率降低，会增加电极的输出阻抗（由被测液体电导率和电极大小决定），并由转换器输入阻抗引起负载效应而产生测量误差，如果实际电导率低于下限值（一般为 5 $\mu S/cm$），则仪器不能正常工作，示值会晃动。

解决办法：①选用其他满足要求的低电导率电磁流量计，如电容式电磁流量计；②选用其他原理流量计，如孔板等。

5. 空间电磁波等干扰

变送器的输出信号较为微弱（一般在 $2.5 \sim 8$ mV 范围），如果变送器与转换器间的电缆较长且周围有强电磁干扰，则电缆可能引入干扰信号，形成共模干扰，造成显示失真、非线性或大幅晃动。

解决办法：①尽量远离强磁场（如大电机、大变压器和电力电缆附近）；②尽量缩短电缆长度；③采用屏蔽和接地措施，包括采用符合要求的屏蔽电缆和将电缆单独穿在接地钢管内（不能与电源线同穿于一根管内），并将变送器的外壳、变送器两端的管段、屏蔽线等单独接地，以防因地电位不等而引入干扰。

6. 传感器接地

传感器的输出信号很小，通常只有几毫伏，为了提高抗干扰能力，传感器的零电位必须单独可靠接地，且传感器输出信号接地点应与被测流体电气连接。通常，传感器的接地电阻应小于 10 Ω，在连接传感器的管道内涂有绝缘层或采用非金属管道时，传感器两侧应安装接地环，并可靠接地，以使流体接地，流体电位与地电位相同。

7. 测量管内有附着层

电磁流量计常用来测量有易黏附、沉淀、结垢等非清洁流体的流量，电极表面和管道内壁常会受到污染，若附着层电导率与流体电导率相近，则不会产生原理性误差，仪表示值还能正常，只是流体实际流通面积有所减小。若附着层为高电导率物质，则会使传感器两电极间电阻变得很小，甚至短路，输出显示负偏差，甚至不能正常工作。若附着层为绝缘性物质，则电极间阻抗增加甚至开路，使误差增大，甚至不能正常工作。

解决办法：①尽量选用如玻璃或聚四氯乙烯等难附着沉淀的衬里；②定期清洗，可采用机械法或化学法；③流速不低于 2 m/s，最好提高到 3～4 m/s 以上，这样在一定程度上可起到自动清洗管道的目的，防止黏附沉淀。

8. 待测液体非对称流动

正常情况下，要求流体在管道内流速为轴对称分布，磁场均匀，E 与 v 成正比。而实际上常会出现非轴对称流速分布，此时，任一流向可分为两种流动的组合，一种是沿管道轴线的直线流，它对管道横截面的积分为待测液体的体积流量，另一种是纯粹的旋涡流，它对管道横截面的积分为零，如旋涡流对输出产生影响，即产生误差。

解决办法：①上游有足够的直管段（5D 以上，视具体情况而定），以保证流速按同心圆分布；②流量计内径应与上下游一定范围内的管道内径相同，否则会使流速分布不均匀；③如果上游直管段不足，可安装流量补偿装置，这样只能作部分补偿。

9. 连接电缆问题

电磁流量计是由特定的电缆将传感器和转换器连成一个系统，电缆长度、绝缘情况、屏蔽层数、分布电容及导体横截面面积等都会对测量结果产生影响，严重的还可能使流量计无法正常工作。

解决办法：①电缆越短越好，其长度应在允许的范围之内，最大长度由待测液体电导率、屏蔽层数、分布电容及导体横截面积等决定；②应避免中间接头，末端应处理好、连接好；③尽量使用规定型号的电缆。

10. 电极及衬里材料选择问题

电极及衬里材料直接与待测液体接触，应根据待测液体的特性（如腐蚀性、磨蚀性等）及工作温度选择电极及衬里材料，如选择不当，则会造成附着速度快、腐蚀、结垢、磨损、衬里变形等问题，进而产生测量误差，所以在设备选型时应给予高度重视。

11. 励磁稳定性问题

电磁流量计的励磁方式有直流励磁、交流正弦波励磁和双频矩形波励磁等，直流励磁容易产生电极极化和直流干扰问题，交流正弦励磁容易引起零点变动，而双频矩形波励磁既有低频矩形波励磁优良的零点稳定性，又有高频矩形波励磁对流体噪声较强的抑制能力，是一种较理想的励磁方式。实际应用时，应尽量保证励磁电压和频率的稳定，以确保磁场强度恒定，减小由于磁场强度变化引起的测量误差。

12. 待测液体流速问题

电磁流量计可测的流速范围一般为 0.5 ~ 10 m/s，经济流速范围为 1.5 ~ 3 m/s。实际使用时要根据待测流量大小及电磁流量计可测流速范围来确定测量管内径。

13. 混合相流体流量测量问题

用电磁流量计测量液固混合相流体（如含泥沙的水）的流量时，如果选用由单相液体校准的电磁流量计，则会产生测量误差，此时应选择不会引起相分离的场所安装传感器。

14. 电极与励磁线圈对称性问题

在加工制造过程中，电磁流量计的电极与励磁线圈要严格对称；否则会存在不对称偏差，进而对测量结果产生一定的影响，造成测量误差。

15. 安装点振动问题

电磁流量计对安装地点的振动有严格要求，尤其是一体化电磁流量计，必须安装在振动小的场所；否则会产生一定的测量误差，严重时仪表不能正常工作。

【任务实施】　熟悉电磁式流量计的安装要求

电磁流量计安装要求：要保证电磁流量计的测量精度，正确的安装是很重要的。

（1）变送器应安装在室内干燥通风处，避免安装在环境温度过高的地方，不应受强烈振动，尽量避开具有强烈磁场的设备；避免安装在有腐蚀性气体的场合；安装地点便于检修。

（2）为了保证变送器测量管内充满被测介质，变送器最好垂直安装，流向自下而上。尤其是对于液固两相流，必须垂直安装。若现场只允许水平安装，则必须保证两电极在同一水平面。

（3）变送器两端应装阀门和旁路。

（4）变送器外壳与金属管两端应有良好的接地，转换器外壳也应接地。

（5）为了避免干扰信号，变送器和转换器之间的信号必须用屏蔽导线传输，不允许把信号电缆和电源线平行放在同一电缆钢管内。信号电缆长度一般不得超过 30 m。

（6）尽量满足前后直管段分别不小于 $5D$ 和 $2D$。

【任务实施】

对任务进行具体实施，描述任务实施的详细步骤。介绍任务完成的具体步骤，充分体现"做中学"的重要性。在这里，要叙述完成任务的详细操作，对每一操作一定要有该操作对应效果的描述或结果展现、原理的叙述说明。这一部分是教材编写的主体。

【任务总结】

电磁流量计是根据法拉第电磁感应定律进行流量测量的流量计。电磁流量计的优点是压损极小，可测流量范围大。最大流量与最小流量的比值一般为20∶1以上，适用的工业管径范围宽，最大可达3 m，输出信号和被测流量呈线性，精确度较高，可测量电导率不小于5 μS/cm 的酸碱盐溶液、水、污水、腐蚀性液体以及泥浆、矿浆、纸浆等的流体流量。但它不能测量气体、蒸汽以及纯净水的流量。

任务六　其他流量计及应用

【任务描述】

通过本任务的学习，学生应达到的教学目标如下。

【知识目标】

(1) 了解涡轮流量计的组成框图及特点。

(2) 掌握涡轮流量变送器的结构组成及工作原理。

(3) 掌握涡轮流量计的安装及使用注意事项。

(4) 掌握椭圆齿轮流量计的组成与工作原理。

(5) 掌握腰轮流量计的组成与原理。

(6) 了解质量流量计。

【技能目标】

(1) 能使用涡轮流量计检测流量。

(2) 能使用椭圆齿轮流量计、腰轮流量计检测流量。

【任务分析】

测量按照不同介质不同的测量原理有很多种流量计，除了前面学习的几种流量计外，还有涡轮流量计、容积式流量计、质量流量计等很多种流量计，这些流量计也在一些特定的场合有着广泛的应用。

【知识准备】

一、　涡轮流量变送器

1. 涡轮流量计组成框图

涡轮流量计是一种速度式流量计。当被测流体流过仪表时，冲击涡轮叶片，使涡轮旋转，在一定检测范围内，涡轮转速与流量成正比。图7-24 所示为涡轮流量计的组成框图。

图7-24　涡轮流量计组成框图

涡轮将流量 q 转换成涡轮的转速 ω，磁电装置又把此转速 ω 变成电脉冲

n，经前置放大器送入显示仪表进行积算和显示，由单位时间的脉冲数 n 和累计脉冲数 N 反映出瞬时流量 q 和累积流量 V。由于它采用非接触式的，反作用小的磁电转换方式，大大减轻了涡轮的负载，耐压高且反应快，并用数字显示流量，在目前生产与科研中得到广泛应用。由图 7 – 24 可见，涡轮流量计由流量变送器和显示仪表组成。本任务主要介绍涡轮流量变送器。

2. 涡轮流量计的特点

（1）精度高，其基本误差为 ±(0.25% ~ 1.0%)，可作为流量的标准仪表。

（2）量程比可达 10 ~ 30，刻度线性。

（3）动态性好，时间常数达 1 ~ 50 ms，可检测脉动流。

（4）能耐高压达 5×10^7 Pa；压力损失小，为 $(5 ~ 75) \times 10^3$ Pa。

（5）可检测 0.01 ~ 7 000 m^3/h 的流量；公称直径在 4 ~ 500 mm 内。

（6）可以直接输出数字信号，抗干扰能力强，便于与计算机相连进行数据处理。

3. 涡轮流量变送器的结构及工作原理

1）涡轮流量变送器的结构

涡轮流量变送器的结构如图 7 – 25 所示。

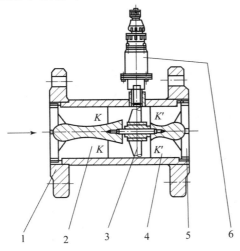

图 7 – 25　涡轮流量变送器结构
1—壳体；2，4—导向器，3—涡轮；5—压紧环；6—磁电转换器

将涡轮置于摩擦力很小的滚珠轴承中，由磁钢和感应线圈组成的磁电装置装在变送器的壳体上，当流体流过变送器时推动涡轮转动，并在磁电装置中感应出电脉冲信号，放大后送入显示仪表。

涡轮由导磁的不锈钢材料制成，装有数片螺旋叶片。为减少流体作用在涡轮上的轴向推力，采用反推力方法对轴向力进行自动补偿。从涡轮轴体的几何形状可以看出，当流体流过 K—K 截面时，流速变大而静压力下降，随着流通截面的逐渐扩大而静压力逐渐上升，在截面 K'—K' 处的静压力大于截面 K—K 处的静压力。此不等静压场所造成的压差作用在涡轮转子上，其方向和流体对涡轮转子的轴向推力相反，从而互相抵消，减轻轴承的轴向负荷，提高了变送器的寿命和精度，也可以采用中心轴打孔的方式实现轴向自动补偿。

导向器由导向环（片）及导向座组成，使流体在到达涡轮前先导直，以避免因流体的自旋而改变流体与涡轮片的作用角，从而保证仪表的精度。在导向器上还装有滚珠轴承，用来支承涡轮。

磁电感应转换器是由线圈和磁钢组成的，它可以把涡轮的转速转换成相应的电信号，并送给前置放大器放大，如图7－26所示。

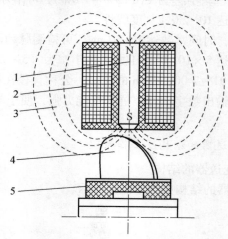

图7－26　磁电转换器原理示意

1—磁钢；2—线圈；3—磁力线；4—叶片；5—涡轮

整个涡轮装置安装在外壳上，壳体是由非导磁的不锈钢制成，其入、出口有螺纹，以便与流体管道连接。

2）涡轮流量变送器的测量原理

涡轮流量变送器是根据流体动量矩原理进行工作的。当流体沿管道的轴向流动冲击涡轮叶片时，便有与流体流速 v、密度 ρ 等相关量成比例的力作用于叶片上，受变送器结构尺寸 K 的影响，产生出相应的测量力矩 M，推动涡轮旋转，使涡轮以 ω 的转速转动，即

$$M = f(v, \rho, \omega, K) \qquad (7-15)$$

而 $v = q/A$，则式（7－15）可表达为

$$M = f(q, \rho, \omega, K, A) \qquad (7-16)$$

涡轮旋转的同时伴有阻碍涡轮转动的阻力矩 $M_{阻}$，如机械摩擦阻力矩、磁电反应阻力矩、流体黏性摩擦阻力矩等，根据动量矩原理，则涡轮运动的方程式为

$$J \frac{d\omega}{dt} = M - M_{阻} \qquad (7-17)$$

式中　J——涡轮的转动惯量；

$\dfrac{d\omega}{dt}$——涡轮的角加速度；

M——推动涡轮转动的测量力矩；

$M_{阻}$——各种阻碍涡轮转动的阻力矩。

在一定流量范围内，涡轮的角速度 ω 与流体流量 q 之间有稳定的对应关系，如图 7 – 27 所示。

可以看出，流量 q 与涡轮转速 ω 之间在有效范围内为线性特性，可表示为

$$\omega = \xi' q - A \qquad (7-18)$$

式中　A——与变送器结构、介质特性、流动状态有关的阻力参数；

ξ'——与介质特性等有关的转换系数。

考虑到涡轮叶片数的影响，有

$$n = \frac{Z}{2\pi}\omega \qquad (7-19)$$

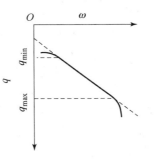

图 7 – 27　变送器静态特性

则式（7 – 19）可近似表示为

$$n = \frac{Z}{2\pi}\xi' q - \frac{Z}{2\pi}A = \xi q \qquad (7-20)$$

式中　n——涡轮以 ω 速度旋转时，相应的机械转数；

Z——叶片数；

ξ——流量系数。

式（7 – 20）表明，当流量 q 很小时，由于阻力的作用，涡轮并不转动，$n = 0$；只有当 $q > q_{min}$ 后，涡轮的测量力矩克服了各种阻力矩后才开始转动，并近似为线性关系，如图 7 – 28 所示。受到寿命及压力损失等因素的影响，也不允许 $q > q_{max}$。

涡轮的流量系数 ξ 定义为：单位体积流量 q 通过变送器时变送器输出的脉冲数，单位为脉冲数/m^3。仪表出厂时，制造厂是取测量范围内流量系数的平均值作仪表常数。

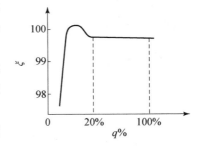

图 7 – 28　变送器 q 与
ξ 的特性曲线

根据磁电转换原理，涡轮以 ω 转速转动后，叶片则以 n 数量穿过磁场切割磁力线，从而改变了通过线圈的磁通量，根据电磁感应原理，线圈中就感应出交变电信号。交变电信号的脉冲数与涡轮转数成正比，也即与流量成正比，可表示为

$$n = \xi q \ 或 \ N = \xi V \qquad (7-21)$$

式中　n——与机械脉冲相对应的电脉冲频率数；

N——一段时间里的脉冲数；

q——瞬时体积流量；

V——流体体积总量。

将电脉冲信号（N 或 n）经前置放大器放大后，送往电子计数器或电子频率计，显示环节将 N 或 n 除以流量系数 ξ（脉冲数/m^3），便可显示出

流体总量或瞬时流量。

例如，涡轮流量变送器的流量系数 $\xi = 15 \times 10^4$ 脉冲数/m³，显示仪表在 10 min 内积算得的脉冲数 $N = 6\ 000$ 次，求流体的瞬时流量和 10 min 内的累积流量。

解：10 min 内流体流过变送器的累积流量为

$$V = N/\xi = 6\ 000/(15 \times 10^4) = 0.\ 04\ (\text{m}^3)$$

流体的瞬时流量为

$$q = V/t = 0.\ 04/10 \times 60 = 0.\ 24\ (\text{m}^3/\text{h})$$

将涡轮的转数转换为电信号，除上述方法外，也可以用光电、同位素、霍尔元件等方式进行转换，但是都不如磁电方法简单可靠。所以，目前多采用磁电方式转换。

二、 容积式流量计

1. 椭圆齿轮流量计的组成与工作原理

椭圆齿轮流量计由测量主体、联轴耦合器、表头三部分组成。测量部分由壳体及两个相互啮合的椭圆截面的齿轮构成。在椭圆齿轮与壳体内壁、上下盖板间围成了"月牙"形固定容积的空间"计量室"。

椭圆齿轮流量计的工作原理如图 7 - 29 所示。

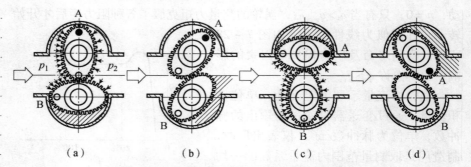

图 7 - 29　椭圆齿轮流量计的原理示意图

随着椭圆齿轮不断旋转，流体一次次被计量室分割，并以计量室为单位从入口排到出口。从图 7 - 29（a）到图 7 - 29（d）再到图 7 - 29（a），椭圆齿轮转动 1/2 圆周，刚好排出两个计量室体积的被测流体。所以，椭圆齿轮转一周将排出 4 个计量室体积的被测流体。

2. 腰轮流量计的组成与原理

其测量部分由壳体及一对表面光滑无齿的腰轮构成，在腰轮与壳体、上下盖板内壁之间形成"计量室"。由于腰轮的缩腰形状与椭圆齿轮鼓腰形状相反，相同直径下，腰轮流量计围成的计量室空间比椭圆齿轮流量计的要大，其仪表体积相对较小。

与椭圆齿轮流量计的原理基本相同，一对腰轮同样是在进、出口流体的压力差作用下，交替产生旋转力矩而连续转动的。不同之处是两个腰轮表面光滑无齿，因此它们之间不是直接相互啮合驱动旋转的，而是通过固定在腰轮轴上的一对驱动齿轮实现两个腰轮相互驱动的。

腰轮每转一周，腰轮流量计输出4倍计量室体积的流体，被测流体的流量与腰轮转数成正比，腰轮的转数通过一定传动比的变速机构传给计数器，并通过计数器的累计值显示某段时间内被测流体的累积体积流量。

3. 容积式流量计的安装

容积法测量流量受流体物性影响较小，故检测精度较高。但结构复杂，加工制造较困难，成本较高。

安装时应远离热源，避免高温环境；避开有腐蚀性气体、多灰尘和潮湿的场所；使流体满管流动；表前安装过滤器和消气器；加设旁通管路。容积式流量计安装如图7-30所示。

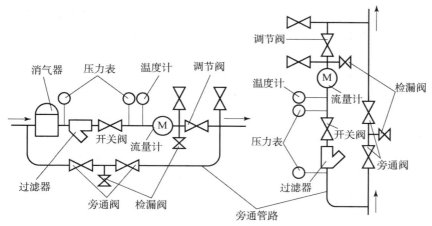

图7-30　容积式流量计安装示意图

三、 质量流量计

质量流量是指在单位时间内流经管道某一横截面的流体质量。用来测量质量流量的仪表称为质量流量计。

在工业生产中，物料平衡和经济核算等通常都需要质量流量，而前面所介绍的几种流量计均是直接测量单位时间内的体积量，在一般情况下，对于液体而言，可以将已测得的体积流量乘以密度换算成质量流量；对于气体，则须经上述换算和温压补正后方可得到比较准确的质量流量，这种方法通常称为推导式（外补偿式），它又可分为温度压力补偿式和密度补偿式两种，该方法虽然会因被测介质工况的变化而给检测、计量带来误差，但因为其突出的优点，目前还是应用最广泛的质量流量测量方法，如火电厂的生水量、除盐水量、锅炉给水量、锅炉蒸汽量、燃气量等都是采用这种方法测量的。

测量质量流量的另一种方法是使用直接式（内补偿式）质量流量计，它可直接测得单位时间内被测介质的质量，无须换算，且其最终输出信号与被测介质的温度、压力、密度、黏度等无关。直接式质量流量计具有测量精度高、稳定性好、量程比宽、价格高等特点。这种流量计在石化行业应用比较多，尤其是在厂际间物料计量方面应用比较广泛。

目前，直接式质量流量计又可分为热力式、科氏力式、动量式和差压式等，在多种直接式质量流量检测方法中，基于科里奥利力的科氏力质量流量计是目前最为成熟、发展较快、应用较多的一种直接式质量流量计。

科氏力质量流量计是利用被测流体在流动时的力学性质来直接测量液体质量流量的，它构造新颖、结构简单、线性度好、可调量程比宽（最高可达1：100）、测量精度高、可靠性高、维修容易，多适用于高压气体及各种液体的质量流量测量，包括腐蚀性、脏污介质、悬浮液、浆液及多相流体等，并且不受被测介质的温度、压力、黏度及密度等参数变化影响。

科氏力质量流量计测量系统一般由传感器、变送器及指示累积器三部分组成。传感器是基于科里奥利效应制成的，其结构形式有直管、弯管、单管和双弯管之分，图7-31所示为双弯管示意图，传感器与被测管路相连，流体按箭头方向从双弯管内通过。在A、B、C三处各装有一组压电换能器，其中A是逆压电换能器，B和C是正压电换能器。给A外加交流电压，则在A产生交变力的作用下，两个U形弯管就会一开一合地振动，这样，B、C处的正压电换能器就会将两管的振动幅度转换为电信号，且B点电信号的相位比C点的超前，根据B、C点相位差与被测质量流量间的定量（正比）关系，即可通过检测B、C点相位差求出被测质量流量的大小。相位差可由电磁检测器来测量，它把相位差转变为相应的电压信号送入变送器，然后经滤波、积分、放大等信号处理后，输出与质量流量呈线性关系的直流4~20 mA信号和一定范围的频率信号，可供显示、记录、累积或调节之用。

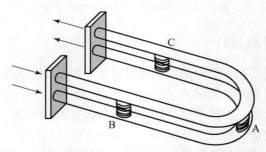

图7-31　科氏力质量流量计结构示意图

【任务实施】　熟悉涡轮流量计的安装及使用注意事项

1. 安装注意事项

（1）流量计必须水平安装在管道上，安装时流量计轴线应与管道轴线同心，流向要一致。

（2）流量计上游管道长度应有不小于2D的等径直管段，如果安装场所允许，建议上游直管段为20D、下游为5D。

（3）为了保证流量计检修时不影响介质的正常使用，在流量计的前后管道上应安装切断阀门（截止阀），同时应设置旁通管道。流量控制阀要安装在流量计的下游，流量计使用时上游所装的截止阀必须全开，避免上游部分的流体产生不稳流现象。

（4）为了保证流量计的使用寿命，应在流量计的直管段前安装过滤器。过滤器和流量计之间必须加一定长度的直管段，其内径与流量计的口径相同。

（5）安装流量计时，法兰间的密封垫片不能凹入管道内。

2. 使用注意事项

（1）要求被测介质洁净，以减少对轴承的磨损，并防止涡轮被卡住。对于不洁净介质，应在变送器前加装过滤器。

（2）介质的密度和黏度的变化对指示值有影响。由于变送器的流量系数一般是在常温下用水标定的，所以密度改变时应该重新标定。对同一液体介质，密度受温度、压力的影响很小，可忽略其影响；对于气体介质，由于密度受温度和压力变化的影响较大，必须对密度进行补偿。一般随着黏度的增高，最大流量和线性范围均减小。涡轮流量计出厂时是在一定黏度下标定的，因此黏度变化时必须重新标定。

（3）仪表的安装方式要求与出厂时校验情况相同。一般要求水平安装，避免垂直安装，必须保证变送器前后有一定长度的直管度，一般入口直管段的长度取管道内径的 10 倍以上，出口取 5 倍以上。

使用涡轮流量计测量流量时，要正确接线，将 4～20 mA 电流信号送入数显表模拟量输入第一通道或智能 PID 调节仪模拟量输入端等（视具体装置而定）。

注意：

①电远传信号连接线应采用屏蔽线，信号线与动力线要分开布线。

②流量计应可靠接地，不能与强电系统地线共用。

③流量计投运时应缓慢地先开启前阀门，后开启后阀门，防止瞬间气流冲击而损害涡轮。

④流量计运行时不允许随意打开前、后盖，更动内部有关参数；否则将影响流量计的正常运行。

【任务总结】

涡轮流量计是速度式流量计中的主要种类，当被测流体流过涡轮流量计传感器时，在流体的作用下，叶轮受力旋转，其转速与管道平均流速成正比，同时，叶片周期性地切割电磁铁产生的磁力线，改变线圈的磁通量，根据电磁感应原理，在线圈内将感应出脉动的电动势信号，即电脉冲信号，此电脉动信号的频率与被测流体的流量成正比。

容积式流量计是直接根据排出流体体积进行流量累计的仪表。它由测量室、运动部件、传动和显示部件组成。设测量室的固定标准容积为 V，在某一时间间隔内经过流量计排出的流体的固定标准容积数为 n，则被测流体的体积总量 Q 为 $Q = nV$。利用计数器通过传动机构测出运动部件的转数 n，便可显示出被测流体的流量 Q。容积式流量计的运动部件有往复运动和旋转运动两种。往复运动式有家用煤气表、活塞式油量表等。

质量流量计是一个较为准确、快速、可靠、高效、稳定、灵活的流量测量仪表，在石油加工、化工等领域将得到更加广泛的应用，相信会在推动流量测量上显示出巨大的潜力。质量流量计是不能控制流量的，它只能检测液体或者气体的质量流量，通过模拟电压、电流或者串行通信输出流量值。但是，质量流量控制器是可以检测同时又可以进行控制的仪表。质量流量控制器本身除了测量部分外，还带有一个电磁调节阀或者压电阀，这样质量流量控制本身构成一个闭环系统，用于控制流体的质量流量。质量流量控制器的设定值可以通过模拟电压、模拟电流或者计算机、PLC 提供。

【项目评价】

根据任务实施情况进行综合评议

评定人/任务	操作评议	等级	评定签名
自评			
同学互评			
教师评价			
综合评定等级			

【拓展提高】

旋涡流量计是由旋涡发生体和频率检测器构成的变送器、信号转换器等环节组成。输出直流 4~20 mA 信号或脉冲电压信号，可检测 Re 在 $5 \times 10^3 \sim 7 \times 10^6$ 范围的液体、气体、蒸汽流体流量。

一、 智能式旋涡流量计基本原理

在管道中垂直于流体流动方向插入一根非流线型的阻流体（也叫旋涡发生体），当流体的雷诺数达到一定数值时，就会在阻流体的两侧交替地产生两列平行且有规则的旋涡，如图 7-32 所示。因为这些旋涡有如街道两边的路灯，故有"涡街"之称，又因这种现象由卡曼（Karman）首先发现，所以又称其为"卡曼涡街"。实验和研究表明，旋涡产生的频率与流体的流量之间有一定的定量关系，这就是旋涡流量计测量的理论依据。

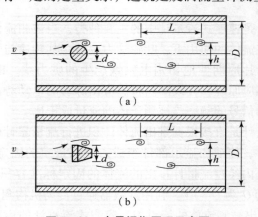

图 7-32 卡曼涡街原理示意图

（a）圆柱形卡曼涡街；（b）三角柱形卡曼涡街

假设两列旋涡间的距离为 h，同列相邻的两个旋涡间的距离为 L，则当 $h/L = 0.281$ 时，所产生的旋涡是周期性的和稳定的。此时，对于圆柱形旋涡发生体产生的旋涡，其单侧频率 f 可表示为

$$f = St \cdot \frac{u}{d} \tag{7-22}$$

式中　f——单侧旋涡频率，Hz；

St——斯特劳哈尔系数，无量纲，数值大小与旋涡发生体形状和流体雷诺数有关；

u——流体平均流速，m/s；

d——圆柱体直径，m。

当流体雷诺数 Re 在 $2 \times 10^4 \sim 7 \times 10^6$ 范围（这是仪表的正常工作范围）内时，斯特劳哈尔系数 St 可视为常数，这时，旋涡产生的频率与流体平均流速成正比，测得频率 f 即可求得流体的体积流量 Q。

二、 旋涡频率的测量

旋涡频率的测量可采用热、电、声等多种方法，如热敏检测法、应力检测法、电容检测法、超声检测法等，这些方法是利用敏感元件把旋涡处的压力、流速及密度等的周期性变化转换为周期性的电信号，然后经放大整形等处理后得到方波脉冲，最后由二次仪表显示、记录或累积。

图 7-33（a）是一种检测方法，它是根据旋涡发生处流体的流速与压力会周期性变化的特征工作的。在圆柱形旋涡发生体的空腔内，用隔板将其分成上、下两部分，且隔板中心位置装有一个很细的铂电阻丝。工作时，该铂电阻丝被电流加热到规定的温度（一般比流体温度高 20 ℃ 左右），在旋涡产生的一侧，流体的流速降低，静压力增大，而此时旋涡发生体的另一侧则没有旋涡产生，流速相对较高，静压力相对较小，这就在有旋涡的一侧和无旋涡的一侧之间产生了静压力差，流体从高压侧导压孔进入，经过铂电阻丝之后，由低压侧导压孔流出。在流体流经被加热的铂电阻丝时，将其部分热量带走，铂电阻丝的温度下降，电阻阻值减小，而且，每产生一个旋涡，铂电阻丝的电阻就减小一次，又因上、下两侧旋涡是交替有规律出现的，所以，铂电阻丝的电阻阻值变化频率 f' 与双侧旋涡频率相对应，即有

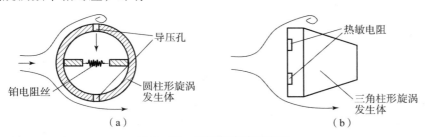

图 7-33　旋涡频率检测方法

$$f' = 2f = 2St \cdot \frac{u}{d} \qquad\qquad (7-23)$$

这样，通过测量铂电阻丝的电阻阻值变化频率即可求得被测流量的大小。电阻阻值变化可用电桥来测量。

测量旋涡频率的另一种方法如图 7 – 33（b）所示，在三角柱形旋涡发生体的正面埋有两个半导体热敏电阻（负温度系数），同样，在工作时用电流给其加热到规定的温度，在旋涡产生的一侧，流体的流速降低，这就使与旋涡在同一侧的热敏电阻的散热条件变差，温度升高，电阻阻值减小，而且每产生一个旋涡，与旋涡在同一侧的热敏电阻的阻值就减小一次，又因上、下两侧旋涡是交替有规律出现的，所以，上、下两个热敏电阻的阻值交替变化。如果将这两个热敏电阻接入同一个电桥的相对桥臂，则电桥输出电压的变化频率为双侧旋涡频率；如果只将其中一个热敏电阻接入电桥，则电桥输出电压的变化频率为单侧旋涡频率。这样，通过测量电桥的输出电压的变化频率，即可求得被测流量的大小。

三、 测量系统构成

旋涡流量计测量系统由传感器、转换器及显示/记录仪等组成。其中传感器主要包括旋涡发生体和旋涡检测器，用于把待测流量转换成相应的频率信号；转换器是将变送器输出的频率信号进行放大及整形等处理，最后输出直流 4 ~ 20 mA 标准信号；显示/记录仪接收转换器的输出信号，显示/记录待测流量的大小。

四、 安装要求

旋涡流量计的安装要求主要包括以下内容。

（1）传感器前后要有足够长的直管段。

（2）传感器可以水平或垂直安装，当垂直安装时，应使待测流量自下而上流动，以保证流体充满管道。

（3）不能将变送器安装于有冲击或振动的管道上，以免影响测量精度。

（4）周围环境温度及腐蚀性气体含量等指标应符合仪表要求。

五、 8800 型智能旋涡流量计

美国罗斯蒙特公司的 8800 型智能旋涡流量计，检测原理为压电方式，其原理框图如图 7 –34 所示。

压电元件接收旋涡频率信号，产生的电脉冲信号经滤波、模/数转换后，再送入数字式跟踪滤波器。它能跟踪旋涡频率对噪声信号进行抑制，使滤波后的数字信号正确地反映流量值，且单位流量对应一定的频率数，微处理器接收到跟踪滤波器的数字信号后，一方面经数/模转换成 4 ~ 20 mA 模拟量输出；另一方面可从数字通信模块将脉冲信号旁路，直接送到信号传输线上，使高频脉冲叠加直流信号上送往现场通信器。

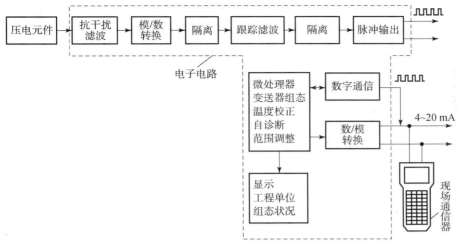

图7-34　8800型智能旋涡流量变送器

变送器本身所带的显示器也由微处理器提供信息,显示以工程单位表示的流量值及组态状况。供现场通信器的数字信号符合工业标准的HART总线,可寻址远程转换通信协议,只要符合该协议的现场通信器或包含这种功能的设备,都可接收到数据。数字通信和模拟信号输出可同时进行。

组态结果存入 E^2PROM 中,在意外停电后仍然保持记忆。一旦恢复供电,变送器就立即按已设定的工作方式投入运行。

8800型智能旋涡流量变送器可在直流12~42 V电压下正常工作。但在用通信功能时,电源电压必须在18~42 V范围。

8800型智能旋涡流量变送器检测液体流量时,若雷诺数大于20 000,脉冲输出的基本误差不超过 ±5% ,模拟输出不超过 ±0.7% 。检测气体及蒸汽时,若雷诺数大于15 000,脉冲输出的基本误差不超过 ±1.5% ,模拟输出不超过 ±0.7% 。

六、 涡街流量计的选型和安装

125口径压电式法兰卡装型涡街流量变送器,用于测量介质蒸汽,温度为220 ℃,压力为0.8 MPa,选择的仪表型号为LUGB24-12-D。

1. 选型的方法

仪表的选型是仪表应用中非常重要的工作,选型的正确与否直接影响仪表的计量精度。

因此,必须正确对仪表进行选型,具体的选型方法可参照以下几条。

①根据被测介质的管道通径大小选型,若被测介质的流量范围在表7-9所列的范围之内,则选择与公称通径相同的流量计即可。

②若被测介质的流量范围不在表7-9所列的范围之内,则选择介质流量范围与表7-10所列范围包含的流量范围所对应的公称通径的流量计,如果同时有多个选择,则应选择最大满足下限流量要求的流量计。

表7-9 被测介质的流量范围

结构形式	通径/mm	工况流量范围/(m³·h⁻¹)		
		液体	气体	蒸汽
满管式	25	0.9~10	10~100	12~120
	40	2.5~26	25~250	30~300
	50	3.5~38	40~400	50~500
	65	5.2~65	68~680	85~850
	80	8~100	100~100	120~1 200
	100	12~150	160~1 600	190~1 900
	125	20~250	230~2 300	280~2 800
	150	32~380	380~3 800	440~4 400
	200	50~620	670~6 700	790~7 900
	250	80~1 150	1 060~10 600	1 200~12 000
	300	120~1 300	1 540~15 400	1 780~17 800
插入式	400	180~2 700	2 700~27 000	3 200~32 000
	500	280~4 200	4 240~42 400	4 950~49 500
	600	410~6 100	6 100~61 000	7 100~71 000
	800	720~10 800	10 850~108 500	12 660~126 600
	1 000	1 130~16 900	17 000~170 000	20 000~200 000
	1 200	1 630~24 400	24 400~244 000	28 500~285 000
	1 500	2 550~38 000	38 200~382 000	44 500~445 000

表7-10 涡街流量计选型表

LUGB（E）□□-□-□□-□		压电式/电容式涡街流量计型谱	
安装方式	2	法兰卡装式	
	3	简易插入式	直径不小于250 mm，可做插入式流量计
	4	球阀插入式	
被测介质	2	液体	
	3	气体	
	4	蒸汽（250 ℃以下）	
	5	高温（350 ℃以下）高压蒸汽	
	6	特高温（400 ℃以下）蒸汽（电容式）	
公称通径/mm	-02	25	
	-04	40	
	-05	50	
	-06	65	

续表

LUGB（E）□□-□-□□-□		压电式/电容式涡街流量计型谱	
公称通径/mm	-08	80	
	-10	100	
	-12	125	
	-15	150	
	-20	200	
	-25	250	
	-30	300	
	-40	400	
	⋮	⋮	
	-150	1 500	
介质压力		1.6 MPa	
	-2	2.5 MPa	
	-4	4.0 MPa 以上	
输出信号		脉冲频率信号	
	DC	4~20 mA 标准信号	
特殊规格		-F	分体式
		-B	本安防爆型
		-N	耐腐蚀型
		-Q	潜水型
		-X	现场显示型

2. 流量计的安装

1）安装环境及条件

（1）流量计在室内、室外均可安装，特殊场所订货时应指出。

（2）流量计应安装在与其公称通径相应的管道上，当测量液体时，必须保证管道内充满液体，因此介质流向必须是自下而上的。

（3）流量计应该尽可能安装在没有机械振动管道的管道上，如果不得已安装时，可加装软管过渡，或者在流量上下游 $2D$ 处加装管道固定支撑点并加防震垫。

（4）流量计的安装位置应远离强电磁场源，如大功率变送器、电动机等。

（5）流量计应避免安装在温度较高、受设备热辐射或含有腐蚀性气体的场所，若必须安装时须有隔热通风措施。

2）直管段的要求

为了保证流量计的准确测量，管道内的流体必须是充分发展对称的紊流。最小的直管段要求：上游为 $10D$（10 倍管径）；下游为 $5D$（5 倍管径）。

如果流量计的上游有弯头、缩径、阀门等情形，则需要更长的直管段，具体情况如图 7-35 所示。

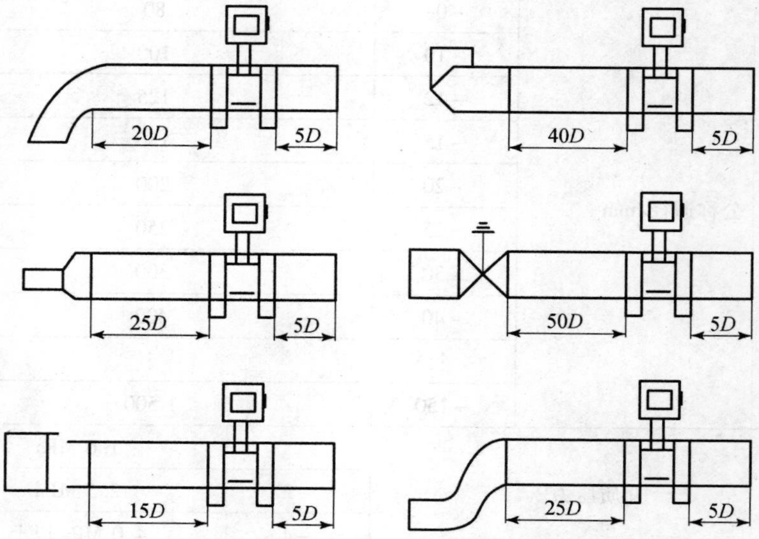

图 7-35 仪表安装的直管段要求

3）满管式流量计的安装步骤

（1）按开口尺寸的要求在管道上开口，以使开口位置满足直管段的要求。

（2）将连接上法兰的整套流量计放入开好口的管道中。

（3）对两片法兰两边实行点焊定位。

（4）将流量计拆下，将法兰按要求焊接好，并清理管道内所有凸出部分。

（5）在法兰的内槽内装上与管道通径相同的密封垫圈，将流量计装入法兰中间，并使流量计的流向标与流体方向相同，然后用螺栓连接好。

4）插入式流量计的安装步骤

（1）在满足流量计直管段要求的安装点上开个 $\phi80$ mm 的圆缺。

（2）安装基座的下管段与管道上开好的圆缺焊接，基座焊接后目测不得有明显歪斜。

（3）将测速探头插入管道中，调整好插入浓度，使测头中心与管道的中轴相吻合，测头中心线与管道中轴线的夹角不应大于5°，然后调整好方向，使其与流体的流向相同。

（4）把法兰或球阀与焊接好的基座对接，用螺栓固定好。

3. 安装中应注意的事项

（1）流量计的安装必须按要求进行，避免因安装不当对仪表造成损伤以及影响计量精度。

（2）流量计应尽量避免安装在架空较长的管道上，由于管道的下垂容易造成流量计与法兰间的密封泄漏，若必须安装时，须在流量计的上下游

2D 处分别设置管道支撑点。

【练习与思考】

1. 单项选择题

（1）体积流量（　　），得到质量流量。

A. 乘以流体的密度　　　　　　　B. 除以流体的密度

C. 乘以流体的流速　　　　　　　D. 除以流体的流速

（2）当流体的流速稳定时，欲得某时段的体积总量，可以将瞬时体积流量（　　）。

A. 除以该时段所经历的时间

B. 乘以该时段所经历的时间

C. 除以该时段的质量流量

D. 乘以该时段的质量流量

（3）一般情况下，管道（　　）处的流速最大。

A. 中心　　　　　B. 1/3 直径　　　C. 2/3 直径　　　D. 管壁

（4）适合小流量测量，但易破碎的是（　　）流量计；能够测量高黏度油脂流量的是（　　）流量计；不干扰管道内流体的流动，能够测量浑浊流体流量的是（　　）流量计。

A. 涡轮　　　　　B. 超声波　　　　C. 玻璃转子　　　D. 椭圆齿轮

（5）流量报警开关可以（　　）。

A. 测量体积流量的数值

B. 测量质量流量的数值

C. 当流体流速大于设定值时产生报警信号

D. 当流体的压力大于设定值时产生报警信号

（6）标准节流元件中，压力损失最小但价格昂贵的是（　　）。

A. 堰式明渠　　　B. 孔板　　　　　C. 文丘里管　　　D. 喷嘴

（7）流体流经孔板时，流束会收缩，平均流速也随之变化，最大流束在（　　）。

A. 孔板前　　　　　　　　　　　B. 孔板入口处

C. 孔板出口处　　　　　　　　　D. 孔板后的某一距离处

（8）当被测流体的密度变化时，孔板式流量计的质量流量与（　　）。

A. 密度的平方根成正比　　　　　B. 密度的平方根成反比

C. 差压的平方根成反比　　　　　D. 体积流量成反比

（9）如果将标准孔板的前、后方向装反，则（　　）。

A. 流量为负值　　　　　　　　　B. 流量的测量结果增大

C. 差压增大　　　　　　　　　　D. 差压减小

（10）不常用的孔板取压法是（　　）。

A. 角接取压法　　　　　　　　　B. 法兰取压法

C. 径距取压法　　　　　　　　　D. 管接取压法

（11）由于孔板式流量计的流量与差压的方根成正比，在满量程的

（ ）以下使用时，误差可能超过允许误差。

A. 60%   B. 50%   C. 40%   D. 30%

（12）在实际运行中，如果发现常态流量十分接近满量程，可以利用智能变送器的手持终端进行调校，将差压变送器的量程（ ）。

A. 调小   B. 调大

C. 关闭   D. 设置为原来的一半

（13）某流量积算控制仪的累积质量流量显示范围为 0~99 999 字（即略小于 100 000 个字），每个字代表 1 kg/h，被测流体每小时的平均流量约为 1 000 kg，大约（ ）h 后计数器复位（清零）。

A. 100   B. 1 000   C. 10 000   D. 100 000

（14）测量液体流量时，取压孔的开口应位于管道的（ ）；测量气体流量时，取压孔应位于管道的（ ）。

A. 上半部   B. 下半部

C. 侧面水平位置   D. 都可以

（15）安装节流式流量计的导压管时，若被测流体为清洁液体，差压变送器的导压管应（ ）。

A. 向下倾斜到差压变送器

B. 向上倾斜到差压变送器

C. 水平敷设

D. 中间高两端向下略微倾斜

（16）安装节流式流量计的导压管时，若被测流体为腐蚀性气体，需装设（ ）。

A. 集气器   B. 排污器   C. 沉降器   D. 隔离罐

（17）频率（ ）的机械振动波称为超声波。

A. 低于 20 Hz   B. 低于 20 kHz

C. 20~20 kHz   D. 高于 20 kHz

（18）温度越高，超声波在气体中传播的声速就（ ），造成测量误差。

A. 越慢   B. 越快   C. 不变   D. 趋向于零

（19）超声波流量计中，（ ）的测量准确度较高。

A. 单声道   B. 双声道   C. 4 声道   D. 8 声道

（20）超声波流量计中，（ ）的温漂较大。

A. 时间差式   B. 频率差式   C. 相位差式   D. 多普勒式

（21）用标准流量计检定被校流量计时，标准流量计的允许误差应小于被校流量计允许误差的（ ）。

A. 30%   B. 40%   C. 50%   D. 60%

（22）若被校流量计的准确度等级为 1.5 级，则标准流量计的准确度等级应优于（ ）。

A. 2.5 级   B. 1.5 级   C. 1.0 级   D. 0.5 级

（23）考核检测仪表的电磁兼容是否达标，是指（ ）。

A. 仪表能在规定的电磁干扰环境中正常工作的能力

B. 仪表不产生超出规定数值的电磁干扰

C. 仪表不产生较大的 EMI

D. A、B 必须同时具备

（24）科里奥利质量流量计又称（　　　）。

A. EMF　　　　　　B. USF　　　　　　C. CMF　　　　　　D. EMC

2. 分析计算题

（1）上网搜索、下载《流量计名词术语与定义》《流量计检定规程》等行业标准和国家标准，简述其主要内容。

（2）已知某流量计的质量流量上限 $M_{max} = 10$ t/h，被测流体的密度 $\rho = 900$ kg/m^3，求最大体积流量 Q 为多少立方米每小时？（注：保留 3 位有效数字）

（3）已知某被测气体的密度 $\rho = 0.1$ kg/m^3，管道截面积 $A = 1$ m^2，被测管道中的平均流速 $v = 8$ m/s，求：

①平均体积流量 Q。

②平均质量流量 M。

③每小时体积总量 $Q_{总}$ 为多少立方米？

④每小时质量总量 $M_{总}$ 为多少吨？

（4）用孔板及差压变送器测量流量，差压变送器的量程为 30 kPa，对应的最大质量流量 $M_{max} = 90$ t/h，工艺要求在 1/3 量程时报警。求：差压变送器带开方器时，报警电流值 I_2 应设在多少毫安？（提示：差压变送器的输出电流为 4～20 mA。带开方器时，输出电流 I 与流量 Q 成正比，计算结果保留 3 位有效数字）

参 考 文 献

[1] 周杏鹏. 传感器与检测技术 [M]. 北京：清华大学出版社，2010.

[2] 王昌明. 传感器与测试技术 [M]. 北京：北京航空航天大学出版社，2001.

[3] 陈黎敏. 传感器技术及其应用 [M]. 北京：机械工业出版社，2009.

[4] 张宏建，等. 自动检测技术与装置 [M]. 北京：化学工业出版社，2004.

[5] 孙余凯，等. 传感器应用电路 300 例 [M]. 北京：电子工业出版社，2008.

[6] 武昌俊. 自动检测技术及应用 [M]. 北京：机械工业出版社，2007.

[7] 于彤. 传感器原理及应用 [M]. 北京：机械工业出版社，2007.

[8] 王俊峰，等. 现代传感器应用技术 [M]. 北京：机械工业出版社，2006.

[9] 王煜东. 传感器及应用 [M]. 北京：机械工业出版社，2005.

[10] 栾桂冬，等. 传感器及其应用 [M]. 西安：西安电子科技大学出版社，2002.

[11] 金发庆. 传感器技术与应用 [M]. 北京：机械工业出版社，2004.

[12] 刘灿军. 实用传感器 [M]. 北京：国防工业出版社，2004.

[13] 李晓莹，等. 传感器与测试技术 [M]. 北京：高等教育出版社，2004.

[14] 王俊杰. 检测技术与仪表 [M]. 武汉：武汉理工大学出版社，2002.

[15] 樊尚春. 传感器技术及应用 [M]. 北京：北京航空航天大学出版社，2004.

[16] 柳桂国. 检测技术及应用 [M]. 北京：电子工业出版社，2003.

[17] 刘迎春. 传感器原理、设计与应用 [M]. 3 版. 长沙：国防科技大学出版社，2003.

[18] 郁有文，等. 传感器原理及工程应用 [M]. 西安：西安电子科技大学工业出版社，2004.

[19] 张国雄，李醒飞. 测控电路 [M]. 3 版. 北京：机械工业出版社，2011.

[20] 宋文绪，等. 自动检测技术 [M]. 北京：高等教育出版社，2003.

[21] 陈洁，等. 传感器与检测技术 [M]. 北京：高等教育出版社，2002.

[22] 强锡富. 传感器 [M]. 北京：机械工业出版社，2001.

[23] 王元庆. 新型传感器及其应用 [M]. 北京：机械工业出版社，2002.

[24] 何希才. 传感器及其应用电路 [M]. 北京：电子工业出版社，2001.